前 言

编者结合多年从事职业学校计算机教学工作的经验和体会，依据教育部《中等职业学校信息技术课程标准》(2020年版)，参考福建省中等职业学校学业水平考试“计算机网络技术”课程考试大纲精心编写本书。

全书共8个单元，包括计算机网络技术概述、数据通信基础、计算机网络体系结构、计算机网络设备、Internet基础、网络操作系统、局域网组建、网络管理与网络安全。每个单元设有导读、学习目标、知识梳理、习题等辅助内容，并配套教学PPT、视频等内容。

本书通过思维导图的形式对教材内容进行知识梳理，简洁明了地呈现知识体系结构，每个单元均包含基础知识详解和习题，结合视频资源，践行“一学二练三优化”职教范式，让学生易于学习和提高。实践内容贴近学生生活和实际职业场景，能够引导学生在实践中积累知识，提升能力，落实课程目标。学生通过对计算机网络技术基础知识与基本技能的学习，增强现代网络意识、发展网络思维、提高数字化学习与创新能力，树立正确的价值观，培养符合时代要求的信息素养，培育适应职业发展需要的信息能力。

本书由刘炎火、杜勤英担任主编，游金水、江南、林毓馨担任副主编，参加编写的还有黄丽金、许文伟、陈来豪、蔡伟巍、吕伟明、戴燕凤、王承晔、詹志桢、刘孟平。其中，林毓馨编写了单元1，黄丽金编写了单元2，游金水、许文伟编写了单元3，刘炎火、陈来豪编写了单元4，杜勤英、蔡伟巍编写了单元5，刘炎火、吕伟明编写了单元6，戴燕凤编写了单元7，江南、王承晔编写了单元8。刘炎火负责全书的设计，内容的修改、审定、统稿和完善等工作，詹志桢负责课件的修改和美化，游金水、江南、刘孟平、杜勤英共同对书稿进行修改和整理，全书由刘炎火、林毓馨负责最终审核。

限于编写水平，书中难免存在不足之处，欢迎广大读者在使用过程中提出宝贵意见，以便我们进一步修订。

U0129565

编　者

二维码索引

职业教育计算机类专业“互联网 +”新形态教材

计算机网络技术基础

主　编　刘炎火　杜勤英

副主编　游金水　江　南　林毓馨

参　编　黄丽金　许文伟　陈来豪　蔡伟巍　吕伟明

戴燕凤　王承晔　詹志桢　刘孟平

机 械 工 业 出 版 社

本书是根据中等职业学校人才培养要求，突出“实践性、实用性、创新性”，结合编者多年的教学和工程经验，基于工作过程需求，嵌入“一学二练三优化”职教范式，落实立德树人根本任务，以理论够用、实用为主的原则而编写的一本计算机网络技术基础教材。全书共8个单元，内容包括计算机网络技术概述、数据通信基础、计算机网络体系结构、计算机网络设备、Internet基础、网络操作系统、局域网组建、网络管理与网络安全。

本书可作为各类职业院校计算机网络技术及相关专业的教材，也可作为网络技术人员的参考用书。

本书配有PPT电子课件，选用本书作为教材的教师可以在机械工业出版社教育服务网（www.cmpedu.com）注册后免费进行下载。此外本书还配套了教学资源和微课，帮助读者更好地理解和掌握重点难点知识，更好地将理论运用到实践中，实现教育链、人才链与产业链、创新链的有效衔接。

图书在版编目（CIP）数据

计算机网络技术基础 / 刘炎火，杜勤英主编. — 北京：机械工业出版社，2023.2
职业教育计算机类专业“互联网+”新形态教材
ISBN 978-7-111-72375-2

I. ①计… II. ①刘… ②杜… III. ①计算机网络 — 中等专业学校 — 教材
IV. ①TP393

中国国家版本馆CIP数据核字（2023）第021587号

机械工业出版社（北京市百万庄大街22号 邮政编码100037）
策划编辑：李绍坤　　责任编辑：李绍坤
责任校对：贾海霞　张　征　　封面设计：马精明
责任印制：单爱军
北京虎彩文化传播有限公司印刷

2023年4月第1版第1次印刷
210mm×297mm・13印张・283千字
标准书号：ISBN 978-7-111-72375-2
定价：45.00元

电话服务
客服电话：010-88361066
010-88379833
010-68326294

网络服务
机　工　官　网：www.cmpbook.com
机　工　官　博：weibo.com/cmp1952
金　　书　　网：www.golden-book.com
机工教育服务网：www.cmpedu.com

封底无防伪标均为盗版

目　录

Unit 1

单元 1 计算机网络技术概述

导读

21 世纪的一个重要特征就是数字化、网络化和信息化，它是一个以网络为核心的信息时代。网络已经成为信息社会的命脉和发展知识经济的重要基础。网络是指“三网”，即电信网络、有线电视网络和计算机网络。发展最快的并起到核心作用的是计算机网络。本单元将从计算机网络系统概念、产生与发展、功能与应用、分类等方面对计算机网络技术进行阐述。

学习目标

知识目标：

✧ 了解计算机网络的定义。

✧ 了解计算机网络的发展、功能及其分类。

能力目标：

✧ 能够画出不同的网络拓扑结构，描述其特点与应用。

✧ 能够解释资源子网和通信子网的概念。

素养目标：

✧ 感受计算机网络的魅力，坚定“走中国特色的网络强国之路”的信念。

✧ 熟悉华为 5G 技术，坚定“四个自信”。

知识梳理

本单元知识梳理，如图 1-1 所示。

图 1-1 知识梳理

1.1 计算机网络系统

知识拓展

计算机网络系统就是利用通信设备和线路，将地理位置不同、功能独立的多个计算机系统互联起来，以功能完善的网络软件实现网络中资源共享和信息传递的系统。

计算机网络系统通过计算机的互联，实现计算机之间的通信，从而实现计算机系统之间的信息、软件和设备资源的共享以及协同工作等功能，其本质特征在于提供计算机之间的各类资源的高度共享，从而便捷地交流信息和交换思想。连入网络的每台计算机本身都是一台完整独立的设备，它自己可以独立工作，可以进行启动、运行和停机等操作，还可以通过网络去使用网络中的另外一台计算机。计算机之间可以用双绞线、电话线、同轴电缆和光纤等进行有线通信，也可以使用微波、卫星等无线媒体进行连接。

计算机网络涉及以下 3 个要素：

1）至少两台计算机。计算机网络中包含两台以上的、地理位置不同且具有自主功能的计算机。“自主”是指这些计算机不依赖于网络也能独立工作。通常将具有自主功能的计算机称为主机（host），在网络中也称其为节点（node）。网络中的节点不仅可以是计算机，还可以是其他通信设备，如交换机、路由器等。

2）通信手段。网络中各节点之间形成网络必须要通过一定的手段连接起来，即需要有一条通道实现物理互连。这条物理通道可以是双绞线、同轴电缆或光纤等有线传输介质，也可以是微波或卫星等无线传输介质。

3）网络协议。网络中各节点之间互相通信或交换信息，需要有某些约定和规则，这些约定和规则的集合就是协议，其功能是实现各节点的逻辑互联，如互联网中常用的TCP/IP。

1.2 计算机网络的产生与发展

计算机网络是计算机技术与通信技术相结合的产物。随着计算机技术和通信技术的不断发展，计算机网络也经历了从简单到复杂、从单机到多机、由终端与计算机之间的通信演变到计算机与计算机之间的直接通信。

1.2.1 第一代计算机网络

第一代计算机网络（20世纪50年代至60年代）：远程联机网络阶段。从20世纪50年代中期开始，以单个计算机为中心的远程联机系统，构成面向终端的计算机网络，称为第一代计算机网络。主机不仅负责数据处理，还负责通信处理工作，终端只负责接收显示数据或者为主机提供数据。这样的结构便于维护和管理，数据一致性好，但主机负荷大，可靠性差，数据传输速率低。1951年，美国麻省理工学院林肯实验室开始为美国空军设计称为SAGE的半自动化地面防空系统，这个系统被认为是计算机技术和通信技术结合的先驱。

第一代计算机网络结构示意如图1-2所示，主要特点如下。

1）以主机为中心，面向终端。

2）分时访问和使用中央服务器上的信息资源。

3）中央服务器的性能和运算速度决定连接终端用户的数量。

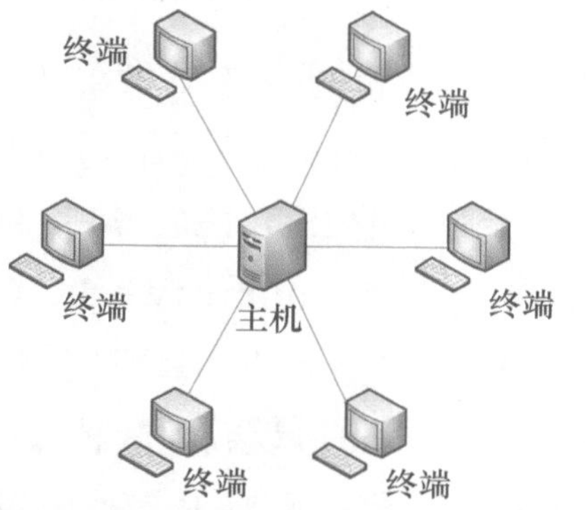

图1-2 第一代计算机网络结构示意

1.2.2 第二代计算机网络

第二代计算机网络（20世纪60年代至70年代中期）：多机互联网络阶段。从20世纪

60年代中期开始进行主机互联，多个独立的计算机通过线路互联构成计算机网络，无网络操作系统，只是通信网。1969年，美国国防部高级研究计划管理局（ARPA）开始建立一个命名为ARPANET的网络。ARPANET主要是用于军事研究目的，主要特点是资源共享、分散控制、分组交换、采用专门通信控制处理机、分层的网络协议。ARPANET成为现代计算机网络诞生的标志。

第二代计算机网络结构示意图如图1-3所示，主要特点如下。

1）以通信子网为中心，实现了“计算机—计算机”的通信。

2）ARPANET的出现，为Internet以及网络标准化建设打下了坚实的基础。

3）大批公用数据网出现。

4）局域网成功研制。

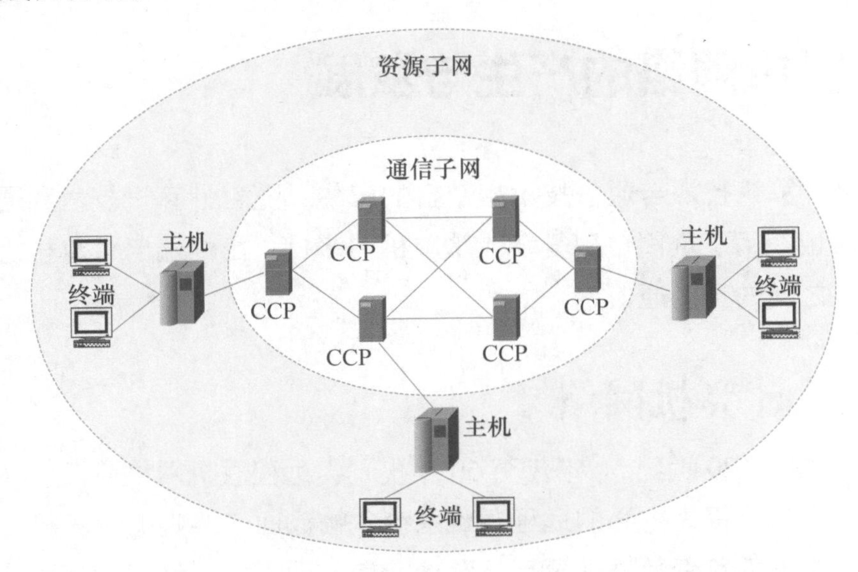

图1-3　第二代计算机网络结构示意图

1.2.3　第三代计算机网络

第三代计算机网络（20世纪70年代中期至90年代）：标准化网络阶段。第三代计算机网络是具有统一的网络体系结构，并遵守国际标准的开放式和标准化的网络。例如，1974年，ISO发布了著名的ISO/IEC 7498标准，它定义了网络互联的七层框架，也就是开放系统互联（Open System Internetwork，OSI）参考模型，从此世界上具有了统一的网络体系结构，遵循国际标准化协议的计算机网络迅猛发展。1973年，罗伯特·卡恩与温顿·瑟夫一起联合发明了TCP/IP协议簇，其核心的两个协议是TCP和IP。1983年，TCP/IP协议簇正式替代NCP，从此以后TCP/IP协议簇成为大部分互联网共同遵守的一种网络规则。

第三代计算机网络结构示意图如图1-4所示，主要特点如下。

1）网络技术标准化的要求更为迫切。

2）制定出计算机网络体系结构——OSI参考模型。

3）随着Internet的发展，TCP/IP协议簇被广泛应用。

4）局域网全面发展。

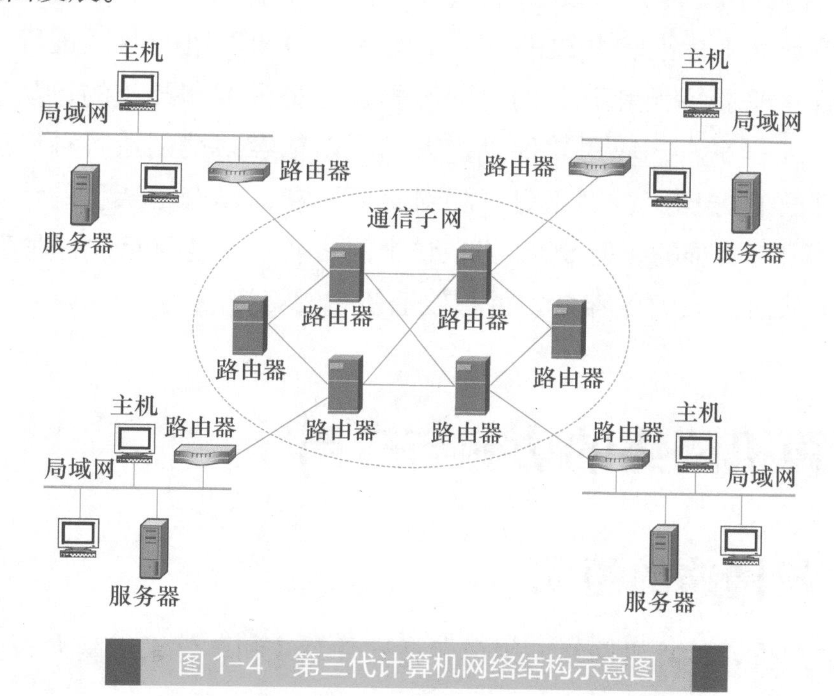

图1-4 第三代计算机网络结构示意图

1.2.4 第四代计算机网络

第四代计算机网络（20世纪90年代之后）：互联与高速网络技术的发展阶段。1993年6月，美国提出NII（National Information Infrastructure）计划，建立信息高速公路。由于局域网技术发展成熟，出现光纤及高速网络技术、多媒体网络、智能网络，整个网络就像一个对用户透明的大的计算机系统，发展为以Internet为代表的互联网，其主要特征是综合化、高速化、智能化和全球化。

计算机网络技术的发展，推动了移动通信、云计算等技术的发展。而云计算的快速发展催生了“云网络”。“云网络”是基于对网络资源的虚拟化，将适配云特性的网络能力开放给用户，以满足企业上云的过程中“云—边—端”互联互通需求的服务集合。

知识拓展——华为“5G”

5G网络是第五代移动通信网络，其峰值理论传输速度可达20Gbit/s。移动通信技术已经迈入了5G时代。我国的华为公司作为5G技术的领导者，率先推出了业界标杆5G多模芯片解决方案巴龙5000，是全球首个提供端到端5G产品和解决方案的公司。

1.2.5 未来计算机网络

软件定义网络（Software Defined Network，SDN）是由美国斯坦福大学Clean-Slate课题研究组提出的一种新型网络创新架构，是网络虚拟化的一种实现方式。其核心技术

OpenFlow 通过将网络设备的控制面与数据面分离开来，从而实现了网络流量的灵活控制，使网络作为管道变得更加智能，为核心网络及应用的创新提供了良好的平台。

传统网络世界是水平标准和开放的，每个网元可以和周边的网元进行互联。而在计算机的世界里，不仅水平是标准和开放的，同时垂直也是标准和开放的，从下到上有硬件、驱动、操作系统、编程平台、应用软件等，人们可以很容易地创造各种应用。从某个角度和计算机对比，在垂直方向上，网络是“相对封闭”和“没有框架”的，在垂直方向创造应用、部署业务是相对困难的。但 SDN 将在整个网络（不仅是网元）的垂直方向变得开放、标准化、可编程，从而让人们更容易、更有效地使用网络资源。

1.3 计算机网络的功能与应用

1.3.1 计算机网络的组成

从资源构成的角度，计算机网络的组成包括硬件系统和软件系统两大部分。

1. 计算机网络硬件系统

网络硬件是计算机网络系统的物质基础。硬件可以分成两部分：负责数据处理能力的计算机与终端，以及负责数据通信的通信控制处理机、通信线路。

1）终端是用户访问网络的界面。终端可以通过主机接入网络，也可以通过终端控制器接入网络。常见的终端有显示终端、打印终端和图形终端等。

2）主机有较高的数据处理能力和计算能力，它可以是大型机、中型机、小型机、工作站或微机。

3）通信控制处理机主要是集线器、交换机、路由器等连接设备。

4）通信线路是网络结点间承载信号传输的信道，可采用多种传输介质，如双绞线、光纤、同轴电缆、微波、卫星等。

2. 计算机网络软件系统

网络软件系统是网络功能不可缺少的软件环境，可分为网络系统软件和网络应用软件。

（1）网络系统软件

这种软件用于控制和管理网络运行、提供网络通信和网络资源分配与共享功能，并为用户提供访问和操作网络的人机界面，主要包括网络操作系统（NOS）、网络协议软件和网络通信软件等，目前各种网络操作系统均支持多种网络协议，尤其是广泛应用的 TCP/IP 软件包。

（2）网络应用软件

网络应用软件是指为某一个具体应用目的而开发的网络软件，为网络用户提供一些实际的应用服务。例如，远程教育、网上购物、传送电子邮件、视频会议等。

1.3.2 计算机网络的功能

1．实现计算机系统的资源共享

计算机网络使人们能对计算机软硬件和信息互通有无，大大提高资源的利用率，提高信息的处理能力，节省数据信息处理的平均费用。计算机网络内的用户可以共享计算机网络中的软件资源，包括各种语言处理程序、应用程序及服务程序。还可以在全网范围内提供对处理资源、存储资源、输入／输出资源等硬件资源的共享。例如，可以通过打印服务器将打印机作为独立的设备接入局域网，成为一个可与其并驾齐驱的网络节点和信息管理与输出终端，其他成员可以直接访问使用该打印机。

2．实现数据信息的快速传递

计算机网络使分布在不同地域的计算机系统可以及时、快速地传递各种信息，极大地缩短不同地点计算机之间数据传输的时间。通过计算机进行信息交换，费用低、速度快、信息量大，极大地方便了用户，提高了工作效率。例如，电子邮件是一种用电子手段提供信息交换的通信方式，是互联网应用最广的服务。通过电子邮件系统，用户可以以低廉的价格、快速的方式，与世界上任何一个角落的网络用户联系。

3．提高可靠性

计算机网络中的冗余备份系统可以随时接替主机工作。计算机网络可以利用多个服务器为用户提供服务，当某个服务器系统崩溃时，其他服务器可以继续提供服务；也可以将数据存储在网络中多个地方，当某个地方不能访问时，可以方便地从其他地方进行访问。例如，银行中的数据非常重要，即使服务器小概率的故障，也会有很大影响，甚至会影响一个国家金融体系的稳定。所以，每一家银行的数据至少同时存在两个不同地点的服务器中。银行系统的冗余系统中的数据是同时更新的，以保证在任意时间、任意一台服务器出故障后，都不会引起数据失真。

4．提供负载均衡与分布式处理能力

分布式处理是将任务分散到网络中不同的计算机上并行处理，而不是集中在一台大型计算机上，使其具有解决复杂问题的能力。这样可以大大提高效率和降低成本。例如，在实施分布式处理过程中，当某台计算机负担过重时，或该计算机正在处理某项工作时，网络可将新任务转交给空闲的计算机来完成，这样处理能均衡各计算机的负载，提高处理问题的实时性；对大型综合性问题，可将问题各部分交给不同的计算机分头处理，充分利用网络资源，扩大计算机的处理能力，增强实用性。多台计算机进行网络互联能够构成高性能的计算机体系，对于解决复杂的问题，发挥了重要作用。

5．集中管理

对于那些地理位置上分散而事务需要集中管理的部门，可通过计算机网络来实现集中管理。集中式网络管理是指把网络管理的各个要素集中在网络内一个系统上实现管理。集中式网络管理系统中有一个中心管理系统，所有的管理功能和管理信息都集中在中心管理系统，通过中心管理系统对网络中的有关资源进行监视和控制。例如，火车订票系统、银行通存通兑业务系统、证券交易系统等。

6．综合信息服务

网络的一大发展趋势是多维化，即在一套系统上提供集成的信息服务，包括来自政治、经济、生活等各方面的资源。例如，目前的数字电视不仅提供了电视节目，还有信息服务，包括政务、财经、生活、健康、教育、娱乐等各种分类信息。

1.3.3 计算机网络的应用

1．信息交流

信息交流始终是计算机网络应用的主要方面：如收发 E-mail、浏览 WWW 信息、在 BBS 上讨论问题、在线聊天、多媒体教学等。

2．信息查询

信息查询是计算机网络提供资源共享的最好工具，通过“搜索引擎”，用少量的“关键词”来概括归纳出这些信息内容，很快把所感兴趣内容所在的网址罗列出来。例如，百度作为中文搜索引擎，是用户获取信息的主要入口之一，用户可以在 PC、Pad、手机上访问百度主页，通过文字、语音、图像多种交互方式找到所需要的信息和服务。

3．办公自动化

现在的办公室自动化管理系统可以通过在计算机网络上安装文字处理机、智能复印机、传真机等设备，以及报表、统计及文档管理系统来处理这些工作，使工作的可靠性和效率明显提高。

4．电子商务

广义的电子商务包括各行各业的电子业务、电子政务、电子医务、电子军务、电子教务、电子公务和电子家务等；狭义的电子商务指人们利用电子化、网络化手段进行商务活动。在互联网开放的网络环境下，基于客户端／服务端应用方式，买卖双方不谋面地进行各种商贸活动，实现消费者的网上购物、商户之间的网上交易和在线电子支付以及各种商务活动、交易活动、金融活动和相关的综合服务活动的一种新型的商业运营模式。

5．过程控制

过程控制广泛应用于自动化生产车间，也应用于军事作战、危险作业、航行、汽车行驶控制等领域。

6．分布式计算

分布式计算包括两个方面：一方面是将若干台计算机通过网络连接起来，将一个程序分散到各计算机上同时运行，然后把每一台计算机计算的结果搜集汇总，整体得出结果；另一方面是通过计算机将需要大量计算的题目送到网络上的大型计算机中进行计算并返回结果。

知识拓展——云计算

近年来兴起的“云计算”就是分布式计算的一种，它通过网络“云”将巨大的数据计算处理程序分解成无数个小程序，然后通过多台服务器组成的系统进行处理和分析这些小程序得到的结果并返回给用户。随着云计算技术的成熟，现阶段所说的“云服务”已经不单单是一种分布式计算，而是分布式计算、效用计算、负载均衡、并行计算、网络存储、热备份冗杂和虚拟化等计算机技术混合演进并跃升的结果。

1.4 资源子网与通信子网

从逻辑功能上可把计算机网络分为两个子网：资源子网和通信子网。一次完整的数据交换过程必须由网络中的资源子网和通信子网共同作用、紧密配合才能真正实现，二者缺一不可、相互作用。资源子网与通信子网关系图如图 1-5 所示。

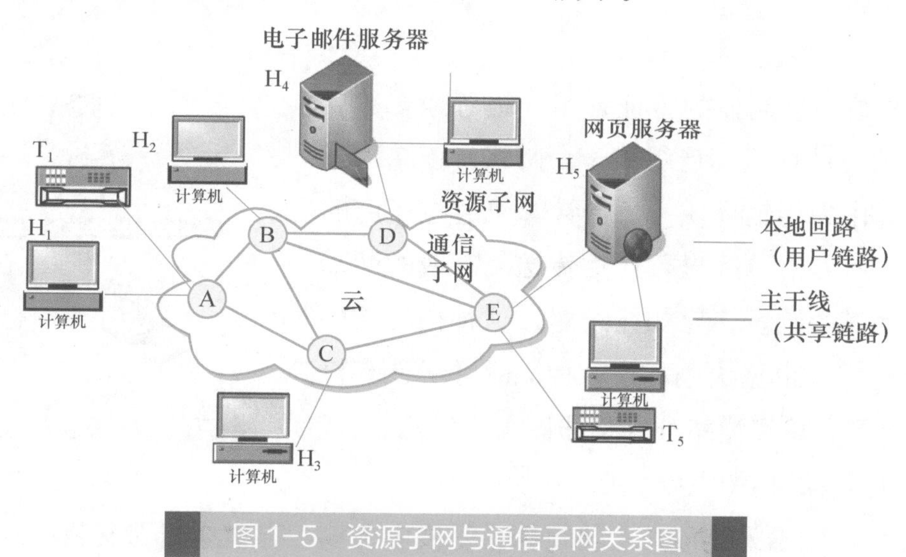

图 1-5 资源子网与通信子网关系图

1.4.1 资源子网的概念

资源子网是计算机网络的外层，它由提供资源的主机和请求资源的终端组成，包括网络中的所有计算机、I/O 设备（如打印机、大型存储设备）、网络操作系统和网络数据库等。它负责全网面向用户的数据处理业务，向网络用户提供各种网络资源和网络服务，实现网络资源共享。

1.4.2 通信子网的概念

通信子网是计算机网络的内层，由网络交换节点、通信链路与其他通信设备组成，负责数据通信的部分，主要完成数据的传输、交换以及通信控制。通信子网的主要设备有：网卡、交换机、集线器、路由器、传输介质等。

扫码看视频

1.5 计算机网络的分类

计算机网络有多种类型，可以按照各种各样的方式来划分。比如，按网络拓扑结构、网络覆盖范围、通信介质、传输技术等。

1.5.1 按网络拓扑结构分类

网络拓扑结构是计算机网络节点和通信链路所组成的几何形状，是网络的抽象布局图像。网络拓扑结构描述网络中各节点间的连接方式及结构关系，给出网络整体结构的全貌。拓扑结构对网络性能、系统可靠性与通信费用都有重大影响。

常用的拓扑结构有五种：总线型拓扑结构、星形拓扑结构、树形拓扑结构、环形拓扑结构、网状拓扑结构。

1. 总线型拓扑结构

总线型拓扑结构最明显的特征是用一根总线，然后通过T型头分别与计算机相连组成一个网络。该结构采用一条公共总线作为传输介质，每台计算机通过相应的硬件接口入网，信号沿总线进行广播传送，在线的两端连有防止信号反射的装置，比如终结器。这种拓扑结构连接选用同轴电缆，带宽为100Mbit/s，适用于计算机数量较少的局域网。总线型拓扑结构如图1-6所示。

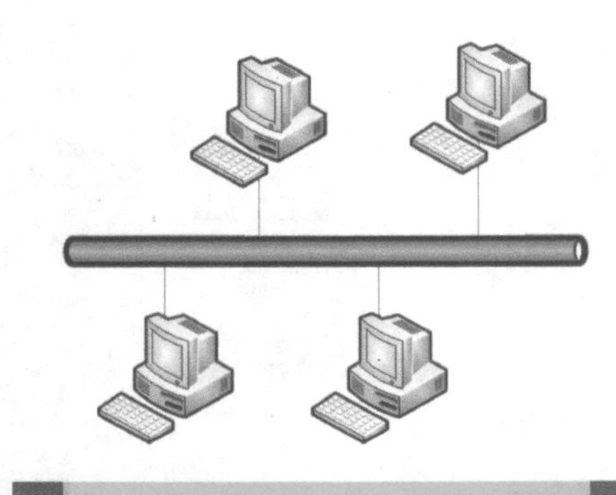
图1-6 总线型拓扑结构

（1）总线型拓扑结构的主要优点

1）布线容易。无论是连接几个建筑物还是楼内布线，都容易施工安装。

2）增删容易。如果需要增加长度或撤下一个网络站点，只需增加或拔掉一个硬件接口即可实现。需要增加长度时，可通过中继器加上支段来延伸距离。

3）节约线缆。只需要一根公共总线，两端的终结器就安装在两端的计算机接口上，线缆的用量最省。

4）可靠性高。网络中任何节点的故障都不会造成全网故障，可靠性高。

（2）总线型拓扑结构的主要缺点

1）在任何两个站点之间传送数据都要经过总线，总线成为整个网络的瓶颈，当计算机站点多时，容易产生信息堵塞，传递不畅。

2）总线传输距离有限，通信范围受到限制。

3）当网络发生故障时，故障诊断困难，故障隔离更困难。

2．星形拓扑结构

在星形拓扑结构中，节点通过点对点通信线路与中心节点连接。中心节点控制全网的通信，任何两节点之间的通信都要通过中心节点。中心节点有两类：一类中心节点是一台功能很强的计算机，它既是一台处理信息的独立的计算机，又是信息转接中心；另一类中心节点是一台网络转接或交换设备，如交换机或集线器。

星形结构的工作过程是发送节点首先将信息发送到中心设备上，然后中心设备向其他节点同时转发这个数据。此时与发送数据目标地址相匹配的节点才接收数据信息，当然还有另外一种比较高级的中心设备，能够直接识别出目标地址，实现信息点到点的传送，提高了网络的通行效率。总之，星形结构的主要特征是通过中心设备的转发，实现信息由发送方到接收方的传送，这种结构适用于局域网。星形拓扑结构如图 1-7 所示。

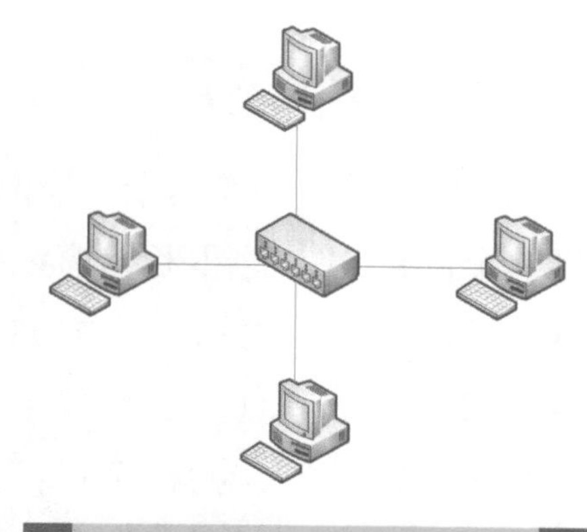

图 1-7　星形拓扑结构

（1）星形拓扑结构的主要优点

1) 可靠性高。对于整个网络来说，每台计算机及其接口的故障不会影响其他计算机，也不会影响其他网络，不会发生全网的瘫痪。

2) 故障检测和隔离容易，网络容易管理和维护。

3) 可扩性好，配置灵活。增、减、改一个站点容易实现，与其他节点没有关系。

4) 传输速率高。每个节点独占一条传输线路，消除了数据传送堵塞现象。

（2）星形拓扑结构的主要缺点

1）增加新节点时，无论多远，都需要与中心节点直接连接，布线困难且费用高。

2）网络可靠性依赖中心节点。

3．树形拓扑结构

树形拓扑结构可以看成是星形拓扑的扩展，其实质是星形结构的层次堆叠。树形拓扑结构将网络中的所有站点按照一定的层次连接起来，就像一棵树一样，由根节点、叶节点和分支节点组成。在树形拓扑结构中，节点按层次进行连接，信息交换主要在上、下节点之间进行，相邻及同层节点之间一般不进行数据交换或数据交换量小。树形拓扑结构适用于汇集信息的应用要求，如图 1-8 所示。

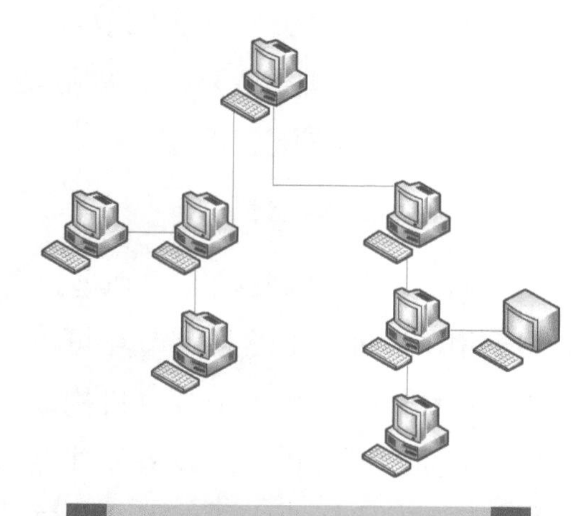

图 1-8　树形拓扑结构

(1) 树形拓扑结构的主要优点

1）扩展方便。可以方便地进行层的扩展，从而连接更多的节点。

2）分离容易。当某一个节点出现问题时，可以很容易地将其从树形结构中移除，而不影响其他部分的正常工作。

(2) 树形拓扑结构的缺点

高层节点性能要求高，因为高层节点一旦出现故障，则对应分支网络将瘫痪，影响各部分之间的通信。

4. 环形拓扑结构

环形拓扑结构有一个环形的网络，各个网络节点分布在这个环形网上。环形结构数据传送的具体过程是发送节点沿着网络中的每一个方向发送信息，首先发送给它相邻的第 1 个节点，这个节点首先对信号进行判断，发现不是给自己的，就直接将信息转发到下一个节点，下一个节点进行判断后，发现信息是给自己的，则将信息接收后再转发，依次经过网上的各个节点，最后返还到发送方，信息传递结束。通过这个过程可以看出，信息在网络中是沿某一个方向单向流动的，依次经过各个节点，以接力的形式完成信息的传送，如图 1-9 所示。

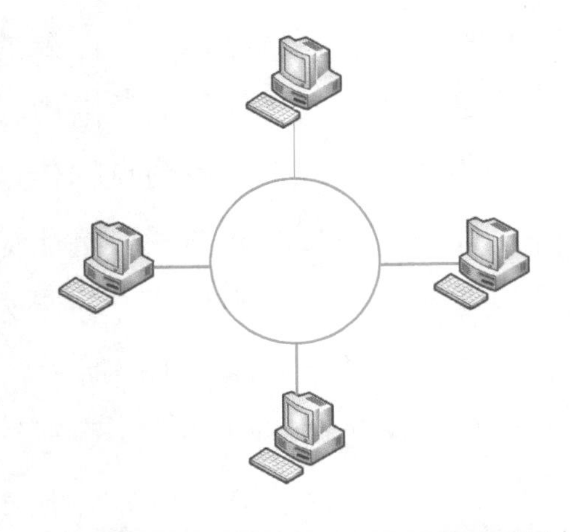

图 1-9 环形拓扑结构

(1) 环形拓扑结构的主要优点

1）适合光纤连接。环形是点到点连接，沿一个方向单向传输，可用光纤作为传输介质。

2）传输距离远。

3）故障诊断时比较容易定位。

4）初始安装容易，线缆用量少。

(2) 环形拓扑结构的主要缺点

1）节点故障会引起全网故障，可靠性差。

2）网络管理复杂，投资费用高。

3）网络扩展配置困难。

5. 网状拓扑结构

网状拓扑结构又称无规则型。在网状拓扑结构中，节点之间的连接是任意的，没有规律。在通信时，网络中的各个节点可以根据实际情况动态选择通信路径。网状拓扑结构是利用专门负责数据通信和传输节点机构成的网状网络，联网设备直接接入节点机进行通信。网状拓扑结构通常利用冗余的设备和线路来提高网络的可靠性，因此，节点机可以根据当前的网络信息流量有选择地将数据发往不同的线路，如图 1-10 所示。

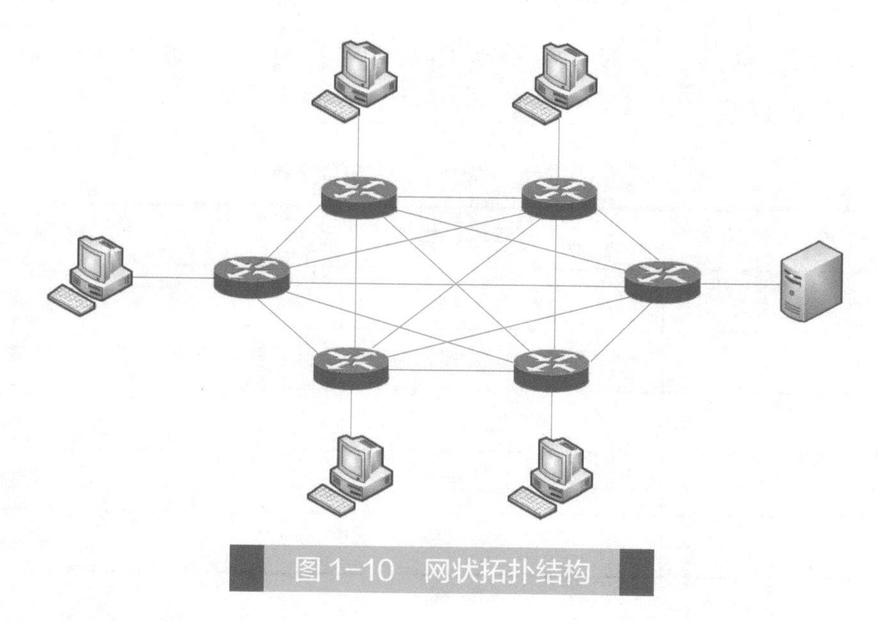

图 1-10　网状拓扑结构

（1）网状拓扑结构的优点

1）具有较高的可靠性。

2）网内节点共享资源容易。

3）可改善线路的信息流量分配。

（2）网状拓扑结构的缺点

1）结构复杂，维护困难。

2）每个节点都与多点进行连接，必须采用路由算法和流量控制方法。

6．混合型拓扑结构

通过以上的分析，不难发现，这几种网络拓扑结构都有其局限性，所以在实际运用中，针对规模稍大一些的网络，人们大多选择组合多种结构的形式，以规避单一结构的缺陷，这就形成了混合型拓扑结构。在今后的应用实践中，可以根据现实需求，有针对性地进行网络拓扑结构的选择和应用，以实现网络的高效运行，如图 1-11 所示。

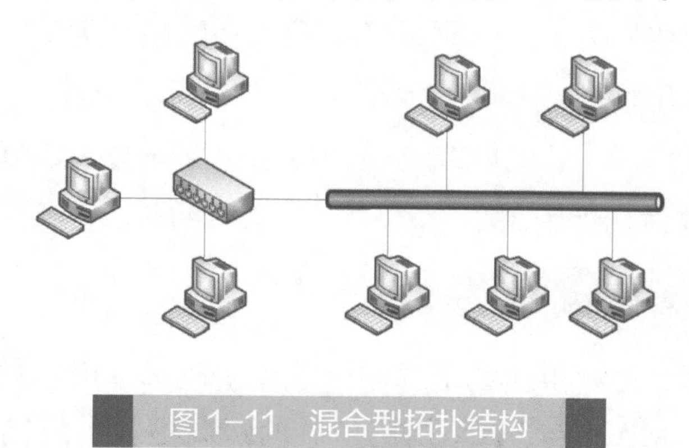

图 1-11　混合型拓扑结构

1.5.2　按网络覆盖范围分类

由于网络覆盖范围和计算机之间互联距离不同，所采用的网络结构和传输技术也不同，因而形成不同的计算机网络。一般可以分为局域网（LAN）、城域网（MAN）、广域网（WAN）3类，见表1-1。

表1-1　网络覆盖范围分类

分布距离	覆盖范围	网络种类
10m	房间	局域网
100m	建筑物	
1km	校园、医院等单位	
10km	城市	城域网
100km	国家	广域网

1．局域网（Local Area Network，LAN）

局域网是一种私有网络，一般在一座建筑物内或建筑物附近，比如家庭、办公室或工厂。局域网自身相对其他网络传输速度更快，性能更稳定，框架简易，具有封闭性。局域网自身的组成大体由计算机设备、网络连接设备、网络传输介质3大部分构成，如图1-12所示。局域网被广泛用来连接个人计算机和消费类电子设备，它们能够共享资源和交换信息。IEEE 802标准委员会定义了多种主要的LAN网：以太网（Ethernet）、令牌环网（Token Ring）、光纤分布式接口网络（FDDI）、异步传输模式网（ATM）以及无线局域网（WLAN）。局域网的作用范围是几百到几千米，通常用于组建企业网和校园网，并分为局部区域网和高速区域网。

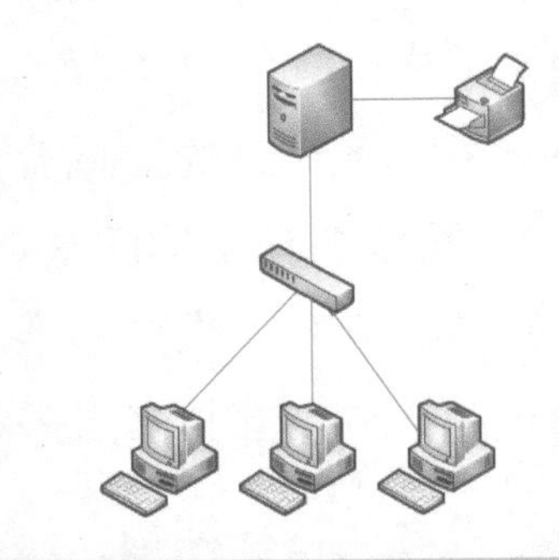

图1-12　局域网示意图

1）局部区域网：传输速率为1～10Mbit/s，最大传输距离为25km，采用分组交换技术，入网最大设备数为几百到几千。

2）高速区域网：采用CATV电缆或光缆，传输速率一般为100Mbit/s，最大传输距离为1km，入网最大设备数为几十个。

2．城域网（Wide Area Network，WAN）

城域网一般来说是在一个城市，但不在同一地理小区范围内的计算机互联，覆盖的地理范围从几十至几百公里。MAN与LAN相比扩展的距离更长，连接的计算机数量更多，在地理范围上可以说是LAN网络的延伸。在一个大型城市，一个MAN网络通常连接着多个LAN，如连接政府机构的LAN、医院的LAN、电信的LAN、公司企业的LAN等。由于光纤连接的引入，使MAN中高速的LAN互联成为可能，如图1-13所示。

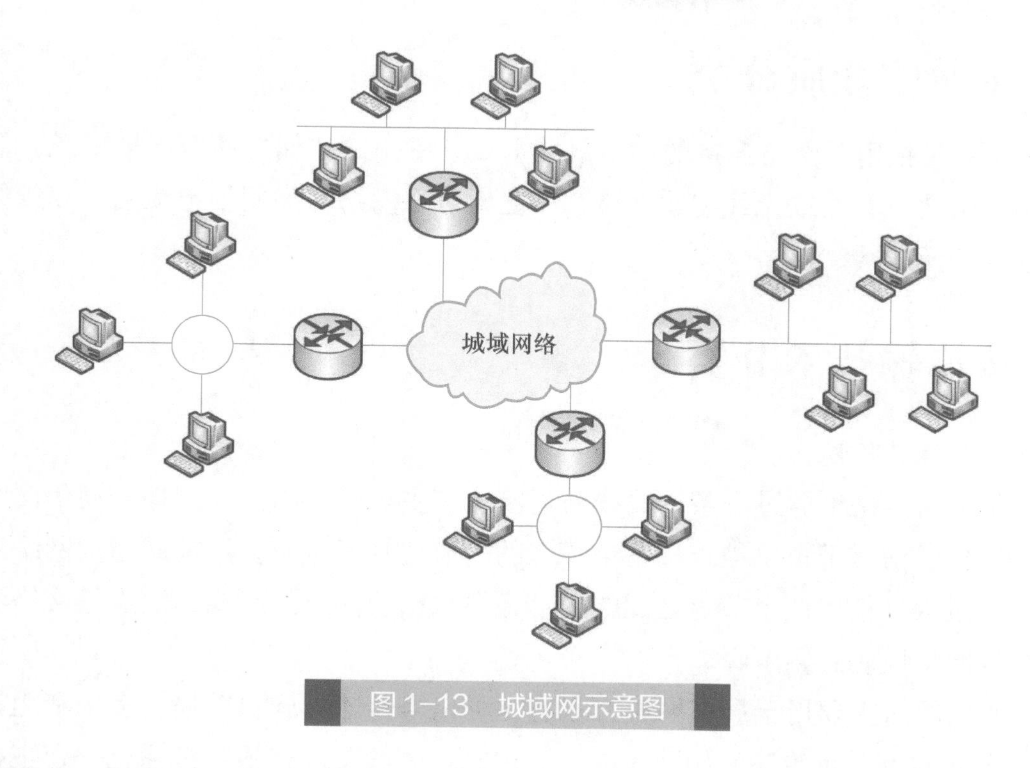

图 1-13 城域网示意图

3．广域网（Wide Area Network，WAN）

广域网又称远程网，是指在一个很大地理范围（从数百公里到数千公里，甚至上万公里）由许多局域网组成的网络。广域网是将远距离的网络和资源连接起来的系统，能连接多个城市或国家，甚至是全世界各个国家之间网络的互联，因此广域网能实现大范围的资源共享，如图 1-14 所示。

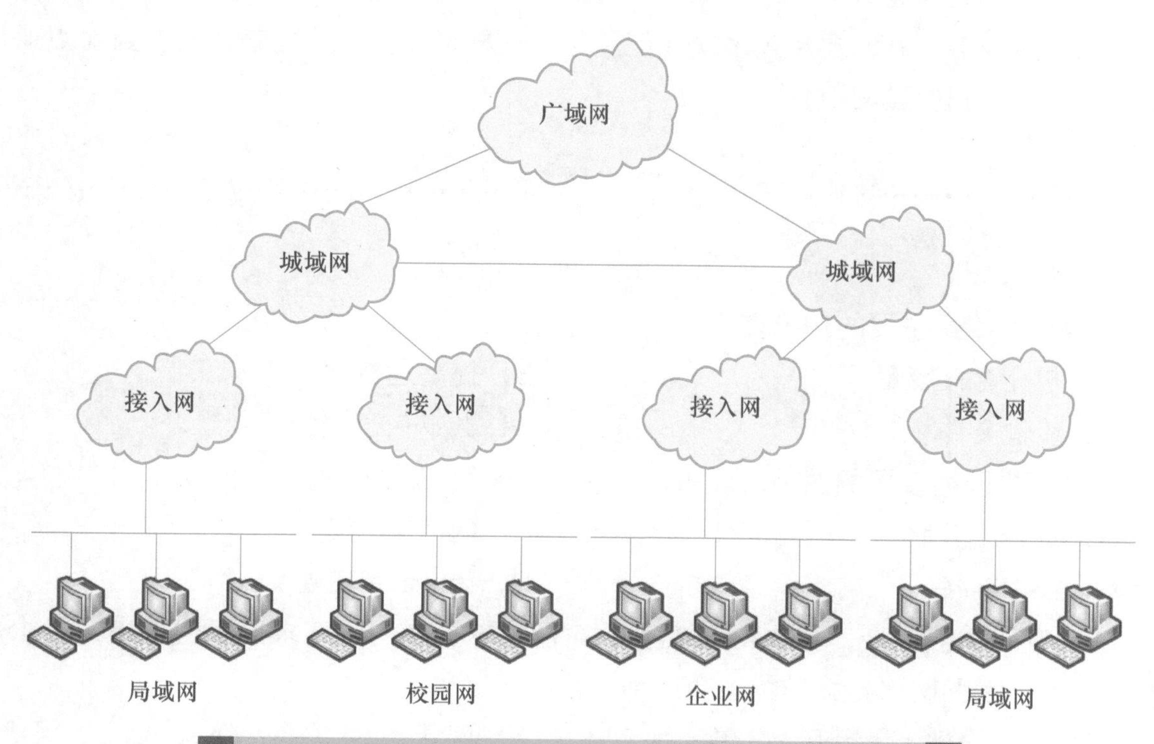

图 1-14 广域网、城域网、接入网及局域网的关系

1.5.3　按通信介质分类

通信介质就是指用于网络连接的通信线路。目前常用的传输介质有同轴电缆、双绞线、光纤、卫星、微波等有线或无线传输介质，相应地可将网络分为同轴电缆网、双绞线网、光纤网、卫星网和无线网。

1.5.4　按传输技术分类

1. 广播式通信网络

广播式通信网络是指通过一条传输线路连接所有主机的网络。在广播式通信网络中，任意一个节点发出的信号都可以被连接在电缆上的所有计算机接收。广播式通信网络的最大优点是在一个网段内，任何两个节点之间的通信最多只需要两跳的距离；缺点是网络流量很大时，容易导致网络性能急剧下降。

广播式通信网络主要用于局域网中，它有 3 种信号传输方式：单播、多播和组播。单播即两台主机之间的点对点传输，如网段内两台主机之间的文件传输；多播是一台主机与整个网段内的主机进行通信，如常见的地址广播；组播是一台主机与网段内的多台主机进行通信，如网络视频会议。

2. 点对点网络

点对点网络是用点对点方式将各台计算机或网络设备连接起来的网络。点对点网络的优点是，网络性能不会随着数据流量的加大而降低，但网络中任意两个节点通信时，如果它们之间的中间节点较多，就需要经过多跳才能到达，这样加大了网络传输延时。点对点通信方式通常用于城域网和广域网中。

习　题

一、单项选择题

1. 计算机网络最主要的功能在于（　　）。

A．扩充存储容量　　B．提高运算速度

C．传输文件　　D．共享信息资源

2. 在计算机网络发展的四个阶段中，（　　）是第三个阶段。

A．计算机互联　　B．网络标准化

C．技术准备　　D．Internet 发展

3. 明天有一个演示会，你要对会议室的 6 台计算机联网，要求以最快速度，最少成本完成此项工作，哪种网络拓扑结构适合这种场合（　　）。

A．星形　　B．环形　　C．网状　　D．总线

4. “覆盖 50km 左右，传输速率较高”，上述特征所属的网络类型是（　　）。

A．广域网　　B．城域网　　C．互联网　　D．局域网

5．以下网络分类方法中，哪一组分类方法有误（　　）。

A．局域网／广域网　　B．对等网／城域网

C．环形网／星形网　　D．有线网／无线网

6．计算机网络中可以共享的资源包括（　　）。

A．硬件、软件、数据　　B．主机、外设、软件

C．硬件、程序、数据　　D．主机、程序、数据

7．在某办公室内架设一个小型局域网，总共有4台PC需要通过一台集线器连接起来。采用的线缆类型为5类双绞线。则理论上任意两台PC的最大间隔距离是（　　）。

A．400m　　B．100m　　C．200m　　D．500m

8．Internet是目前世界上第一大互联网，其雏形是（　　）。

A．CERNE　　B．ARPANET网

C．INCRC网　　D．GBNET网

9．以下（　　）网络拓扑结构提供了最高的可靠性保障。

A．星形拓扑　　B．总线型拓扑　　C．环形拓扑　　D．网状拓扑

10．计算机机房网络的拓扑结构一般是（　　）。

A．总线型结构　　B．星形结构　　C．树状结构　　D．环形结构

11．在下列拓扑结构中，中心节点的故障可能造成全网瘫痪的是（　　）。

A．星形拓扑　　B．网状拓扑　　C．总线型拓扑　　D．环形拓扑

12．以下关于网络的说法错误的是（　　）。

A．将两台计算机用网线连在一起就是一个网络

B．网络按覆盖范围可以分为LAN和WAN

C．计算机网络有数据通信、资源共享和分布处理等功能

D．上网时人们享受的服务不只是眼前的工作站提供的

13．一座办公楼内各个办公室中的微机进行联网，这个网络属于（　　）。

A．WAN　　B．LAN　　C．MAN　　D．GAN

14．在星形网络中，常见的中心节点是（　　）。

A．路由器　　B．调制解调器　　C．网络适配器　　D．交换机

15．下列不属于通信子网的设备是（　　）。

A．集线器　　B．交换机　　C．路由器　　D．打印机

16．下列关于环形拓扑结构描述正确的是（　　）。

A．依赖于根节点　　B．数据单方向传输

C．各节点形成不闭合环路　　D．一个节点故障不影响整个环路

17．计算机与传输介质之间的物理接口是（　　）。

A．闪卡　　B．声卡　　C．显卡　　D．网卡

18．第一代计算机网络的主要特点是（　　）。

A．计算机网络高速发展

B．以主机为中心，面向终端

C．实现了“计算机—计算机”的通信

D．网络技术标准化，制定 OSI 参考模型

19．下列不属于网络操作系统的是（　　）。

A．Linux　　B．UNIX

C．Windows XP　　D．Windows Server 2008

20．下列对网络操作系统特点描述正确的是（　　）。

A．单用户，单任务　　B．单用户，多任务

C．多用户，单任务　　D．多用户，多任务

二、多项选择题

1．组成计算机网络的资源子网的设备是（　　）。

A．联网外设　　B．终端控制器　　C．网络交换机　　D．终端

E．网络操作系统

2．你要为公司写一份新计算机网络的建议书，经理要求你列出联网的好处，公司拥有的下列设备中，哪些设备能够在网络上共享（　　）。

A．键盘　　B．扫描仪

C．CD-ROM 驱器　　D．打印机

3．第四代网络具有（　　）的特点。

A．综合化　　B．智能化　　C．个性化　　D．全球化

4．关于计算机网络的主要特征，以下说法哪个正确（　　）。

A．计算机及相关外部设备通过通信媒体互联在一起，组成一个群体

B．网络中任意两台计算机都是独立的，它们之间不存在主从关系

C．不同计算机之间的通信应有双方必须遵守的协议

D．网络中的软件和数据可以共享，但计算机的外部设备不能共享

5．属于局域网的特点有（　　）。

A．较小的地域范围

B．高传输速率和低误码率

C．一般为一个单位所建

D．一般侧重共享位置准确无误及传输的安全

三、判断题

1．在计算机网络拓扑结构中，目前最常用的拓扑是总线型。（　　）

2．Linux 与传统网络操作系统最大的区别是它开放源代码。（　　）

3. 万维网（World Wide Web，WWW）是Internet上集文本、声音、图像、视频等多媒体信息于一身的全球信息资源网络，是Internet上的重要组成部分。（ ）

4. 计算机网络可以实现软件共享和数据共享，不能实现硬件共享。（ ）

5. 总线型网络的特点是任何两个节点之间不能直接通信。（ ）

6. 计算机网络是计算机技术和通信技术相结合的产物。（ ）

7. 在计算机网络中，路由器可以实现局域网和广域网的连接。（ ）

8. 计算机网络是由网络硬件系统和网络软件系统构成的。（ ）

9. 计算机网络中的资源子网是由网络节点和通信线路组成的。（ ）

10. 服务器是通过网络操作系统为网上工作站提供服务及共享资源的计算机设备。（ ）

四、填空题

1. 按网络所覆盖的范围分，网络可分为________、________、________。

2. 计算机网络系统的通信子网负责________________。

3. 世界上最早投入运行的计算机网络是________________________。

4. 计算机网络系统由通信子网和__________组成。

5. 通常可将网络传输介质分为有线和__________两大类。

6. 计算机网络可以共享的资源有__________、软件和数据。

7. 按网络的拓扑结构分，网络可分为________、________、________、________、________。

8. 计算机网络的基本功能可以大致归纳为资源共享、数据通信、________、网络综合服务4个方面。

9. 局域网的有线传输介质主要有双绞线、________、光纤等；无线传输介质主要是激光、微波、红外线等。

10. 根据计算机网络的交换方式，可以分为________、报文交换网和分组交换网3种类型。

五、简答题

1. 什么是计算机网络，其主要功能是什么？

2. 列举计算机网络的5种拓扑结构，并画出对应的结构图（节点用“●”表示）。

Unit 2

单元 2 数据通信基础

导读

数据通信从简单字节传输到高效多媒体通信，从窄带通信到宽带通信，以及多路复用技术、报文交换技术、传输加密技术等不断提升数据通信效能。高效计算和通信正在改变人们的生活方式，华为 5G 技术引领全球移动网络通信新标准，中国科技大学研发的量子计算机是下一代计算机技术标准，将极大改变数据通信、网络安全等技术的应用。

学习目标

知识目标：

✧ 了解数据通信的基础知识。

✧ 掌握数据通信系统的基本概念。

✧ 理解数据通信的基本原理、数据传输技术、信道复用技术及数据交换技术。

能力目标：

✧ 能够梳理出数据通信系统的一般结构图。

✧ 能够理解数据传输技术、信道复用技术及数据交换技术的方法。

素养目标：

✧ 培养学生理论联系实际的能力。

✧ 依据数据通信基本原理，培养学生对网络数据通信技术的兴趣。

✧ 认识华为 5G 通信技术、中科大量子通信技术，树立文化自信、理论自信。

知识梳理

本单元知识梳理，如图 2-1 所示。

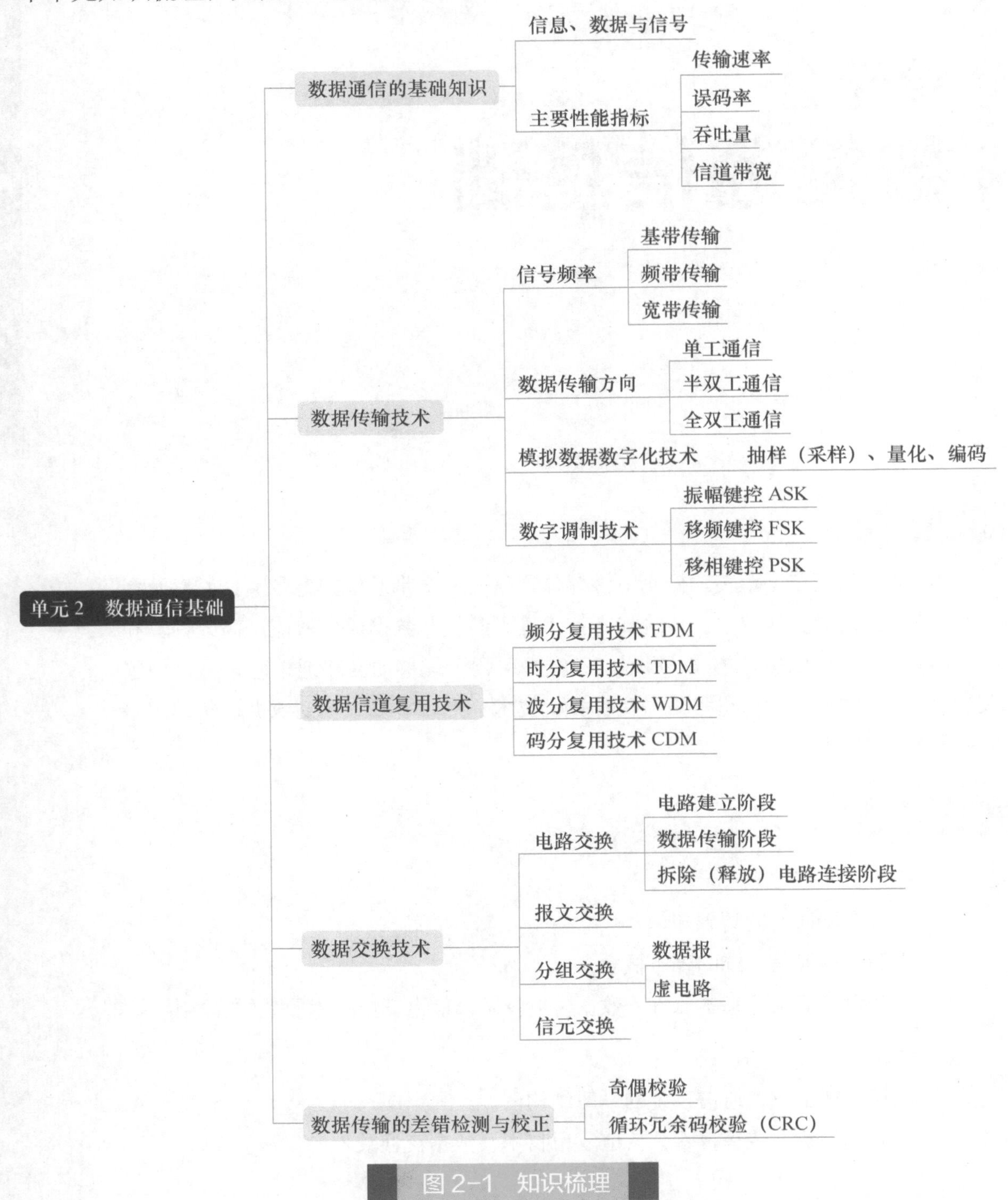

图 2-1 知识梳理

2.1 数据通信的基础知识

数据通信是通信技术和计算机技术相结合而产生的一种新的通信方式，是以“数据”为业务的通信系统。要在两地间传输信息，必须通过传输信道将数据终端与计算机联结起来，从而实现软、硬件和信息资源的共享。总之，数据通信的定义是依照通信协议，利用数据传输技术在两个功能单元之间传递数据信息。

数据通信系统由数据终端设备（DTE）、数据通信设备（DCE）和通信线路组成。数据通信的基本结构如图 2-2 所示。

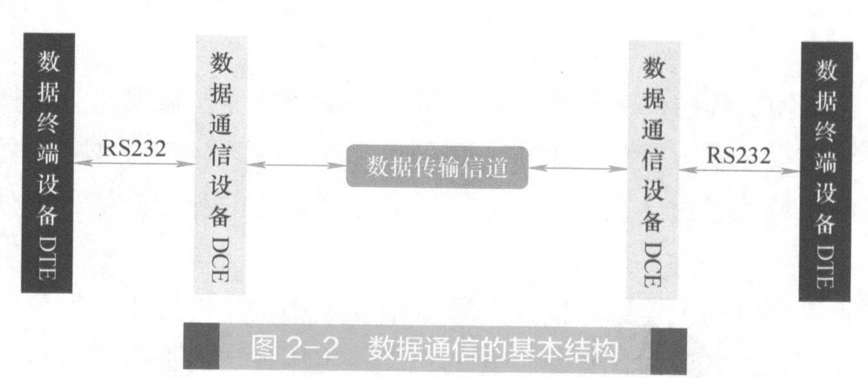

图 2-2　数据通信的基本结构

1．DTE

DTE（Data Terminal Equipment，数据终端设备）通常由输入设备、输出设备和输入输出控制器组成，可以发送、接收数据，进行信息处理，以及差错控制、数据格式转换等。其中，输入设备对输入的数据信息进行编码，以便进行信息处理；输出设备对处理过的结果信息进行译码输出；输入输出控制器则对输入、输出设备的动作进行控制，并根据物理层的接口特性（包括机械特性、电气特性、功能特性和规程特性）与线路终端接口设备相连。

不同的输入、输出设备可以与不同类型的输入、输出控制器组合，从而构成各种各样的数据终端设备。大家最为熟悉的计算机、传真机、卡片输入机、磁卡阅读器等都可作为数据终端设备使用。

2．DCE

DCE(Data Circuit Terminating Equipment，数据通信设备）也称为数据电路端接设备，用来连接 DTE 与传输介质之间的设备，为用户提供入网的连接点。DCE 的功能就是完成数据信号的变换。若传输信道是模拟的，要进行“数字→模拟”变换，称为调制，接收端“模拟→数字”反变换，称为解调，实现调制与解调的设备称为调制解调器（Modem）。若传输信道是数字的，DCE 的数据服务单元（DSU）进行码型和电平的变换，保持信道特性的均衡，形成同步时钟信号，控制连接建立、保持和拆断，完成数据通信。

2.1.1　信息、数据与信号

1．信息

信息是数据的内容和解释，是对客观事物属性和特性的描述，可以是对事物的形态、大小、结构、性能等全部或部分特性的描述；也可以是对事物与外部联系的描述。信息是字母、数字、符号的集合，其载体可以是数字、文字、语音、视频和图像等。

2．数据

数字化的信息称为数据。数据是信息的载体，信息则是数据的内在含义或解释。

数据分为数字数据和模拟数据。数字数据的值是离散的，如电话号码、邮政编码等；模拟数据的值是连续变换的量，如温度变化、气压变化等。计算机中的信息都是用数字数据来表示的。

3．信号

信号是数据在传输过程中的表示形式。信号是数据的载体。数据只有转换为信道可识别的信号，才能在信道上传输。从广义上讲，信号包含光信号、声信号和电信号，人们通过对光、声、电信号的接收，通过转换或解析才知道对方要表达的消息。信号可分为模拟信号和数字信号。

模拟信号指的是在时间上连续不间断，数值幅度大小也是连续不断变化的信号，是一种连续变化的电脉冲序列。如随时间连续变化的电流、电压或电磁波数值。电话线上传输的是按照声音的强弱幅度连续变化的电信号，如图 2-3 所示。

数字信号指的是在时间轴上离散，幅度不连续的信号，用 0、1 表示。数字信号的应用日益广泛，很多现代的媒体处理工具，尤其是需要和计算机相连的仪器，都从原来的模拟信号表示方式，改为使用数字信号表示方式。如计算机数据、数字电话、数字电视以及手机、视频或音频播放器和数码相机等输出的都是数字信号，如图 2-4 所示。

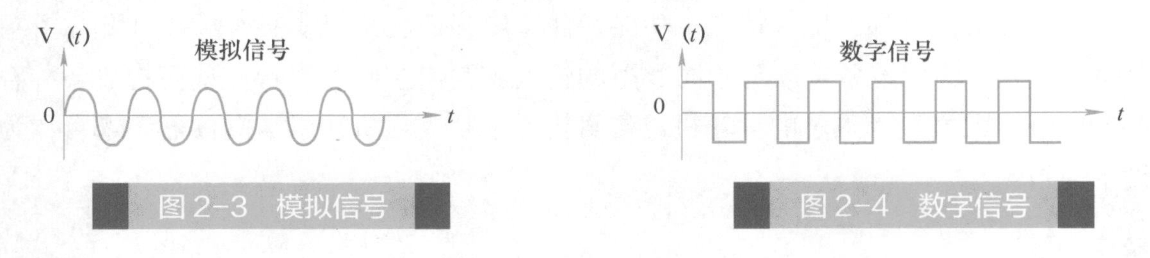

图 2-3　模拟信号

图 2-4　数字信号

信息、数据与信号三者间既有区别，又密切相关，是通信过程中不同阶段的不同说法，如图 2-5 所示。

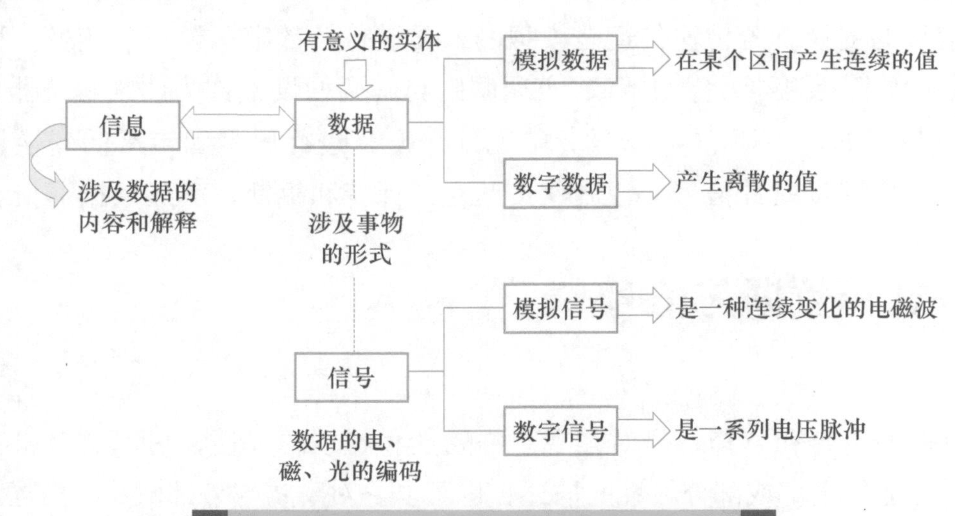

图 2-5　信息、数据与信号三者关系

2.1.2　数据信道

1．信道

信道是信号的传输媒质，可分为物理信道和逻辑信道。物理信道是指用来传送信号或数据的物理通路，由传输介质及其附属设备组成。逻辑信道也是传输信息的一条通路，但在信号的收、发节点之间并不一定存在与之对应的物理传输介质，而是在物理信道基础上，由节点设备内部的连接实现。

2．信道的分类

信道按使用权限可分为专业信道和共用信道；按传输介质可分为有线信道、无线信道和卫星信道；按传输信号可分为模拟信道和数字信道。

3．信道容量

信道容量是指信道传输信息的最大能力，通常用信息速率来表示。单位时间内传送的比特数越多，信息的传输能力也就越大，表示信道容量越大。

4．信道带宽

信道带宽是指信道所能传送的信号频率宽度，代表信道传输信息的能力。通信系统中传输信息的信道具有一定的频率范围，最高频率上限与最低频率下限之差就称为“信道带宽”，单位用赫兹（Hz）表示。信道带宽由具体信道（包括传输介质和通信设备）的物理特性所决定。

带宽目前有两种相差甚远的含义：

- 电子学上的带宽，是指电路可以保持稳定工作的频率范围。
- 数据传输概念上的带宽，是指每秒传输的二进制位数。

信道容量和信道带宽具有正比的关系，带宽越大，容量越大。但实际上，由于信道中存在噪声或干扰现象，因此，信道带宽的无限增加并不能使信道容量无限增加。信道带宽是衡量传输系统的一个重要指标，人们常用带宽来代表速率，宽带和窄带分别就是高速和低速的同义词。

5．信道的传播延迟

信号在信道中传播，从信源端到达信宿端所需要的时间，这个时间称为信道的传播延迟（或时延）。这个时间与信源端和信宿端的距离有关，也与具体信道中的信号传播速度有关，时延的大小与采用哪种网络技术有很大关系。

知识拓展——宽带与带宽的区别

宽带是上网的接入方式，指的是具备高通信速率和高吞吐量的计算机网络，能够满足多媒体数据传输的要求。

带宽是一个数据的数值，用来表示网络速度。

模拟信号信道用赫兹（Hz）来表示带宽；数字信号信道用比特率（bit/s）表示带宽。

2.1.3 数据通信主要性能指标

有效性和可靠性是用来衡量通信系统性能的重要指标。反映了其通信质量的优劣，两者互相矛盾而又互相联系，经常要兼顾考虑。

数据通信系统的有效性通常用传输速率、吞吐量等指标来衡量；可靠性通常用误码率指标来衡量。

1．传输速率

传输速率有两种表示方法，采用不同的单位，分别是比特率和波特率。

(1) 比特率

比特率又称为数据传输速率，是一种数字信号的传输速率。它表示单位时间内信道内所传送的二进制代码的有效位（bit）数，单位为比特／秒（bit/s）。比特率越高传送数据的速度越快。

(2) 波特率

波特率是一种调制速率，也称波形速率。它表示单位时间内（每秒）信道上实际传输信号码元的个数。或者说，在数据传输过程中，线路上每秒发生信号变化的次数就是波特率。当变化次数为一次时，等同于比特率。其单位为波特（baud）。

2．吞吐量

吞吐量指的是单位时间内整个网络能够处理的信息总量，单位是字节／秒或位／秒。在单信道总线型网络中：吞吐量 = 信道容量 × 传输效率。

3．误码率

误码率指的是数据通信系统在正常工作情况下，信息传输的错误率。它是衡量数据通信系统，在正常工作情况下传输可靠性的指标。当传输的总量很大时，误码率在数值上等于出错的位数与传送的总位数之比。举例来说，如果在一万位数据中出现一位差错，即误码率为万分之一，即 10E−4。误码率 P_e 表示为：

$$P_e=N_e/N$$

式中，N 是传送的总位数，N_e 是出错的位数。

4．码元和码字

在数字传输中，有时把一个数字脉冲称为一个码元，是构成信息编码的最小单位。

计算机网络传送中的每一位二进制称为“码元”或“码位”。例如，二进制数字 10000001，是由 8 个码元组成的序列，通常称为“码字”。

2.2 数据传输技术

2.2.1 传输方式

数据传输方式指的是数据在传输信道上传递的方式。

1．按传输方向分为：单工通信、半双工通信和全双工通信

1）单工通信：数据传输是单向的，只能一方发送另一方接收，反之则不可以，如图 2-6a 所示。例如，传统的电视节目，就是从电视台通过有线电视网络单向传输到用户电视机中的。

2）半双工通信：数据传输可以双向进行，但只能交替进行，一个时刻只能有一个方向传输数据，如图 2-6b 所示。例如，对讲机就是采用半双工通信方式工作的。

3）全双工通信：数据传输可以双向同时进行。全双工通信需要两个信道，一个用来发送，一个用来接收，如图 2-6c 所示。例如，现在的高清电视节目中的互动点播，就是基于全双工通信方式实现数据传输的。

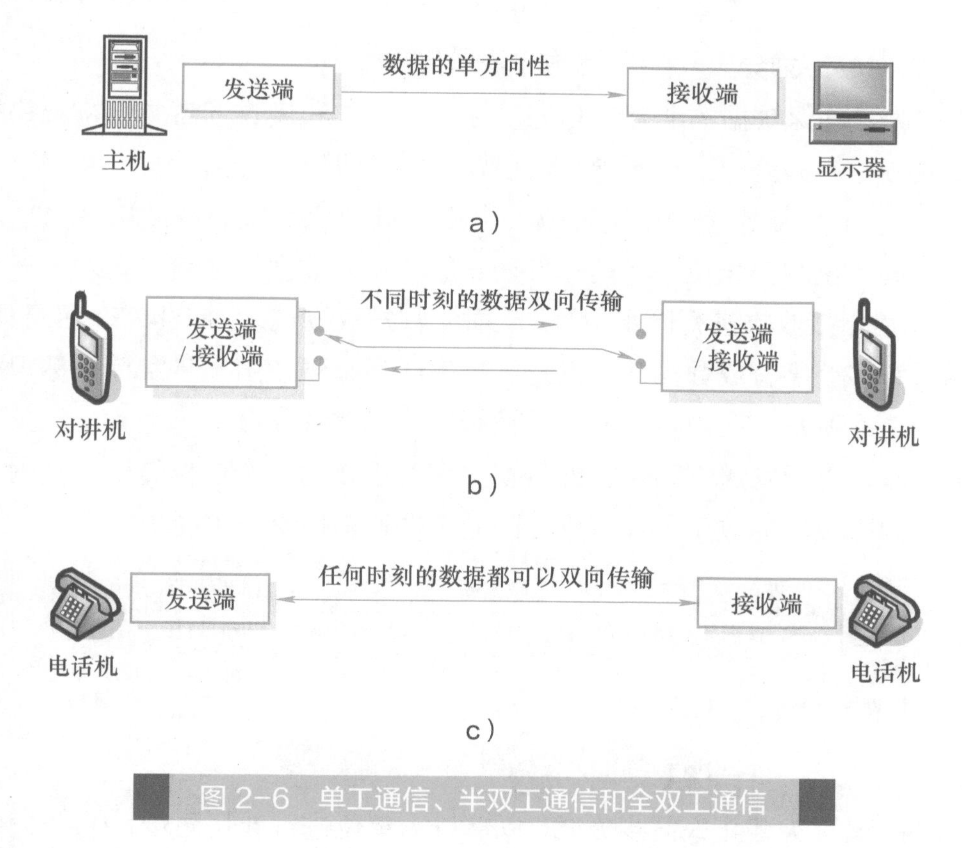

图 2-6 单工通信、半双工通信和全双工通信

2．按传输数据位数（信号线多少）分为：并行传输和串行传输

1）并行传输：指数据以成组（一般每组为 8 位二进制数）的方式在多个并行信道上同时进行传输，每个比特使用单独的一条线路（并行信道至少需要 8 条），在数据设备内进行近距离传输（1 米或数米之内）的过程，如图 2-7a 所示。为了获得高的数据传输速率，常采用并行传输方式。如计算机内的数据总线就是并行传输的。

2）串行传输：指数据一位一位地依次在一条信道上传输，按时间顺序逐位传输的方式。按位发送，逐位接收，同时还要确认字符，所以要采取同步措施。其传输速度与并行传输相比要低得多，广泛应用于远程数据传输。通信网和计算机网络中的数据传输，主要是以串行方式进行的，如图 2-7b 所示。

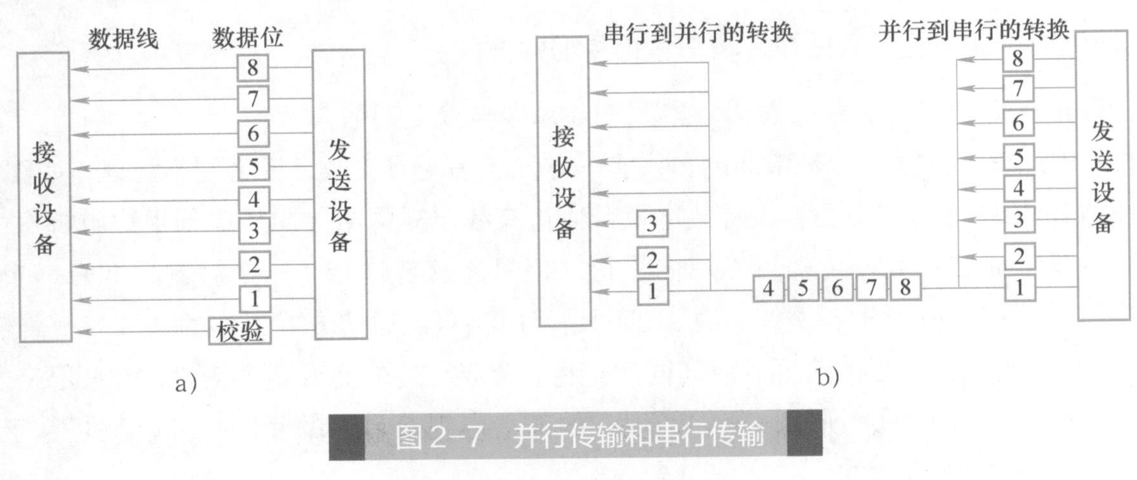

图 2-7　并行传输和串行传输

a）并行传输　b）串行传输

3．按传输实现的方式分为：同步传输和异步传输

数据传输中为了确保数据的准确性和完整性，发送方和接收方需要保持一致的节奏。根据发送方和接收方时钟的差别，有同步传输和异步传输两种方式。

1）同步传输：信息格式是一组字符或一个由二进制位组成的数据块（帧）。对这些数据，不需要附加起始位和停止位，而是在发送一组字符或数据块之前，先发送一个同步字节（如，01111110），用于接收方进行同步检测，从而使收发双方进入同步状态。在同步字节之后，可以连续发送任意多个字符或数据块。发送数据完毕后，再使用同步字节来标识整个发送过程的结束，如图 2-8 所示。在同步传输中传输单位是报文或分组。

采用同步传输，由于发送方和接收方将整个字符组作为一个单位传输，且附加位又非常少，从而提高了数据传输的效率。计算机之间的数据通信通常采用同步传输。

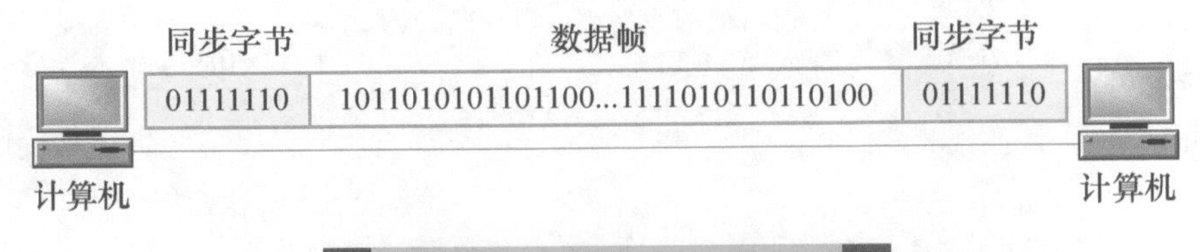

图 2-8　同步传输方式

2）异步传输：又称为起止式同步方式，以字符为单位进行起止同步。在异步传输方式中，每传送 1 个字符（7 位或 8 位），都要在每个字符码前加 1 个起始位，以表示字符码的开始；在字符码和校验码后面加 1 ～ 2 个停止位，表示字符结束。接收方根据起始位和停止位来判断一个新字符的开始，从而起到通信双方的起止同步作用，如图 2-9 所示。

异步传输方式比较容易实现，但每次传输一个字符需要多使用 2 ～ 3 位，所以适用于低速通信。键盘与主机的通信就是采用异步传输。

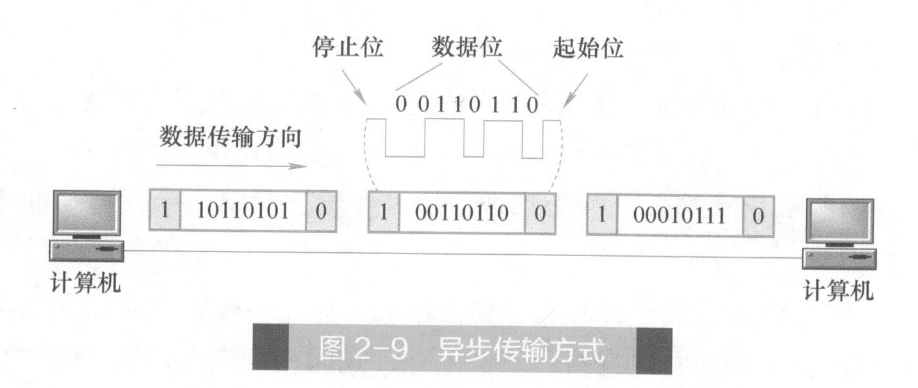

图 2-9 异步传输方式

4．按数据传输是否调制分为：基带传输、频带传输和宽带传输

数据传输方式依其数据在传输线上原样不变地传输，还是调制后再传输，可分为基带传输、频带传输和宽带传输等方式。

（1）基带传输

基带信号是信源发出的、没有经过调制的原始电信号。把这种未经过调制的原始数字信号直接在信道上进行传输的方式就是基带传输。基带传输是一种最简单最基本的数据传输方式，它不需要调制解调器，设备费用少，适用于近距离数据传输。局域网常用的双绞线传输介质就是采用这种方式，局域网术语“10Base−T”中的“Base”指基带传输。

（2）频带传输

频带信号是用载波对基带信号进行调制后的信号，如图 2-10 所示。将基带信号调整成模拟信号后再进行传输，接收方需要对信号进行解调还原为数字信号，这个过程的传输方式就是频带传输。可见在采用频带传输方式时，要求发送端和接收端都要安装调制器和解调器。由于基带信号的频谱可以调制到不同的频段，因此可以将多个频带信号合并传输，而不会互相干扰。频带传输可以解决码间干扰和衰减的问题，信号传输更加可靠。

常用的频带调制方式有频率调制、相位调制、幅度调制和调幅加调相的混合调制方式。利用频带传输，不仅解决了利用电话系统传输数字信号的问题，而且可以实现多路复用，以提高传输信道的利用率。频带传输是计算机网络远距离传输的主要模式。

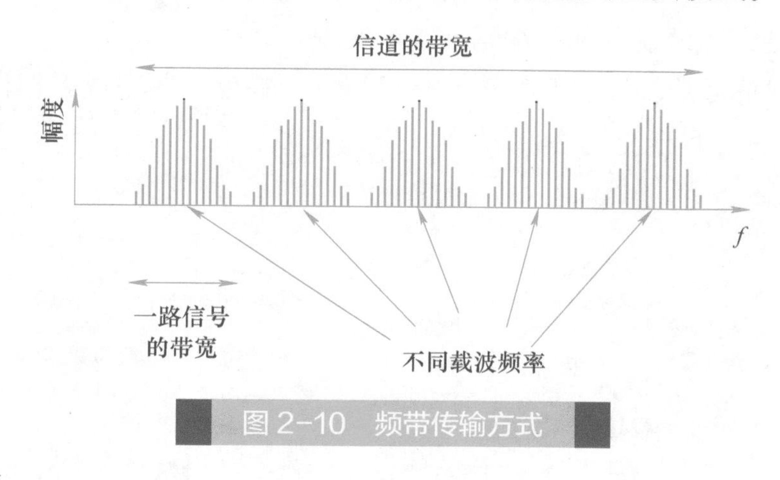

图 2-10 频带传输方式

（3）宽带传输

宽带传输是指将信道分成多个子信道，分别传送音频、视频和数字信号。宽带传输与基带传输相比有以下优点：

1）能在一个信道中传输声音、图像和数据信息，使系统具有多种用途。

2）一条宽带信道能划分为多条逻辑基带信道，实现多路复用。

3）宽带传输的距离比基带远。因为基带传输直接传送数字信号，传输的速率越高，能够传输的距离越短。

可利用宽带传输系统来实现声音、文字和图像的一体化传输，这也就是通常所说的“三网合一”，即语音网、数据网和电视网合一。另外，在同一信道上，宽带传输系统既可以进行数字信息服务也可以进行模拟信息服务，如计算机局域网。

知识拓展——局域网术语“10Base-T”

“10Base-T”是双绞线以太网，其中“10”表示信号的传输率为10Mbit/s；“Base”表示信道上传输的是基带信号(即基带传输)；“T”是英文Twisted-pair(非屏蔽双绞线)的缩写。

2.2.2 数据和信号变换技术

1. 数据和信号进行变换的原因

无论信源产生的是模拟数据还是数字数据，在传输过程中都要变换成适合信道传输的信号形式才能进行传输。

1）信号是数据传输过程中的载体，要适应信道传输介质的传输特性。

2）为了提高传输质量需要对信道编码进行优化。如解决消除直流分量、自带同步信号、提高传输效率以及使信号具有容错能力等问题。

3）提高信道资源利用率，信道在网络中也是一种资源，应充分利用。

2. 信号变换技术

信号变换主要通过“调制”和“编码”技术实现。

■ 调制是根据信号的幅度去改变载波信号特性（幅度、频率或者相位）的过程。调制与解调示意图如图2-11所示。

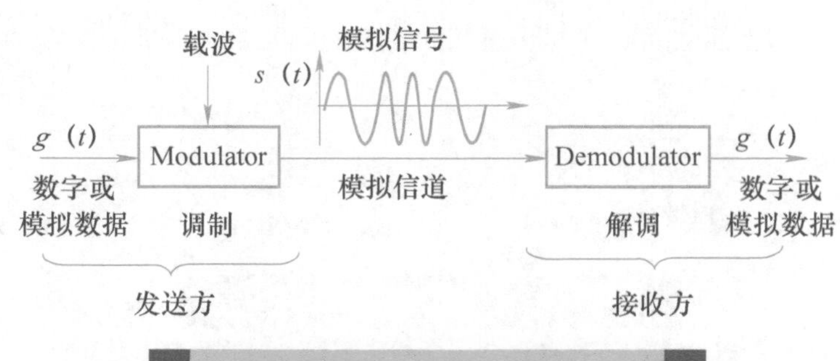

图2-11 调制与解调示意图

■ 编码是信息从一种形式或格式转换为另一种形式的过程；解码是编码的逆过程。编码与解码示意图如图 2-12 所示。

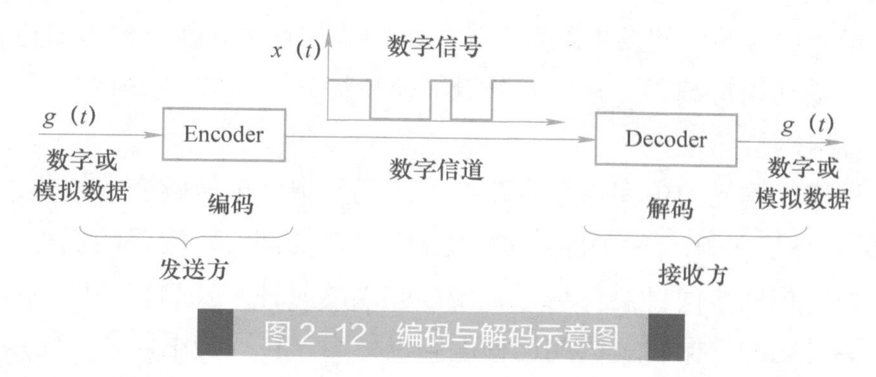

图 2-12　编码与解码示意图

3．数据的传输方式与编码方式

信源的数据类型有模拟和数字两种，信道类型也分为模拟和数字两种，由此组合成 4 种数据的传输方式：数字数据模拟传输、数字数据数字传输、模拟数据数字传输、模拟数据模拟传输。

在计算机网络中，主要采用前 3 种数据传输技术，至于模拟数据的模拟传输，一般应用于传统的模拟通信领域，不在数据通信的研究范围之中，在此不做讨论。

2.2.3　数字数据数字传输

在传输之前使用编码器对二进制数据进行编码优化，即将信源数据编码变换成更适合信道传输的信道编码，改善其传输特性。

1．数字传输对信道编码的要求

数字信号传输时对信道编码的基本要求是：不包含直流成分；码型中应自带同步时钟信号；利于接收端提取用于位同步。

二进制数字信息在传输过程中，可以采用多种编码方案，各自性能不同，实现的代价也不同。这里只介绍几种常用的数字信号编码：全宽码（不归零码）、曼彻斯特编码和差分曼彻斯特编码。

2．全宽码（不归零码）

全宽码，采用正电压表示 1，零或负电压表示 0（正逻辑，反之为负逻辑），一位码元占一个单位脉冲的宽度，码元中间电压恒定，无回零，故也称为“不归零码（NRZ）”。不归零码，又可分为单极性不归零码和双极性不归零码，如图 2-13 所示。

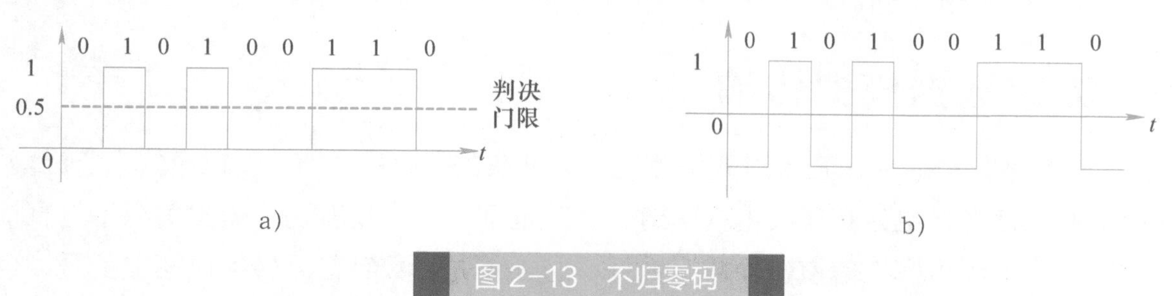

图 2-13　不归零码

a）单极性不归零码　b）双极性不归零码

3．双相位编码

信号码型在每个比特的中间发生跳变，有一个归零的过程，因而称为归零码或非全宽码。常用的归零码有“曼彻斯特编码”和“差分曼彻斯特编码”，如图 2-14 所示。

（1）曼彻斯特编码

曼彻斯特编码每个码元的中间均发生跳变，用码元中间电压跳变的相位不同来区分 1 和 0，即用正电压的跳变表示 0；用负电压的跳变表示 1。曼彻斯特编码的优点：利用每个码元的中间电压跳变作为位同步时钟触发信号，使接收端的时钟与发送设备的时钟保持一致，确保接收端和发送端之间的位同步。因此这种编码也称为“自同步编码”，无须外同步信号。

曼彻斯特编码的缺点：信号码元速率是数据速率的 2 倍，因此需要双倍的传输带宽，对信道容量要求高。

（2）差分曼彻斯特编码

差分曼彻斯特编码是对曼彻斯特编码的改进。保留了曼彻斯特编码作为“自含时钟编码”的优点，仍将每比特中间的跳变作为同步时钟之用，其不同之处在于：每位二进制数据的取值判断是用码元的起始处有无跳变来表示，通常规定有跳变时代表二进制“0”，没有跳变时代表二进制“1”（所谓 0 跳 1 不跳）。这种编码也属于自同步编码，并能保持直流的平衡。

差分曼彻斯特编码的优点是时钟、数据的采集分离，便于提取。差分曼彻斯特编码需要较复杂的技术，但可以获得较好的抗干扰性能。这两种曼彻斯特编码主要用于中低速网络中，高速网络一般不采用曼彻斯特编码技术。

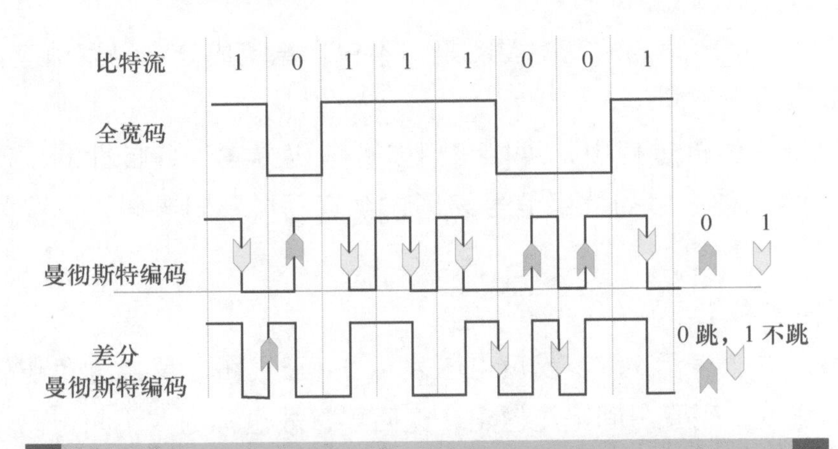

图 2-14　全宽码、曼彻斯特编码、差分曼彻斯特编码

2.2.4　数字数据模拟传输

理论上，数字数据的传输宜采用数字信道。但早在数字通信之前，模拟通信已广泛普及，典型的模拟通信信道是电话和有线电视信道，覆盖范围广、应用普遍。模拟信道不能直接传输数字数据。为了利用模拟信道传输数字数据，必须首先将数字信号转换成模拟信号，也就是要对数字数据进行调制。

1. 调制 / 解调的基本概念

数字数据的模拟传输，借助于对载波信号进行调制与解调实现，如图 2-15 所示。载波是频率和幅值固定的连续周期信号，通常采用正弦（或者余弦）波周期信号，可以用 $A\cos(2\pi ft+j)$ 表示。其中 A、f、j 分别为载波的幅度、频率和相位，称为“正弦波三要素”。“调制”的实质就是使这三个参量的某一个或几个随原始数字信号的变化而变化的过程。在接收端，将模拟数据信号还原成数字数据信号的过程称为“解调”，用到的设备称为“调制解调器（Modem）”。

图 2-15 调制与解调

2. 基本调制方法

数字调制一般指调制信号是离散的，而载波是连续波的调制方式。调制是对信号源的信息进行处理，使其变为适合传输形式的过程。调制的目的是使所传送的信息更好地适应信道特性，以达到最有效和最可靠的传输。它有 3 种常见基本形式：振幅键控、移频键控、移相键控，如图 2-16 所示。

振幅键控（ASK）：也叫调幅，用数字调制信号控制载波的振幅，是用载波频率的两个不同振幅来表示两个二进制值。在有些情况下，用载波幅度的有无来表示传送的信息存在与否，以表示 0 和 1 二进制值。振幅键控实现简单，但抗干扰能力差。

移频键控（FSK）：也叫调频，用数字调制信号的正负控制载波的频率，是用载波频率附近的两个不同频率来表示 0 和 1 二进制值。移频键控能区分通路，但抗干扰能力不如移相键控和差分移相键控。

移相键控（PSK）：也叫调相，用数字调制信号的正负控制载波的相位，是用载波信号的相位移动来表示二进制数据。它以频率较低的信号状态代表 0，以频率较高的信号状态代表 1。移相键控抗干扰能力强，而且比 FSK 方式编码效率更高，因此是目前数字信号模拟化中最常用的方式，特别是在高速调制解调器中，几乎全都采用 PSK 法。但在解调时需要有一个正确的参考相位，即需要相干解调。

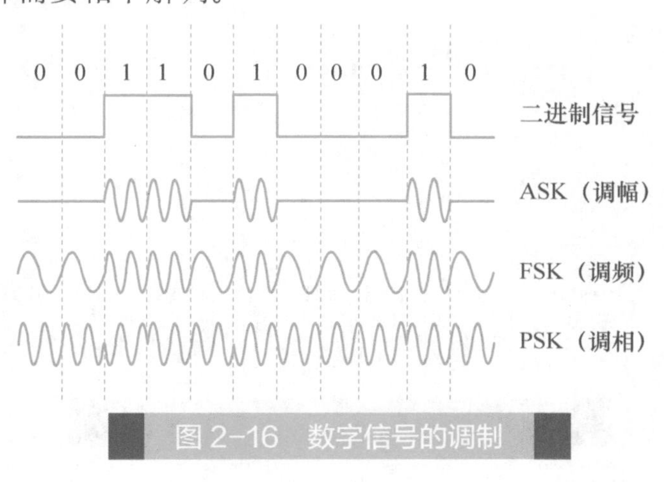

图 2-16 数字信号的调制

2.2.5 模拟数据数字传输

模拟数据（如声音、图像、视频等）早期多采用模拟传输。数字传输相对于模拟传输具有众多优点。随着网络基础设施条件的不断改善，数字信道已广泛采用，模拟信号的数字化传输与处理也成为必然趋势。模拟数据要在数字信道上传输，必须要先经数字化处理转换成数字信号才能进行，如图 2-17 所示。

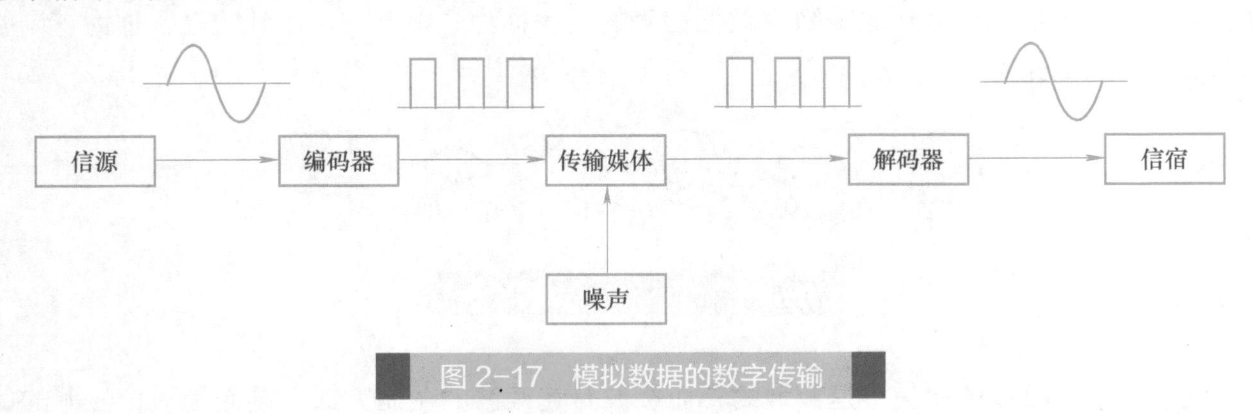

图 2-17 模拟数据的数字传输

1. 模拟数据数字化技术——PCM 编码

脉冲编码调制 PCM 是将模拟数据数字化的主要方法。PCM 编码过程需要 3 个步骤，即采样、量化和编码，如图 2-18 和图 2-19 所示。

模拟数据 → 采样 → 量化 → 编码 → 数字信号

图 2-18 模拟数据数字化过程

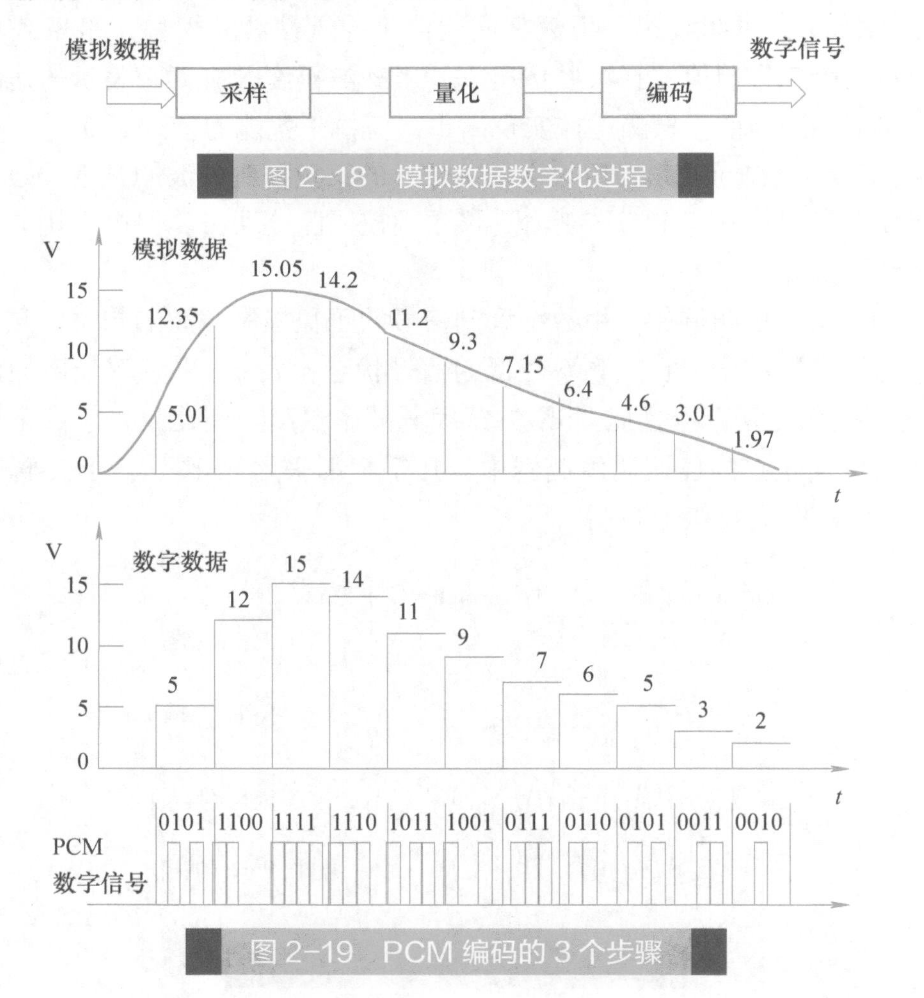

图 2-19 PCM 编码的 3 个步骤

（1）采样

采样（Sampling）也称取样、抽样，指把时间域或空间域的连续量转化成离散量的过程。每秒的采样样本数叫做采样频率。采样位数可以理解为采集卡处理声音的解析度。采样是将时间上、幅值上都连续的模拟信号，在采样脉冲的作用下转换成离散值。

（2）量化

量化就是把经过采样得到的瞬时值幅度离散，即用一组规定的电平把瞬时采样值用最接近的电平值来表示，通常是用二进制表示。量化后的信号和采样信号的差值称为量化误差，也称为量化噪声。量化级数越多，误差越小，相应的二进制码位数越多，要求传输速率越高，频带越宽。

（3）编码

编码指的是用一组二进制码组来表示每一个有固定电平的量化值，量化是在编码过程中同时完成的，故编码过程也称为模—数变换，可记作 A—D。

2. 模拟数据的数字化传输

PCM 最初应用是将模拟电话信号转化成数字信号，以实现在电话主干网上数字化传输，如图 2-20 所示。我国使用的 PCM 体制中，电话信号是采用 8bit 编码，则取样后的模拟电话信号量化为 256。采样速率为 8000 次 /s（8kHz），因此，一路话音的数据传输速率为：8bit×8000/s=64Kbit/s——称为“语音级速率”。

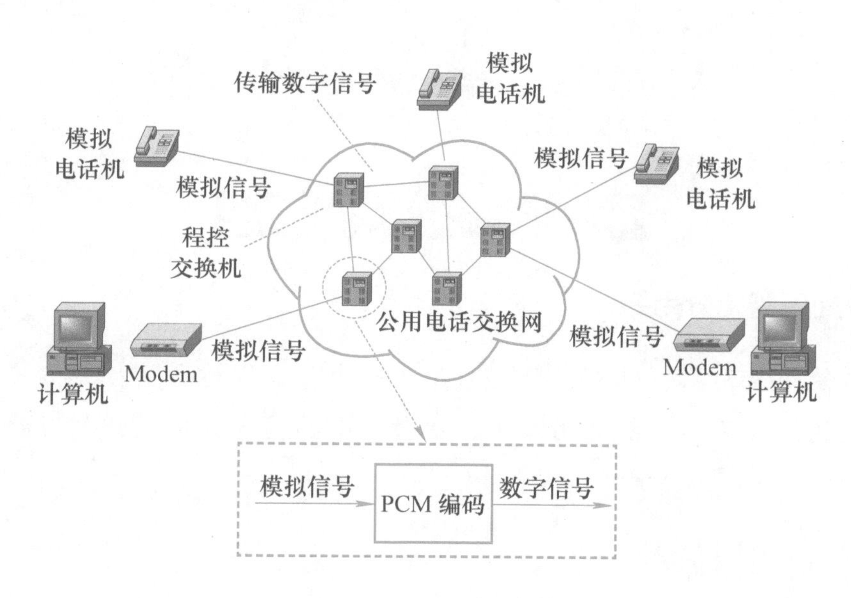

图 2-20　模拟数据的数字化传输

在局域网中，由于采用数字信道，主要使用数字传输技术。在广域网的早期，曾经以模拟信道传输为主。随着光纤通信技术的发展，目前广域网已完全数字化，传输成本和质量远优于早期的模拟传输。

2.3 数据信道复用技术

在网络中，传输信道的成本占整个系统相当大的比重，是数据通信的宝贵资源，充分利用信道资源，可以提高通信系统的性价比。另外，一般情况下，信道的传输容量远大于一路信号所需要的带宽。所以，为了提高信道资源利用率，降低通信成本，人们研究和发展了信道共享技术，即在一条物理信道上传输多路信号的多路复用技术，使一条物理信道变为多条逻辑信道。这一共享原理在通信技术中十分重要。

多路复用的基本原理：当物理信道的可用带宽超过单个原始信号所需的带宽时，可将该物理信道的总带宽分割成若干个固定带宽的子信道，并利用每个子信道传输一路信号，从而达到多路信号共用一个信道，充分利用信道容量。复用技术过程如图 2-21 所示。

比如，传输的语音信号的频谱一般在 300 ～ 3400Hz 内，为了使若干个这种信号能在同一信道上传输，可以把它们的频谱调制到不同的频段，合并在一起而不致相互影响，并能在接收端彼此分离开来。常见的信道复用技术有频分复用技术、时分复用技术、波分复用技术、码分复用技术。

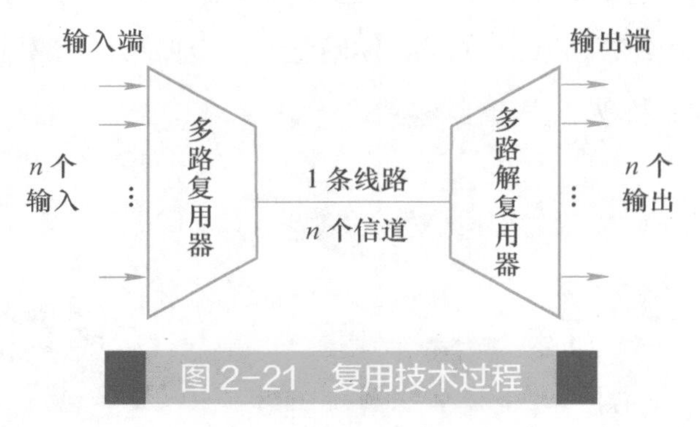

图 2-21 复用技术过程

知识拓展——复用器和分用器

在发送端使用复用器，让大家合起来使用一个信道进行通信；

在接收端使用分用器（解复用器），把合起来的信息分别送到相应的终点。

2.3.1 频分复用技术

频分复用（Frequency Division Multiplexing，FDM）顾名思义，将用于传输信道的总带宽划分成若干个子频带（或称子信道），每一个子信道传输一路信号。也就是不同信号的频率各不相同，然后在一个信道内并行传输。由于各子信道相互独立，故一个信道发生故障时不会影响其他信道。频分复用属于频带传输，需要用到调制解调技术，可用于模拟传输系统。每个频率做一条信道，如图 2-22 所示。

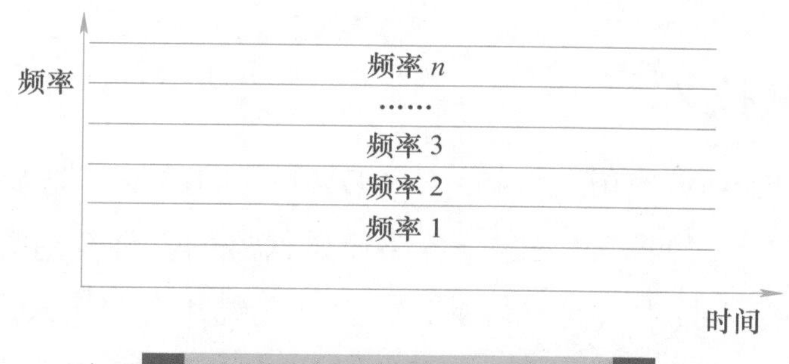

图 2-22　频分复用技术

2.3.2　时分复用技术

时分复用（Time Division Multiplexing，TDM）就是将提供给整个信道传输信息的时间划分成若干时间片（简称时隙），并将这些时隙分配给每一个信号源使用，每一路信号在自己的时隙内，独占信道进行数据传输。如上文提到的数字传输系统，它采用脉冲编码技术后，再利用时分复用技术电话局间的一条中继线，就可以传送几十路电话了。每个时间片叫作一条信道，如图 2-23 所示。

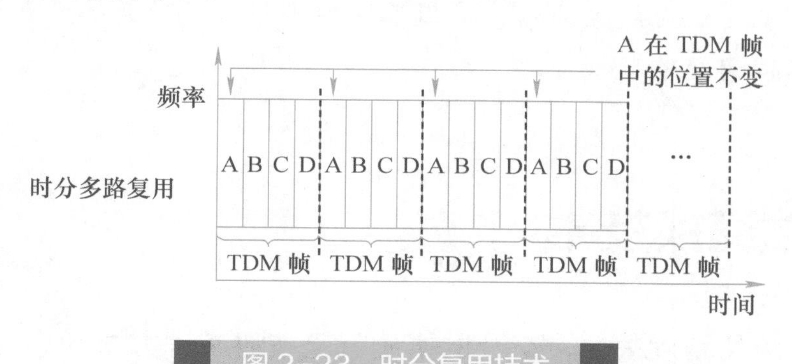

图 2-23　时分复用技术

2.3.3　波分复用技术

波分复用（Wavelength Division Multiplexing，WDM）在光通信领域专门用于光纤通信，由于光纤中光载波频率很高，人们习惯按波长而不是按频率来命名。因此，所谓的波分复用，其本质上也是频分复用。如今，在一根光纤上复用的路数越来越多，现在已能做到在一根光纤上复用 80 路或更多路数的光载波信号，如图 2-24 所示。

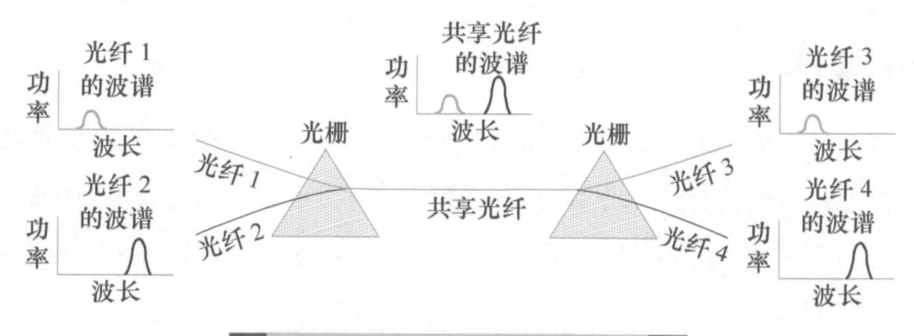

图 2-24　波分复用技术

2.3.4 码分复用技术

码分复用（Code Division Multiplexing，CDM）又叫码分多址 CDMA（Code Division Multiple Access），是靠不同的编码来区分各路原始信号的一种复用方式。主要和各种多址技术结合，产生了各种接入技术（码分多址），包括无线和有线接入。例如，一个信道只容纳 1 个用户进行通话，许多同时通话的用户互相以信道来区分，这就是多址。

码分复用的特点：每个用户可以在同样的时间，使用同样的频率进行通信。各个用户的信号，不是靠频率不同或时隙不同来区分，而是用各自不同的地址码序列来区分，或者说是靠信号的不同波形来区分。

知识拓展——时分复用与频分复用生活用例

时分复用：单通道无线电通信，同一时刻只能有一个人讲话，不同人必须依次讲话。网络传输，任意时刻线路上只能传送一个数据包，不同用户的数据包是分时传送的。

频分复用：多通道无线电通信，采用不同频率同时发送数据。有线电视中，采用不同基频传输不同的频道。

2.4 数据交换技术

从通信资源分配的角度来看，交换的本质就是按照某种方式动态地分配传输线路的资源。在电话网络里分配的是电话线路的资源，在计算机网络里分配的是数据传输线路的资源。

在交换式网络中，两个终端节点之间传递的数据，需要通过中间节点转发实现。数据交换技术（Data Switching Techniques）是在两个或多个数据终端设备（DTE）之间，建立数据通信的暂时互联通路的各种技术。通常使用 4 种交换技术：电路交换、报文交换、分组交换、信元交换。

2.4.1 电路交换

电路交换（Circuit Switching），也称为线路交换，它是一种直接的交换方式，如图 2-25 所示。在电路交换方式中，通过网络节点（交换设备）在工作站之间建立专用的通信通道，即在两个工作站之间建立实际的物理连接。一旦通信线路建立，这对端点就独占该条物理通道，直至通信线路被取消。

电路交换典型应用：电话系统、公用电话交换网。

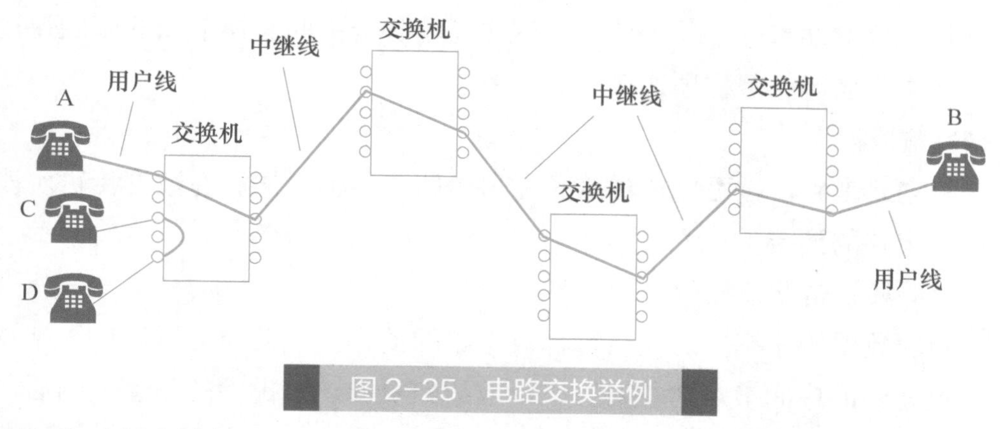

图 2-25　电路交换举例

电路交换是面向连接的，端点间必须先建立实际的物理连接，之后才能进行数据通信。其通信过程需要经历 3 个阶段：电路建立阶段、数据传输阶段和拆除（释放）电路连接阶段，如图 2-26 所示。

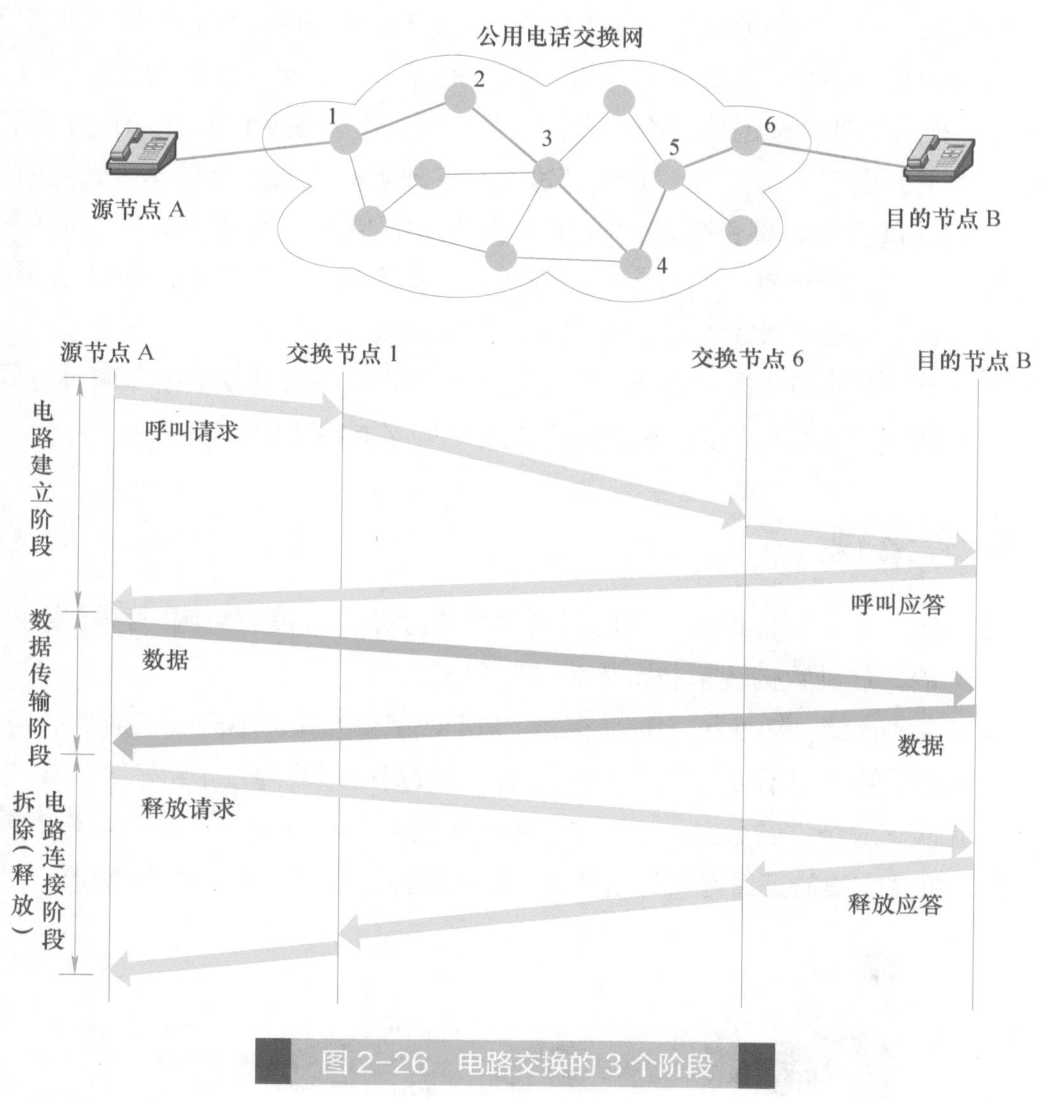

图 2-26　电路交换的 3 个阶段

（1）电路建立阶段

源端点向相连的最近交换节点发送连接请求呼叫信号，请求与目的端点建立连接。交换节点在路由表中找出通向目的端点的路由，并为该条电路分配一个未用信道；然后把连接请求信号传送到通往目的端点的下一个节点。这样通过各个中间交换节点的分段连接，使源端点和目的端点之间建立起一条物理连接。

（2）数据传输阶段

电路连接建立起来后，就可以通过这条专用电路来传输数据。在数据传输阶段，各交换节点要维持这条电路的连接。

（3）拆除（释放）电路连接阶段

在站点之间的数据传输完毕后，执行释放电路的动作。该动作可以由任一站点发起，释放线路请求通过途经的中间节点送往对方，释放线路资源。被拆除的信道空闲后，就可被其他通信使用。

电路交换的优点是通信实时性强，时延很小，通信速率较高（信道专用），适用于实时大批量数据的传输。

电路交换的缺点是对突发性通信不适应，通信双方必须同时工作，线路利用率低（信道不共享），数据通信效率低，系统不具有存储数据的能力，不能平滑数据流量。

静态分配、独占物理信道的电路交换方式，对于具有突发性和间歇性的计算机通信来说，信道资源浪费严重。由于人机交互（如键盘输入、移动鼠标点击、读屏幕等）的时间远比计算机进行通信的时间要多，线路空闲时间可能高达 90% 以上，利用率极低。另外电路交换建立连接的呼叫过程，对计算机通信太长。因此，计算机通信采用电路交换方式是低效的，必须寻求更适合的高效交换技术，这就是存储转发交换技术。

存储转发交换可以分为“报文存储转发交换”与“分组存储转发交换”两种方式。其中，分组存储转发交换方式又可以分为“数据报”方式与“虚电路”方式。

2.4.2　报文交换

在交换过程中，交换设备将接收到的报文内容先存储，待信道空闲时再转发出去，逐级中转，直到目的地，这种数据传输技术称为“存储 – 转发”。

报文交换采取“存储—转发”（Store–and–Forward）方式，不需要在通信的两个节点之间建立专用的物理线路，即不独占线路，多个用户的数据可以通过存储和排除共享一条线路。数据以报文（信息 + 地址）的方式发出，报文中除包括用户要传送的信息外，还有源地址和目的地址等信息。报文交换的工作方式可以类比于快递邮寄的过程，如图 2–27 所示。

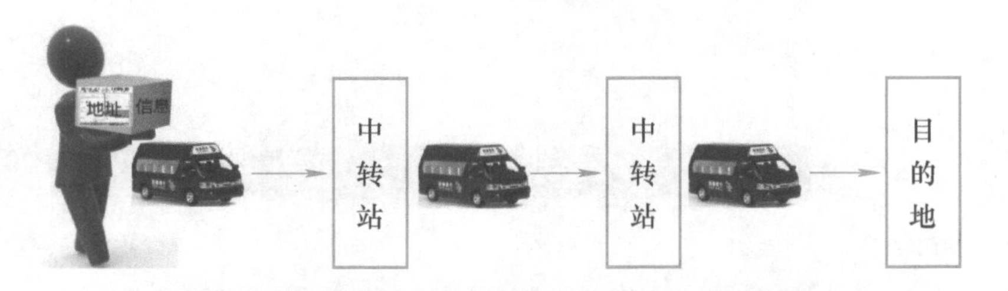

图 2–27　报文交换与快递邮寄

报文交换的优点是相对于电路交换，报文交换线路效率高，节点可实现报文的差错控制及码制转换。缺点是报文经过节点时延迟较大，实时性差，对交换节点的存储量有较高要求。

报文交换典型应用：电子邮件系统（E–mail）、电报。

2.4.3　分组交换

分组交换技术是在计算机技术发展到一定程度后，人们除了打电话直接沟通，通过计算机和终端实现计算机与计算机之间的通信，在传输线路质量不高、网络技术手段还较单一的情况下，应运而生的一种交换技术。分组交换是现代计算机网络的技术基础，APRANET是最早的分组交换网，标志着现代网络的开始。

分组交换也称包交换，也属于“存储—转发”交换方式，但它不是以报文为单位，而是以长度受到限制的报文分组为单位进行传输交换的。分组的最大长度一般规定为一千到数千比特，即将用户传送的数据划分成一定的长度，称为分组。在每个分组的前面加上一个分组头，用以指明该分组发往何地址，然后由交换机根据每个分组的地址标志，将它们转发至目的地，这一过程称为分组交换，如图 2–28 所示。进行分组交换的通信网称为分组交换网。

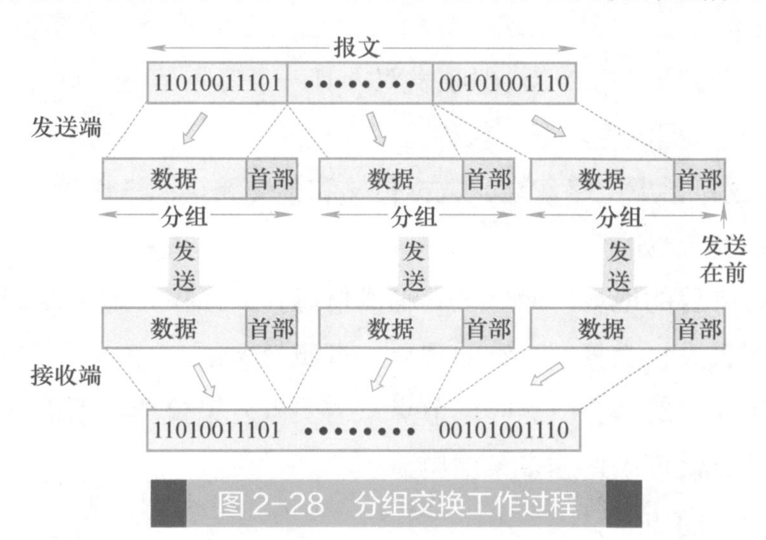

图 2–28　分组交换工作过程

分组交换的优点有以下 3 点：

1）限制分组的最大长度，降低了节点所需的存储量。

2）分组长度较短，在传输出错时，检错容易并且重发花费的时间较少，因而提高交换速度。

3）各分组可以独立路由，选择最佳路径。

分组交换的缺点有以下 2 点：

1）分组在各节点存储转发时需要排队，这就会造成一定的时延。

2）分组必须携带的首部（里面有必不可少的控制信息）也造成了一定的开销。

分组在网络中传输，还可以分为两种不同的方式：数据报和虚电路。数据报传输是一种面向无连接的传输方式；虚电路传输是一种面向连接的传输方式。

1. 数据报方式

数据报方式，每个分组独自携带完整的地址信息。网络的每个交换节点接收到一个数据分组后，根据数据分组中的地址信息和交换节点所存储的路由信息，将每个分组作为一个独立的信息单位进行处理、接收或转发。

数据报分组交换的特点如下：

1）事先无须建立连接，提供的是一种无连接的服务。

2）同一报文的不同分组可能经由不同的传输路径通过网络。

3）同一报文的不同分组到达目的节点时可能出现乱序、重复或丢失现象，网络本身不负责可靠性问题，需要端系统的高层协议软件解决。

4）每一个数据报分组都必须带有源节点和目的节点的完整地址，增大了传输开销。

2. 虚电路方式

虚电路交换的数据传输过程与电路交换方式类似，也是属于面向连接的服务。要求发送端和接收端之间，在传输数据分组之前，需要通过通信网络建立一条固定的逻辑通路（而不是物理线路）。连接建立后，用户发送的分组将沿这条逻辑通路按顺序通过。每个交换节点不必再为各数据包作路径选择判断，类似收发双方有一条专用信道。当用户不需传送数据时，可释放连接。这种传输数据的逻辑通路就称为“虚电路”。

虚电路的通信过程包括虚电路建立、数据传输和虚电路拆除 3 个阶段。

虚电路分组交换的特点如下：

1）报文分组不必带目的地址、源地址等辅助信息，只须携带虚电路标识号。

2）不会出现分组丢失、重复、紊乱的现象，有质量保证。

3）分组通过虚电路上的每个节点时，节点只需要做差错检测，不需要做路径选择。

4）同一条物理线路上可以建立多条虚电路。

5）适用于实时数据的传送。

知识拓展——“传统电话”与“IP 电话”

IP 电话为什么比普通电话省钱？

普通电话是通过电话网传送语音的，而 IP 电话是利用互联网传送语音。

现有电话网为电路交换，就是每一次成功的呼叫都提供一条固定的专用信道，只要用户没有挂机，这条信道始终不能被别的用户使用，即使没有人说话或是在话音停顿期间也如此。

而 IP 电话则不同，它所经网络使用分组交换，就是语音信息不占用固定的信道，而是有信息时才发送，无信息时信道就空闲，供其他人使用。

4 种交换方式的比较，如图 2-29 所示。

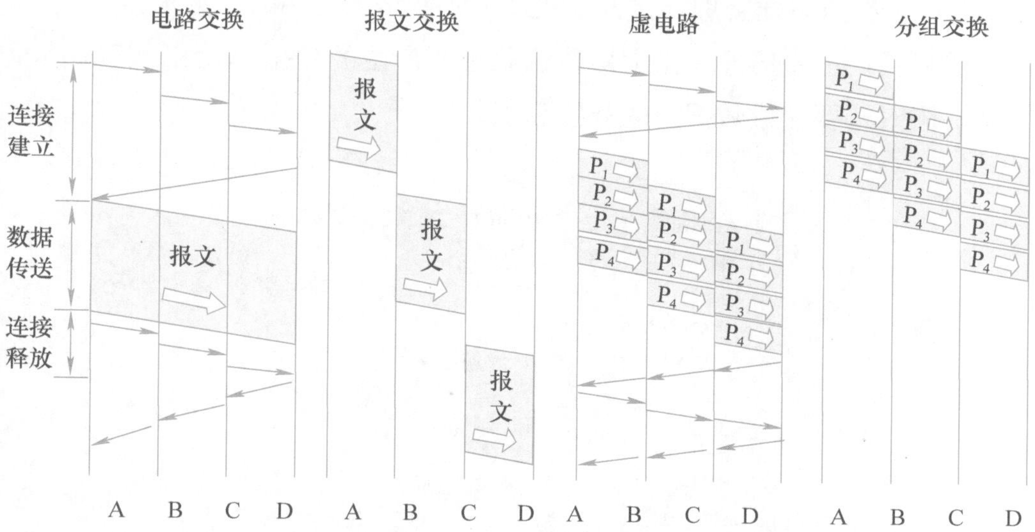

图 2-29 4 种交换方式（A、B、C、D 代表网络设备名称）

1）对于交互式通信，报文交换不合适，分组交换合适。

2）对于较轻的间歇式负载来说电路交换最合适，因为可以通过电话拨号线路来使用公用电话系统。

3）对于两个站之间很重的和持续的负载来说，租用的电路交换线路最合适。

4）当有一批中等数量数据必须交换到大量的数据设备时，分组交换线路利用率最高。

5）适用于短报文和具有灵活性的报文，数据报分组交换合适。

6）适用于大批量数据交换和减轻各站的处理负担，虚电路分组交换合适。

2.4.4 信元交换

异步传输模式（Asynchronous Transfer Mode，ATM）是一种面向连接的交换技术，它采用小的固定长度的信息交换单元（一个 53Byte 的信元）。话音、视频和数据都可由信元的信息域传输。信元的长度为 53 字节，由 48 字节的数据和 5 字节的信元标识（信元头）共同构成。

信元交换技术是一种快速分组交换技术，它综合吸取了分组交换高效率和电路交换高速率的优点。针对分组交换速率低的弱点，利用电路交换与协议处理几乎无关的特点，通过高性能的硬件设备来提高处理速度，以实现高速化。ATM 是一种广域网主干线的较好选择。

1. ATM 模型

1）3 个功能层：ATM 物理层、ATM 层和 ATM 适配层，如图 2-30 所示。

2）功能层的作用。

① ATM 物理层：控制数据位在物理介质上的发送和接收，负责跟踪 ATM 信号边界，

将 ATM 信元封装成数据帧。

② ATM 层：主要负责建立虚连接并通过 ATM 网络传送 ATM 信元。

③ ATM 适配层：主要任务是把上层协议处理所产生的数据单元和 ATM 信元之间建立一种转换关系，同时还要完成数据包的分段和组装。

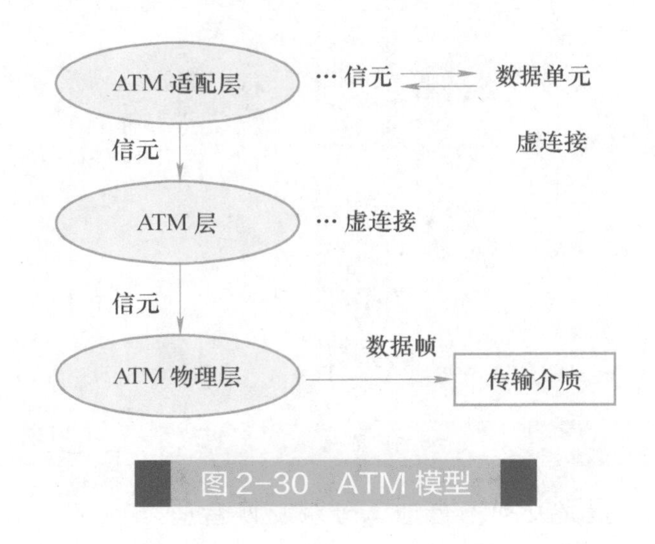

图 2-30　ATM 模型

2．典型应用

1）对带宽要求高和对服务质量要求高的应用。

2）广域网主干线。

2.5　数据传输的差错检测与校正

数字通信采用二进制“1”和“0”的编码表示信息，任何一位出错都可能造成严重后果。因此，数字通信系统不但需要较低的误码率，而且应有自动纠错的能力。差错控制就是检测和纠正数据传输中可能出现差错的技术，以保证计算机通信中数据传输的正确性。

任何通信线路上，都不可避免地存在噪声和干扰信号，接收端所收到的信号实际上是信源数据信号和噪声信号的叠加。接收端通常是通过信号电平判断 1/0 数据。如果干扰信号对信号叠加的影响过大，取样时就会取到与原始信号不一致的电平，这样就产生了差错。如图 2-31 所示为噪声引起的差错。

数据传输中出现差错有多种原因，一般分成内部因素和外部因素：内部因素有噪音脉冲、脉动噪音、衰减、延迟失真等；外部因素有电磁干扰、太阳噪音、工业噪音等。为了确保无差错地传输，必须具有检错和纠错的功能。常用的校验方式有奇偶校验和循环冗余码校验。

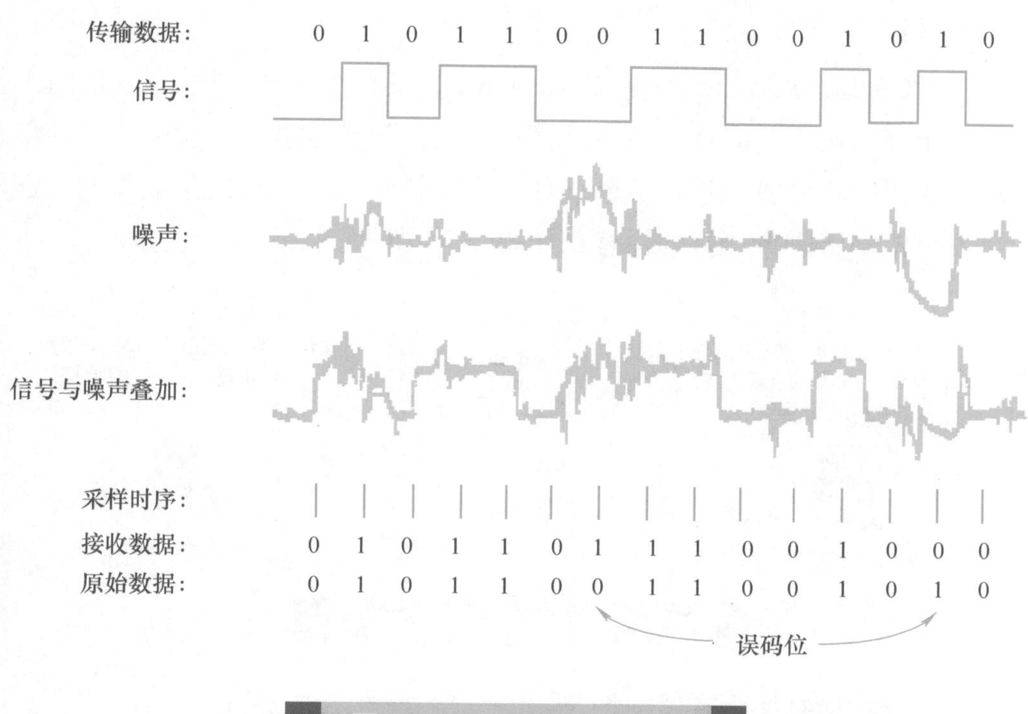

图 2-31　噪声引起的差错

1．奇偶校验

奇偶校验是一种校验代码传输正确性的方法，如图 2-32 所示。根据被传输的一组二进制代码的数位中“1”的个数是奇数或偶数来进行校验。采用奇数的称为奇校验，反之就称为偶校验。采用何种校验是事先规定好的，通常设置校验位，用它约定代码中“1”的个数为奇数或偶数。

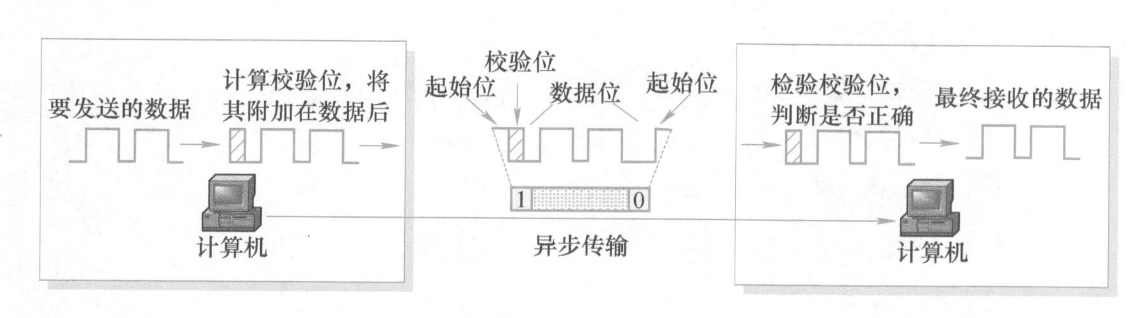

图 2-32　奇偶校验

采用奇偶校验时，若其中两位同时发生跳变，则会发生没有检测出错误的情况。

奇校验：就是让原有数据序列中（包括要加上的一位）1 的个数为奇数。

如 1000110（0），必须添 0，因为原来有 3 个 1 已经是奇数了，所以添上 0 之后 1 的个数还是奇数。

偶校验：就是让原有数据序列中（包括要加上的一位）1 的个数为偶数。

如 1000110（1）就必须加 1 了，因为原来有 3 个 1，要想 1 的个数为偶数就只能添 1 了。

2. 循环冗余码校验（CRC）

循环冗余码（Cyclic Redundancy Code,CRC）又称为多项式码。CRC 的工作方法是在发送端产生一个冗余码，附加在信息位后面一起发送到接收端。接收端收到的信息按发送端形成的循环冗余码同样的算法进行校验。如果发现错误，则通知发送端重发。这种编码对随机差错和突发差错均能进行严格的检查，如图 2-33 所示。

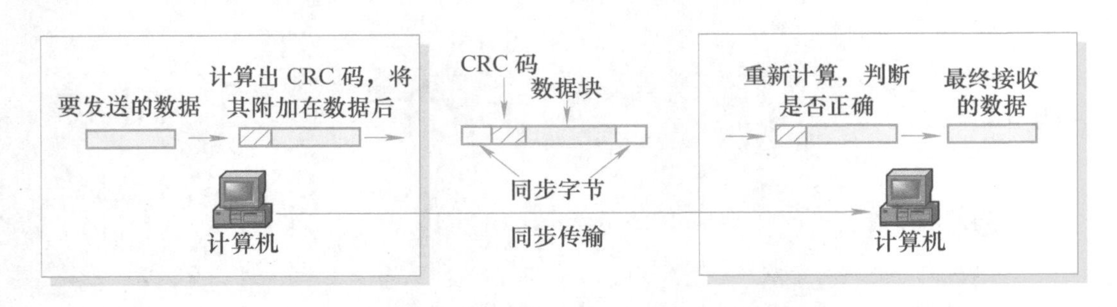

图 2-33 循环冗余码校验

循环冗余码校验的检错能力有以下特点：

1）可检测出所有奇数个的错误。

2）可检测出所有双比特的错误。

3）可检测出所有小于等于校验位长度的连续错误。

4）以相当大的概率检测出大于校验位长度的连续错误。

案例 已知信息码 110011，生成多项式 $G(X)=X^4+X^3+1$，求冗余码和需要发送的码字？

解：已知 $K(X)=X^5+X^4+X+1$，$G(X)=X^4+X^3+1$

由此可知 r=4，冗余码位数为 4

$R(X)=K(X)\times Xr/G(X)$

$=(X^5+X^4+X+1)\times X^4/(X^4+X^3+1)$

$=(X^9+X^8+X^5+X^4)/(X^4+X^3+1)$

通过二进制除法计算得知：冗余码为 1001，$R(X)=X^3+1$。

$T(X)=K(X)\times X^r+R(X)$

$=X^9+X^8+X^5+X^4+X^3+1$

因此要发送的码字为 1100111001。

知识拓展——物联网无线通信技术之一——LPWAN 通信技术

LPWAN（Low Power Wide Area Network）低功耗广域网络，专为低带宽、低功耗、远距离、大量连接的物联网应用而设计的。

习　题

一、单项选择题

1. 通信系统必须具备的 3 个基本要素是（　　）。
   A. 终端、电缆、计算机
   B. 信号发生器、通信线路、信号接收设备
   C. 信源、通信媒体、信宿
   D. 终端、通信设施、接收设备

2. 在串行传输中，所有的数据字符的比特（　　）。
   A. 在多根导线上同时传输
   B. 在同一根导线上同时传输
   C. 在传输介质上一次传输一位
   D. 以一组比特的形式在传输介质上传输

3. 为提高信道利用率，通信系统采用（　　）技术来传送多路信号。
   A. 数据调制　　B. 数据编码
   C. 信息压缩　　D. 多路复用

4. 今后数据通信的发展方向是（　　）。
   A. 模拟传输　　B. 数字传输
   C. 模拟数据　　D. 数字数据

5. 半双工支持（　　）传输类型的数据流。
   A. 一个方向　　B. 同时在两个方向上
   C. 分时在两个方向上　　D. 随机方向上

6. 在数据通信系统中衡量传输可靠性的指标是（　　）。
   A. 比特率　　B. 波特率　　C. 误码率　　D. 吞吐量

7. 数据通信中信道传输速率单位是 bit/s，被称为（　　）；而每秒载波调制状态改变的次数被称为（　　）。
   A. 数率、比特率　　B. 频率、波特率
   C. 比特率、波特率　　D. 波特率、比特率

8. 采用异步传输方式，设数据位为 7 位，1 位校验位，1 位停止位，则其通信效率为（　　）。
   A. 30%　　B. 70%　　C. 80%　　D. 20%

9. 下列不属于数据传输方式的是（　　）。
   A. 基带传输　　B. 频带传输
   C. 宽带传输　　D. 窄带传输

10. 为了提高通信线路的利用率，进行远距离的数字通信采用（　　）数据传输方式。

A. 基带传输　　B. 频带传输

C. 宽带传输　　D. 窄带传输

11. 在数字信道上，直接传送矩形脉冲信号的方法，称为（　　）。

A. 基带传输　　B. 频带传输

C. 宽带传输　　D. 窄带传输

12. 在网络中，将语音与计算机产生的数字、文字、图形与图像同时传输，必须先将语音信号数字化。利用（　　）可以将语音信号数字化。

A. 差分 Manchester 编码技术　　B. QAM 技术

C. Manchester 编码技术　　D. PCM 编码技术

13. 当通过电话线连接到 ISP 时，因为电话线路输出信号为（　　）信号，计算机输出信号只能通过调制解调器同电话网连接。

A. 数字　　B. 模拟

C. 音频　　D. 模拟数字

14. 在数字数据编码方式中，（　　）是一种自同步编码方式。

A. 曼彻斯特编码　　B. 非归零码

C. 二进制编码　　D. 脉冲编码

15. 在数字通信中广泛采用 CRC 循环冗余码的原因是 CRC 可以（　　）。

A. 检测出一位差错　　B. 检测并纠正一位差错

C. 检测出多位突发性差错　　D. 检测并纠正多位突发性差错

16. 调制解调技术主要用于（　　）的通信方式中。

A. 模拟信道传输数字数据　　B. 模拟信道传输模拟数据

C. 数字信道传输数字数据　　D. 数字信道传输模拟数据

17. 脉冲编码调制变换的过程是（　　）。

A. 采样、量化、编码　　B. 量化、编码、采样

C. 计算、采样、编码　　D. 编码、采样、编程

18. 下列交换技术中（　　）适用于对带宽要求高和对服务质量要求高的应用。

A. 报文交换　　B. 虚电路交换

C. 数据报交换　　D. 信元交换

19. （　　）主要应用在电子邮件、电报、非紧急的业务查询和应答领域。

A. 信元交换技术　　B. 报文交换技术

C. 分组交换技术　　D. 帧中继交换技术

20. 已知声音的频率范围为 300 ~ 3400Hz，则电话线一条话路的带宽为（　　）。

A. 3100Hz　　B. 3400Hz

C. 3700Hz　　D. 8000Hz

二、多项选择题

1．数据传输方式中的频带传输常用的频带调制方式有（　　）。

A．频率调制　　B．相位调制

C．幅度调制　　D．初相调制

2．在数据传输中，需要建立连接的是（　　）。

A．电路交换　　B．报文交换

C．信元交换　　D．数据报交换

3．电路交换的通信过程经过的阶段有（　　）。

A．电路建立阶段　　B．电路验证阶段

C．数据传输阶段　　D．拆除电路连接阶段

4．多路复用的目的是充分利用昂贵的通信线路，尽可能地容纳较多的用户，传输更多的信息。常见的多路复用有（　　）。

A．FDM　　B．TDM

C．CDM　　D．WDM

5．在数据传输技术中，按数据传输方向分为（　　）。

A．单工通信　　B．半双工通信

C．串行通信　　D．全双工通信

三、判断题

1．虽然并行传输比串行传输速度快，但计算机网络通信中采用串行方式传输信息。（　　）

2．调制解调器的作用是进行数字数据与模拟数据之间的转换。（　　）

3．计算机网络通信采用电路交换技术。（　　）

4．常用的信道复用技术有时分、频分、带分等。（　　）

5．并行传输比串行传输速度快，因此计算机网络通信中采用并行方式传输信息。（　　）

6．波特率是指信息传输的错误率，是数据通信系统在正常工作情况下，衡量传输可靠性的指标。（　　）

7．信道带宽的单位是赫兹。（　　）

8．DTE 是指用于处理用户数据的设备，是数据通信系统的信源和信宿。（　　）

9．频分复用（FDM）将用于传输信道的总带宽划分成若干个子频带（或称子信道），每一个子信道传输一路信号。（　　）

10．在单工通信的两个节点中，其中一端只能作为发送端发送数据不能接收数据，另一端只能接收数据不能发送数据。（　　）

四、填空题

1．分组交换分为__________、__________两种。

2．数据通信是__________和__________相结合而产生的一种新的通信方式。

3．数据通信的分类，按传输信号的特征可分为模拟信号通信和__________。

4．模拟信号的数字化需要3个步骤：__________、__________和编码。

5．数据的传输模式按传输信号频率分类，可以分为__________、频带传输和__________。

6．常用的信道复用技术有__________、__________和__________几种。

7．交换方式可以分为__________和__________两大类，而__________又可以分为报文交换和__________。

8．串行通信中数据传输按信息传送的方向与时间可以分为__________、__________和__________3种传输方式。

9．__________是电路交换和分组交换两种数据交换技术结合后的产物。

10．一条传输线路能传输从1000～3000Hz的信号，则该线路的带宽为__________Hz。

五、简答题

1．在计算机网络中，数据交换方式有哪几种？各有什么优缺点？

2．何谓单工通信、半双工通信和全双工通信？试举例说明它们的应用场合。

Unit 3

单元 3 计算机网络体系结构

导读

本单元以 TCP/IP 网络体系结构为主线，以 OSI 参考模型为导向，学习网络节点之间的数据传输方式和容错技术，掌握 TCP/IP 体系结构和各层主要协议及其工作原理，熟练掌握 IP 和子网划分。培养学生认知网络体系结构，了解网络规划与构建方法，为网络技术应用夯实基础。

学习目标

知识目标：

✧ 了解网络体系结构的概念。

✧ 掌握常用网络协议。

✧ 理解并掌握 OSI 参考模型 7 层功能及其关系。

能力目标：

✧ 掌握 TCP/IP 模型和 OSI 的对应关系。

✧ 熟练掌握 IP 地址的分配和子网的划分。

素养目标：

✧ 培育网络认知，熟悉网络技能，以技能服务社会。

✧ 构建网络与信息社会技能知识体系，形成标准化、规范化学习习惯。

知识梳理

本单元知识梳理如图 3-1 所示。

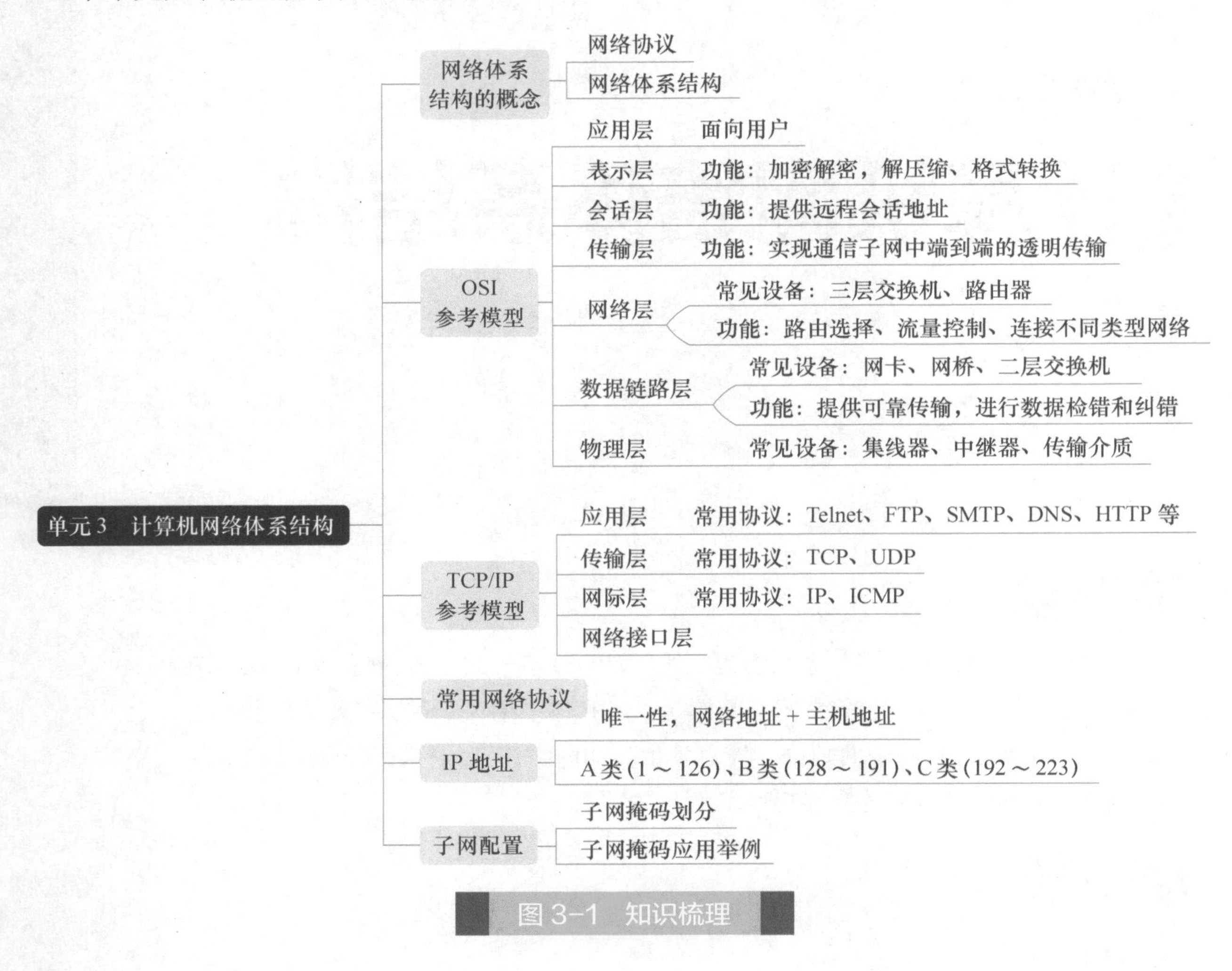

图 3-1 知识梳理

3.1 网络体系结构的概念

3.1.1 网络协议

知识拓展

网络协议是为网络上所有设备进行数据交换而建立的规则、标准或约定的集合。网络通信协议主要由语法、语义、时序 3 个部分组成，称为协议三要素。

网络通信协议主要由语法、语义、时序（交换规则）3 个部分组成，称为协议三要素。语法用来规定信息格式；语义用来说明通信双方应当怎么做；时序详细说明事件的先后顺序。

语法：用于确定协议元素的格式，即数据与控制信息的结构或格式。

语义：用于确定协议元素的类型，即需要发出何种控制信息，完成何种动作以及作出何种响应。

时序：规定了信息交流的次序，用于确定通信速度的匹配和时序，即事件实现顺序的详细说明。

通信协议三要素实际上规定了通信的双方彼此之间怎样交流、交流什么及交互顺序等问题，人们形象地描述为：语法——怎么讲？语义——讲什么？时序——何时讲？

常见的网络协议有：TCP/IP、IPX/SPX、NetBEUI 等。Internet 采用的协议是 TCP/IP，TCP/IP 定义了电子设备如何接入互联网以及数据如何在它们之间传输的标准。TCP/IP 采用了 4 层结构，每一层都呼叫它的下一层所提供的协议来完成自己的需求。

3.1.2　网络体系结构

网络体系结构是网络层次结构模型与各层协议的集合。网络体系结构是为了完成计算机间的协同工作，把计算机间互联的功能划分成具有明确定义的层次，规定了同层次进程通信的协议及相邻层之间的接口服务，下层为上层服务。

网络体系结构是抽象的，而体系结构的实现是具体的、能够运行的软件和硬件。计算机网络的层次结构采用垂直分层模型表示。

1. 网络体系结构各层次关系

1）以功能作为划分层次的基础，且每层功能明确，相互独立。

2）第 N−1 层为第 N 层提供服务。

3）第 N 层的实体实现自身功能的同时，直接使用第 N−1 层的服务，并通过第 N−1 层间接使用第 N−1 层以下各层的服务。

4）各层仅在相邻层有接口，且所提供的具体实现对上一层完全屏蔽。

2. 计算机网络体系结构采用分层模型的优点

1）各层功能相互独立。

2）灵活性好。

3）各层对上层屏蔽下层的差异性。

4）易于实现和维护。

5）便于理解，有助于标准化。

3.2　OSI 参考模型

扫码看视频

扫码看视频

3.2.1　OSI 参考模型的层次模型

国际标准化组织（ISO）于 1984 年正式颁布了“开放系统互联参考模型”（OSI/

RM)，该模型定义了不同计算机互联的标准，是设计和描述计算机网络通信的基本框架。“开放”是指只要遵循 OSI 标准，一个系统就可以与位于世界上任何地方、同样遵循 OSI 标准的其他任何系统进行通信。

OSI 参考模型是一种层次结构，它将整个网络的功能划分为 7 层，从低层到高层分别为：物理层、数据链路层、网络层、传输层、会话层、表示层和应用层。低 3 层为物理层、数据链路层、网络层，属于通信子网，负责创建网络通信连接；高 3 层为会话层、表示层、应用层，属于资源子网，负责端到端的数据通信；传输层是低层和高层之间的连接，也称为低层和高层之间的接口，是 7 层中最复杂、最重要的协议层；两台计算机在通过网络进行通信时，除物理层之间通过媒体进行真正的数据通信外，其余各对等层之间均不存在直接的通信关系，而是通过各对等层之间的协议进行通信，如图 3-2 所示。

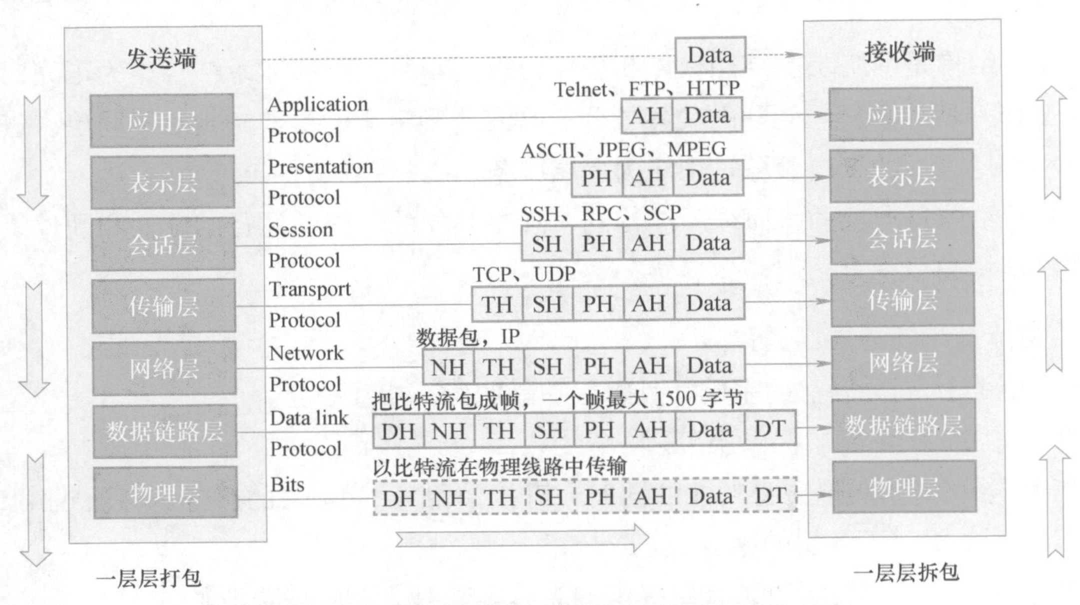

图 3-2 OSI 7 层模型数据传输过程

OSI 参考模型分层原则：

1）网络中各节点都具有相同的层次。

2）相同的层次具有相同的功能。

3）同一节点内相邻层通过接口通信。

4）每一层可以使用下层提供的服务，并向上层提供服务。

5）不同节点的对等层通过协议来实现对等层之间的通信。

知识拓展——OSI 参考模型的诞生

1977 年国际标准化组织（ISO）的 SC16 分技术委员会着手制定开放系统互联参考模型（Reference Model of Open System Interconnection，OSI/RM）。1981 年正式公布了这个模型，并得到了国际上的承认，被认为确立了新一代网络结构。所谓开放系统是指，只要网络产品（软件、硬件）符合 OSI 标准，任何型号的计算机都可以互联成网。

3.2.2　OSI 参考模型的组成

OSI 参考模型如图 3-3 所示。

7 层模型	各层的解释	数据单元
应用层	为应用程序提供服务；协议有：HTTP、FTP、TFTP、SMTP、SNMP、DNS、Telnet、HTTPS、POP3、DHCP	APDU
表示层	数据格式转化、加密；格式有：JPEG、ASCII、DECOIC、加密格式等	PPDU
会话层	建立、管理和维护会话	SPDU
传输层	管理端到端的连接；协议有：TCP、UDP	段
网络层	IP 地址和路由选择；协议有：ICMP、IGMP、IP（IPv4 IPv6）、ARP、RARP	包
数据链路层	建立逻辑连接、进行硬件地址寻址、差错校验等功能	帧
物理层	建立、维护、断开物理连接	bit

图 3-3　OSI 参考模型

1．物理层

物理层的数据单元是比特（bit），它向下直接与传输介质相连接，向上服务于数据链路层，其任务是实现物理上互联系统间的信息传输。其主要功能是物理连接的建立，利用传输介质为数据链路层提供连接；物理层的作用是实现在传输介质上透明地传送原始二进制比特流；常见的设备有集线器、中继器、同轴电缆、T 形接头、插头。

物理层协议的 4 个特性如下：

1）机械特性：使用 25 根插针的标准连接器。

2）电气特性：信号电平 −5 ～ −15V 代表逻辑“1”，+5 ～ +15V 代表逻辑“0”；在传输距离不大于 15m 时，最大速率为 19.2kbit/s。

3）功能特性：25 针连接器中使用 20 条连接线（2 条地线，4 条数据线，11 条控制线，3 条定时信号），其余 5 条线备用。

4）规程特性：定义了这 20 条连接线的连接方式和工作流程。

2．数据链路层

数据链路层的数据单元是帧，它的任务是以物理层为基础，为网络层提供透明的、正确的和有效的传输线路，通过数据链路协议，实施对二进制数据进行正确、可靠的传输，而对二进制数据所代表的字符、码组或报文的含义并不关心。其主要功能是链路管理、帧的装配与分解、帧的同步、流量控制与顺序控制、差错控制、区分数据和控制信息、透明传输、寻址。常见的设备有网卡、网桥、Modem、二层交换机。

PPP（点到点）协议工作在数据链路层，在IEEE 802.3标准中，数据链路层分成两个子层：逻辑链路控制子层（LLC）和介质访问控制子层（MAC）。

3．网络层

网络层的数据单元是数据包，它是OSI模型的第三层，负责向传输层提供服务，同时负责将网络地址翻译成对应的物理地址，它的主要任务是选择合适的路由，使得发送方发出的分组能够准确无误地按照地址找到目的站点。网络层的主要功能是路由选择、流量控制、传输确认、中断、差错及故障的恢复等。常见的设备有路由器、三层交换机。

网络层提供的服务有无连接和面向连接两种类型，也称为数据报服务和虚电路服务。路由选择指网络中的节点根据通信网络的情况，按照一定的策略，选择一条可用的传输路由，把信息发往目标。路由既可以选用网络中固定的静态路由表，也可以根据当前网络的负载状况，灵活为每一个分组决定路由。

4．传输层

传输层的数据单元是数据报，它是资源子网与通信子网的界面和桥梁。传输层下面三层（属于通信子网）面向数据通信，上面三层（属于资源子网）面向数据处理，是负责数据传输的最高一层；传输层位于高层和低层中间，起承上启下的作用。传输层的主要功能是接收由会话层来的数据，将其分成较小的信息单位，经通信子网实现两主机间端到端通信；提供建立、终止传输连接，实现相应服务；向高层提供可靠的透明数据传送，具有差错控制、流量控制及故障恢复功能。传输层的设备是网关。

5．会话层

会话是指在两个会话用户之间为交换信息而按照某种规则建立的一次暂时的连接。会话层具体实施服务请求者与服务提供者之间的通信，属于进程间通信的范畴。会话层的主要功能是提供远程会话地址、会话建立后的管理和提供把报文分组重新组成报文的功能。

会话层具体解决以下问题：

1）会话方式：协商进程间交互的方式，如采用单工、半双工、全双工方式。

2）会话协调：进程间发言权（令牌）交替的协调。

3）会话同步：建立会话同步点。

4）会话隔离：分清不同进程的界限。

6．表示层

表示层为应用层服务，该服务层处理的是通信双方之间的数据表示问题，即用户信息的语法表示问题（语义的处理由应用层负责）。表示层的主要功能是语法转换、传送语法的选择和表示层内对等实体间的建立连接、传送、释放等。

7．应用层

应用层在 OSI 参考模型的顶层，直接面向用户，是计算机网络与最终用户的界面。提供完成特定网络功能服务所需要的各种应用协议。应用层的功能由相应的协议管理，并非由计算机上运行的实际应用软件组成，而是由向应用程序提供访问网络资源的应用程序接口 API 组成。

OSI 参考模型的功能如图 3-4 所示。

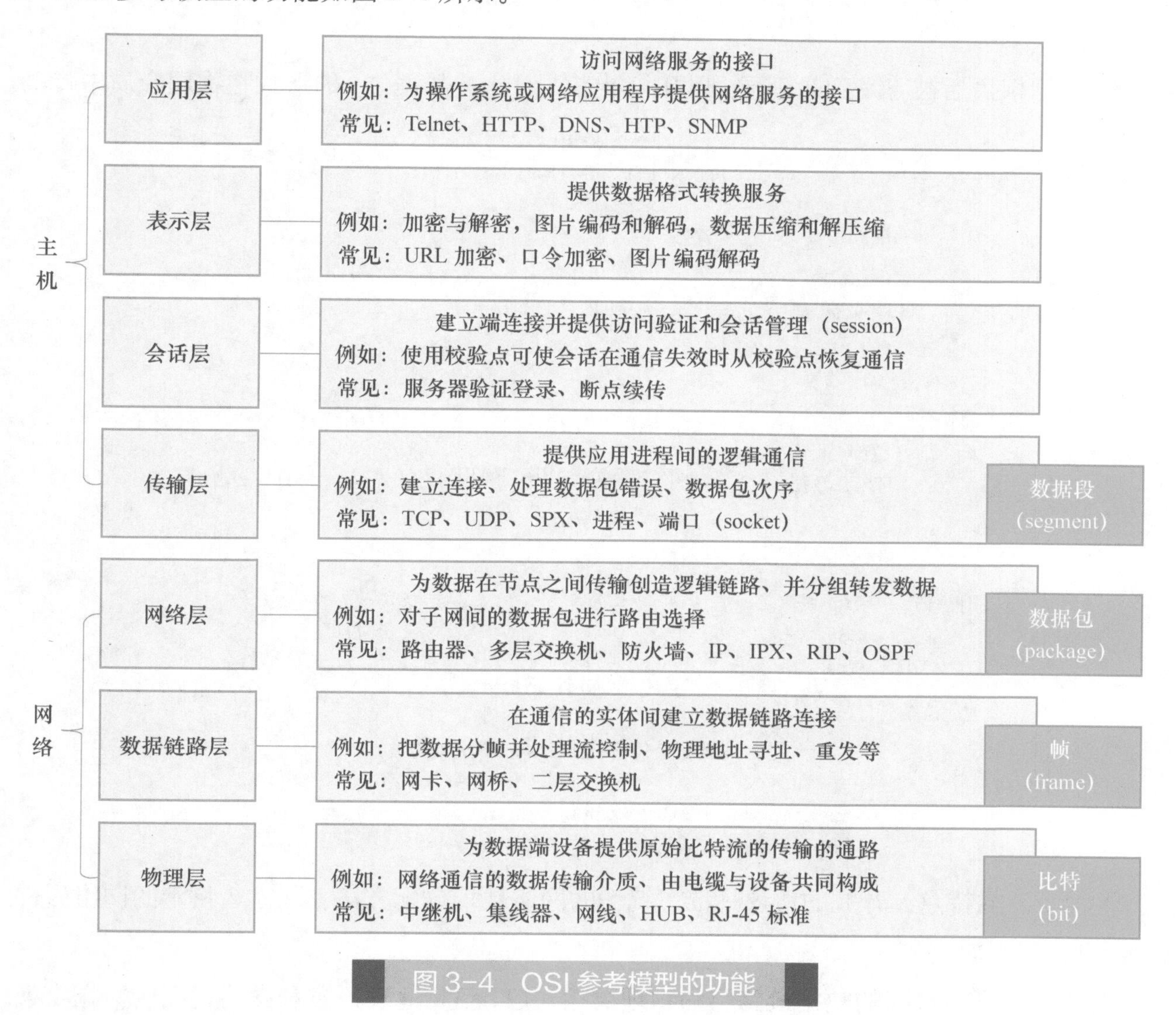

图 3-4　OSI 参考模型的功能

3.3　TCP/IP 参考模型

TCP/IP 参考模型是计算机网络的始祖 ARPANET 和 Internet 使用的参考模型。TCP/IP 体系结构采用分层结构，对应开放系统互联 OSI 模型的层次结构，可分为四层：网络接口层、网际层、传输层和应用层。图 3-5 展示了 HTTP 应用数据在主机间传输的过程，首先自上而下、宏观地来看数据在分层网络模型里的流转。

1）应用层的“HTTP 数据”是实际需要被传输的数据。

2）“HTTP 数据”被下发到传输层，并添加上 TCP 首部成为传输层的 PDU（Protocol Data Unit，协议数据单元），称为数据段（Segment）。

3）数据段再被下发到网际层，添加了 IP 首部后成为网络层的 PDU，称为数据包（Packet）。

4）数据包再被下发到数据链路层添加了以太网首部后得到的 PDU 被称为数据帧（Frame）。

5）数据帧最后被下发到物理层，以 0、1 电信号（比特数据位）的形式在物理介质中传输。

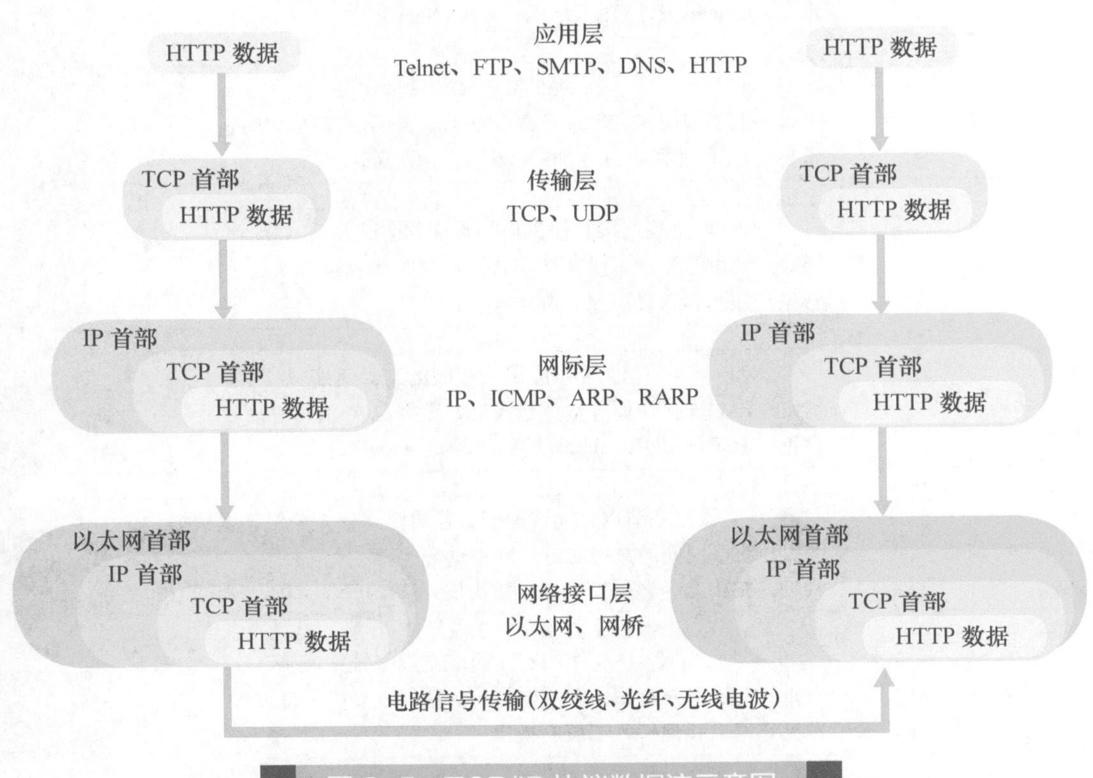

图 3-5 TCP/IP 协议数据流示意图

TCP/IP 的特点：开放的协议标准、统一的网络地址分配方案、独立于特定的网络硬件、标准化的高层协议。

网络接口层与 OSI 的数据链路层和物理层相对应，负责管理设备和网络之间的数据交换，及同一设备与网络之间的数据交换，它接收上一层（IP）层的数据报，通过网络向外发送，或者接收和处理来自网络上的物理帧，并抽取 IP 数据报向 IP 层传送。

网际层（网络互联层）与 OSI 模型的网络层相对应。该层负责管理不同的设备之间的数据交换，相邻计算机之间的通信。主要包含以下 4 个协议：

1）网际协议（IP）使用 IP 地址确定收发端，提供端到端的“数据报”传送。

2）网际控制报文协议（ICMP）处理路由，协助 IP 层报文传送的控制，提供错误和信息报告。

3）地址解析协议（ARP）将网络层地址转换成链路层地址。

4）逆向地址解析协议（RARP）将链路层地址转换成网络层地址。

传输层与OSI模型的传输层的功能相对应，在两个进程实体之间提供可靠的端到端的数据传输。主要包含两个协议：

1）传输控制协议（TCP），提供面向连接的可靠数据传输服务，通信只能在两个主机之间进行。同时处理有关流量控制的问题，以防止快速的发送方淹没慢速的接收方。

2）用户数据报协议（UDP），是一个不可靠的、无连接的传输协议，应用于对可靠性要求不高，但要求网络的延迟较小的场合，如语音和视频数据的传送，能实现多个主机之间的一对多或多对多的数据传输，如广播或多播。

应用层在TCP/IP模型的顶层，与OSI模型的高三层对应，为各种应用程序提供了使用的协议（Telnet、FTP、SMTP、DNS、HTTP、NNTP等）。

TCP/IP和OSI模型的共同之处是都采用了分层结构的概念，但两者在层次结构、名称定义、功能细节等方面存在较大的差异，见表3-1。

表3-1 TCP/IP与OSI参考模型的层次对应关系比较

OSI模型结构	TCP/IP模型结构	TCP/IP模型各层的作用	TCP/IP模型协议
应用层	应用层	用户调用、访问网络的应用程序，如，FTP、HTTP、SMTP、Telnet等各种协议与应用程序	Telnet、FTP、SMTP、DNS、HTTP、NNTP等
表示层			
会话层			
传输层	传输层	管理网络节点间的连接	TCP、UDP
网络层	网际层	将数据放入IP包	IP、ICMP、ARP、RARP
数据链路层	网络接口层	在网络介质上传输包	以太网、令牌环网。IEEE802.2
物理层			

3.4 常用网络协议

IP：网络互联协议又称网际协议，是TCP/IP的“心脏”，也是网络层中最重要的协议，提供不可靠的、无连接的数据报传递服务，使用IP地址确定收发端，提供端到端的“数据报”传递，用来为网络传输提供通信地址，保证准确找到接收数据的计算机。该协议规定了计算机在Internet上通信时必须遵守的基本规则，以确保路由的正确选择和报文的正确传输。IP数据包中含有发送它的主机的地址（源地址）和接收它的主机的地址（目的地址）。

TCP：传输控制协议，提供面向连接的可靠数据传输服务，用来管理网络通信的质量，保证网络传输中不发送错误信息。通过提供校验位，为每个字节分配序列号，提供确认与重传机制，确保数据可靠传输。TCP将数据包排序并进行错误检查，同时实现虚拟电路间的连接。

客户端和服务器端通信建立连接的过程可简单表述为“三次握手”（建立连接的阶段）和“四次挥手”（释放连接阶段）。第一次握手：客户端向服务器发送报文段1；第二次握手：服务器在收到客户端的连接请求后，向客户端发送报文段2作为应答，其中ACK标志位设置为1，表示对客户端作出应答；第三次握手：客户端在收到报文段2后，向服务器发送报文段 3，其 ACK 标志位为 1，代表对服务器作出应答，此报文段发送完毕后，双方都进入 ESTABLISHED 状态，表示连接已建立。建立一个连接需要三次握手，如图 3-6 所示，而终止一个连接要经过四次握手，如图 3-7 所示。

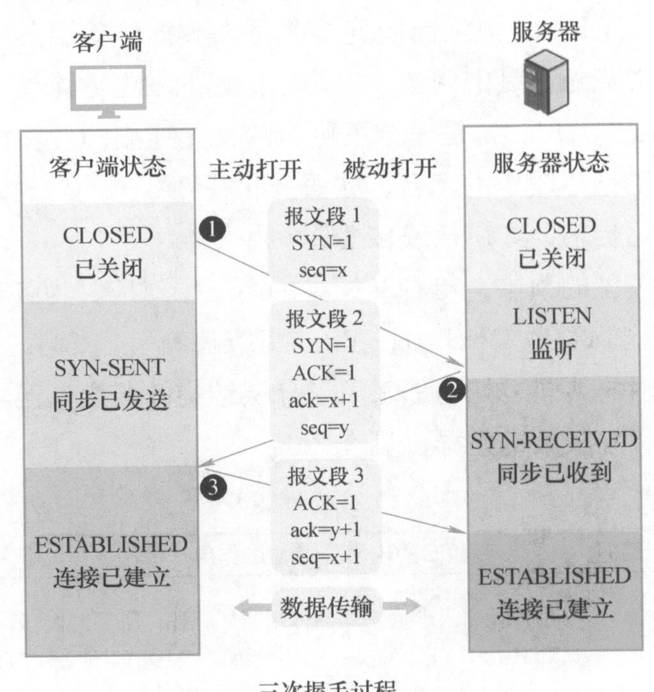

图 3-6　三次握手

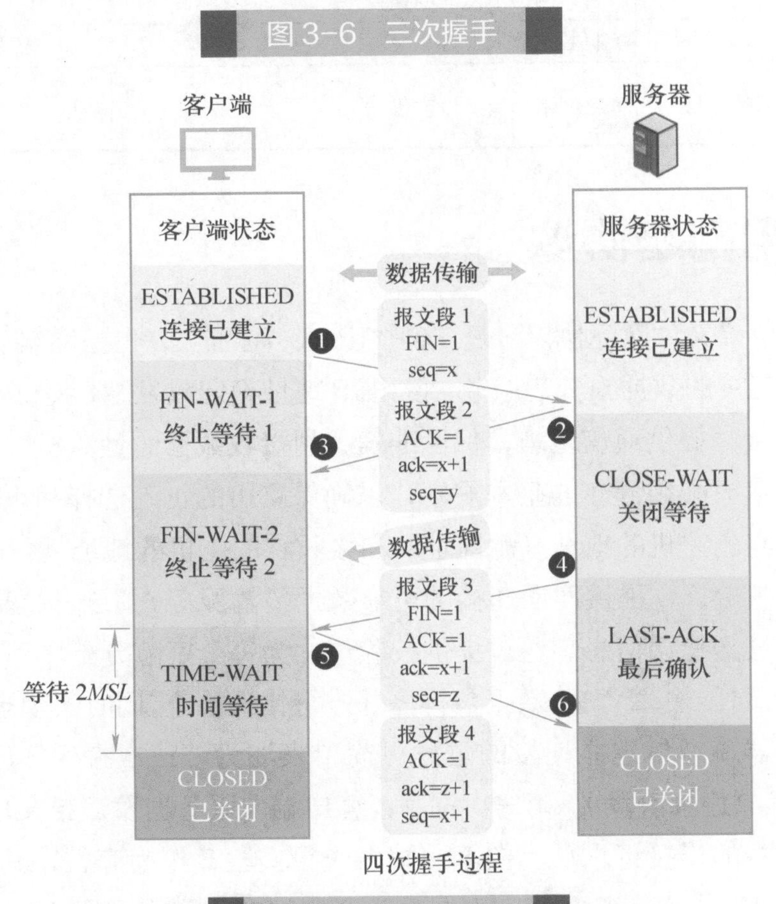

图 3-7　四次握手

HTTP：超文本传输协议，是客户端浏览器与Web服务器之间的应用层通信协议，用来访问WWW服务器上以HTML（超文本标记语言）编写的页面，所有的WWW文件都必须遵守这个标准。默认的端口号是80。

FTP：文件传输协议为文件的传输提供途径，允许数据从一台主机传输到另一台主机，也可以从FTP服务器上传和下载文件，采用客户端/服务器模式，常用的有3种类型的上传下载方式：传统的FTP命令行、浏览器和FTP下载工具（如Cute FTP、Flash FXP）。默认端口号是21。

Telnet协议：是Internet远程登录服务的标准协议和主要方式，为用户提供了在本地计算机上完成远程主机工作的能力。默认端口号是23。

SMTP：简单邮件传输协议，控制邮件传输的规则以及邮件的中转方式。默认端口号是25。

POP3：是Post Office Protocol 3的简称，即邮局协议的第3个版本，它规定怎样将个人计算机连接到Internet的邮件服务器和下载电子邮件的电子协议。默认端口号是110。

DNS：域名系统，实现主机名与IP地址之间的转换，是互联网的一项服务。将域名和IP地址的相互映射作为一个分布式数据库，人们能更方便地访问互联网。

DHCP：动态主机配置协议，主要作用是集中管理、分配IP地址，使网络环境中的主机动态地获得IP地址、Gateway地址、DNS服务器地址等信息，并能够提升地址的使用率。

ARP和RARP：在互联的网络中，任何一次从IP层（即网络层）以及上层次发出的数据传输都是用IP地址进行标识的，由于物理网络本身不认识地址，因此必须将IP地址映射成物理地址，才能把数据发往目的地。ARP的作用就是将主机和目的主机的IP地址转化为物理地址，RARP的作用是将物理地址转化为IP地址。

3.5 IP地址

扫码看视频

知识拓展

IP地址具有唯一性，IPv4地址长度为32位，IPv6地址长度为64位；IP地址是由网络地址和主机地址组成；IP地址根据网络规模不同，分成了五类（A～E类）。

1. IP地址的含义

给每一个连接在Internet上的主机分配一个在全世界范围唯一的32位无符号二进制数（分4个字节），俗称IPv4，为了方便用户理解和记忆，通常采用点分十进制标记法，将4字节的二进制数值转换成4个十进制数值，每个数值小于等于255，数值中间用“.”隔开；IPv6则由128位二进制数组成。

IP地址=网络号+主机号，网络号标志主机所连接到的网络，即网络的编号；主机号标志网络内的不同计算机，即计算机的编号。

知识拓展——IPv6

核心互联网协议正在发生重大变化，加快网络基础设施和应用基础设施升级，积极构建自主技术体系和产业生态，实现互联网向IPv6演进升级，构建高速、移动、安全、泛在的新一代信息基础设施，促进互联网与经济社会深度融合，构筑未来发展新优势，为网络强国建设奠定坚实基础。

2. IP地址的分类

IP地址根据网络规模不同，分成了五类（A～E类），见表3-2。A、B、C三类称为基本类，D类是组播地址，主要留给Internet体系结构委员会IAB使用，E类保留在今后使用。

表3-2 IP地址分类

类别	32位位次序数 0 7 15 23 31		首字节范围	网络个数	主机个数
A	0		1～126	126	1677721
B	10		128～191	16384	65534
C	110		192～223	2097152	254
D	1110	组播地址	224～239		
E	11110	保留地址	240～254		

A类IP地址：规定A类第1位（最高位）必须是0，能够表示的网络号为126个（2^7-2，网络地址为0表示本地网络，127保留作为诊断用），网络号范围为1.0.0.0～126.0.0.0，默认子网掩码为255.0.0.0，前1个字节(8位)为网络号，后3个字节(24位)为主机号，能够表示$2^{24}-2$（全0全1的主机号地址不可分配，作为保留地址）台主机，提供给政府网络使用。

B类IP地址：规定最高位为10，能够表示的网络号有$2^{14}=16384$个，网络号范围为128.0.0.0～191.255.255.255，默认子网掩码：255.255.0.0，前2个字节(16位)为网络号，后2个字节(16位)为主机号，能够表示$2^{16}-2$（全0全1的主机号地址不可分配，作为保留地址）台主机，提供给中等规模的网络使用。

C类IP地址：规定最高位为110，最大的网络数为2^{21}，网络号范围：192.0.0.0～223.255.255.255，默认子网掩码：255.255.255.0，前3个字节(24位)为网络号，后1个字节(8位)为主机号，能够表示$2^8-2=254$（全0全1的主机号地址不可分配，作为保留地址）台主机，提供给小型的网络使用。

D类IP地址：规定最高位为1110，地址范围：224.0.0.0～239.255.255.255，是多播（组播）地址。

IP具有两种广播地址形式，直接广播地址包含一个有效的网络号和一个全"1"的主机号，有限广播地址是 32 位全“1”的 IP 地址。

Internet 规定了 3 个地址范围，用于专用网络，这些地址不分配给任何 Internet 上的注册网络，因此可以提供给任何单位内部专用网络使用，这就是私有地址。在 IPv4 中，私有地址的范围分别是：A 类：10.0.0.0 ～ 10.255.255.255；B 类：172.16.0.0 ～ 172.31.255.555；C 类：192.168.0.0 ～ 192.168.255.255。

E 类：是保留地址。该类 IP 地址的最前面为“1111”，所以地址的网络号取值于 240 ～ 255 之间。

127.0.0.1 等效于 localhost 或本机 IP，一般用于测试使用，例如：ping 127.0.0.1 来测试本机 TCP/IP 是否正常。http://127.0.0.1:8080 等效 http://localhost:8080。网络号的第一个 8 位不能全为 0；IP 地址不能以 127 开头，该类地址用于回路测试；在网络中只能为计算机配置 A、B、C 三类 IP 地址，而不能配置 D、E 两类地址。

特殊用途 IP 地址含义见表 3-3。

表 3-3　特殊用途 IP 地址含义

网络地址	主机地址	代表含义
Net-id	全 0	该种 IP 地址不分配给单个主机，而是指网络本身
Net-id	全 1	定向广播地址（这种广播形式要知道目标网络地址）直接广播地址
255.255.255.255		本地网络广播（这种广播形式无须知道目标网络地址）有限广播地址
0.0.0.0		本地网络主机地址
127	Host-id	回送地址，用于网络软件测试和本地机进程间通信。任何程序使用回送地址发送数据时，计算机的协议软件都将该数据返回，不进行任何网络传输

3.6　子网配置

由于 Internet 的迅猛发展，IP 地址空间不够用的矛盾越来越突出，为了缓解这种矛盾，提出了子网的概念，如图 3-8 所示。把主机地址中的一部分主机位借给网络位（在实际应用中，对 IP 地址中的主机号进行再次划分，将其划分成子网号和主机号两部分），使得 IP 增加灵活性，但是会减少有效的 IP 地址。

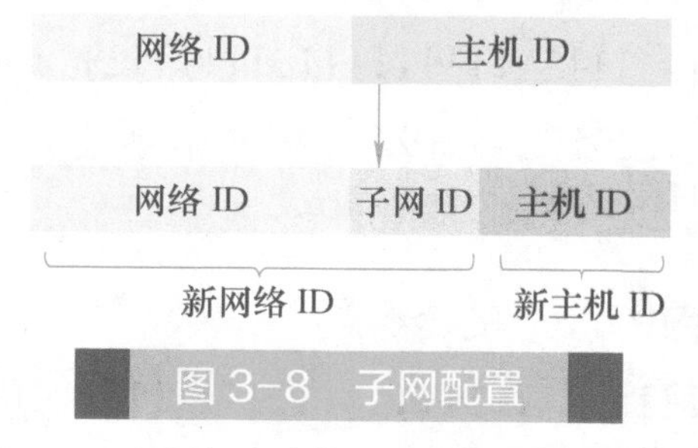

图 3-8　子网配置

子网掩码是一种用来指明一个 IP 地址的哪些位标识的是主机所在的子网，以及哪些位标识的是主机的位掩码。子网掩码不能单独存在，它必须结合 IP 地址一起使用，各类 IP 地址对应子网掩码见表3-4。子网掩码只有一个作用，就是将某个IP地址划分成网络地址和主机地址两部分。是一个32位地址，用于屏蔽IP地址的一部分以区别网络标识和主机标识。IP地址中的网络号在子网掩码中用“1”表示，IP地址中的主机号在子网掩码中用“0”表示。它的主要作用有两个，一是用于屏蔽IP地址的一部分以区别网络标识和主机标识，二是用于将一个大的IP网络划分为若干小的子网络。

表3-4 A、B、C三类IP地址的默认子网掩码

类　别	IP地址范围	子网掩码	主机数
A	1.0.0.0～126.255.255.255	255.0.0.0	$2^{24}-2$
B	128.0.0.0～191.255.255.255	255.255.0.0	$2^{16}-2$
C	192.0.0.0～223.255.255.255	255.255.255.0	$2^{8}-2$

如，192.168.100.2/30得出IP为192.168.10.1，子网掩码为255.255.255.252，网络地址算法如下：将32位的子网掩码与IP地址进行二进制逻辑“与”（AND）运算。

192.168.100.2	11000000	10101000	01100100	00000010
AND				
255.255.255.252	11111111	11111111	11111111	11111100
网络地址	11000000	10101000	01100100	00000000

主机地址算法如下：将子网掩码取反（转换为二进制后，由原本的“1”变成“0”，或由原来的“0”变成“1”）后与IP地址进行二进制逻辑“与”（AND）运算。

192.168.100.2	11000000	10101000	01100100	00000010
AND				
255.255.255.252（取反）	00000000	00000000	00000000	00000011
主机地址	00000000	00000000	00000000	00000010

3.6.1 子网掩码划分

1. 可划分子网数计算公式

可划分子网数=2^n（n为借位组中“1”的个数）

如：255.255.255.192 → 11111111.11111111.11111111.11000000

结果：2^2=2，所以255.255.255.255.192可将网络划分为4个网段。

2. 可容纳主机数计算公式

可容纳主机数=2^n（借位组中“0”的个数）

如，255.255.255.128 → 11111111.11111111.11111111.10000000

结果：2^7=128，所以255.255.255.255.128每个网段最多可容纳128台主机。

注：可容纳主机数和可用IP地址是两回事。

可容纳主机数是计算出每个网段能容纳的数量，其中已经包括网络号和广播号。

可用 IP 地址却不包括网络号和广播号，所以还要减去 2。

可用 IP 地址 = 可容纳主机数 −2

3.6.2　子网掩码应用举例

案例 1 利用默认子网掩码计算网络地址

求：有一 C 类地址为 192.100.100.100，其默认的子网掩码为 255.255.255.0，求其网络号。

解：它的网络号可按如下步骤得到：

① 将 IP 地址 192.100.100.100 转换为二进制：

11000000.011010100.011010100.011010100；

② 将子网掩码 255.255.255.0 转换为二进制：

11111111.11111111.11111111.00000000；

③ 将两个二进制数逻辑与运算，得出的结果即为网络部分。

	11000000	01100100	01100100	01100100
AND	11111111	11111111	11111111	00000000
	11000000	01100100	01100100	00000000

结果为 192.100.100.0，即网络号为 192.100.100.0。

案例 2 给定一个 C 类 IP 地址 210.41.237.X（此处 X 代表从 1 ～ 254）。如果从主机标识部分借 2 位用于划分子网，可用的子网有几个？

解：① 确定各子网 IP 地址。

该网络 IP 地址为：11010010.00101001.11101101.XXXXXXXX。

将 IP 地址的主机部分中（8 位）XXXXXXXX 拿出前面 2 位作为子网网络号部分，因此用作主机的位数就只有剩下的 6 位。

主机地址范围（主机地址不能使用全 0 和全 1）：

00XXXXXX：00000001 ～ 00111110（1 ～ 62）；

01XXXXXX：01000001 ～ 01111110（65 ～ 126）；

10XXXXXX：10000001 ～ 10111110（129 ～ 190）；

11XXXXXX：11000001 ～ 11111110（193 ～ 254）。

② 确定子网掩码。

由于将原来 IP 地址中主机号的前两位作为了网络号部分，因此，为了让计算机能知道这两位是网络号，所以需要将相应的子网掩码中对应的这两位设置为 1。

IP 地址：11010010.00101001.11101101.XXXXXXXX。

子网掩码：11111111.11111111.11111111.11000000。

最后得到的子网掩码即为：255.255.255.192。

③ 子网划分的结果。

第一个子网子网号：00。

子网内主机 IP 地址：210.41.237.（1 ~ 62）。

子网掩码：255.255.255.192。

第二个子网子网号：01。

子网内主机 IP 地址：210.41.237.（65 ~ 126）。

子网掩码：255.255.255.192。

第三个子网子网号：10。

子网内主机 IP 地址：210.41.237.（129 ~ 190）。

子网掩码：255.255.255.192。

第四个子网子网号：11。

子网内主机 IP 地址：210.41.237.（193 ~ 254）。

子网掩码：255.255.255.192。

④ 最后得到的子网：

11010010.00101001.11101101.00000001 ~ 00111110：对应子网号为 210.41.237.0 / 26。

11010010.00101001.11101101.01000001 ~ 01111110：对应子网号为 210.41.237.64 / 26。

11010010.00101001.11101101.10000001 ~ 10111110：对应子网号为 210.41.237.128 / 26。

11010010.00101001.11101101.11000001 ~ 11111110：对应子网号为 210.41.237.192 / 26。

案例 3 将某 C 类 IP 地址 200.161.30.0 划分成 4 个子网，请计算出每个子网有效的主机 IP 地址范围和对应的子网掩码。

解：C 类 IP 地址 200.161.30.0 的默认子网掩码为 255.255.255.0，即前三个字节 200.163.30 为网络号。子网划分将从第四个字节的第一个比特开始。

现需要划分 4 个子网，即 $2^n=4$，求得 n=2，因此子网掩码为 255.255.255.11000000 即 255.255.255.192。

子网 1 的网络地址：200.161.30.00 000000，即 200.161.30.0。

子网 2 的网络地址：200.161.30.01 000000，即 200.161.30.64。

子网 3 的网络地址：200.161.30.10 000000，即 200.161.30.128。

子网 4 的网络地址：200.161.30.11 000000，即 200.161.30.192。

所以，每个子网上的有效主机 IP 地址范围分别为（排除了全 0 和全 1 的主机地址）：

子网 1：200.161.30.00000001 ~ 200.161.30.00111110，即 200.161.30.1 ~ 200.161.30.62。

子网 2：200.161.30.01000001 ~ 200.161.30.01111110，即 200.161.30.65 ~ 200.161.30.126。

子网 3：200.161.30.10 000001 ~ 200.161.30.10 111110 即 200.161.30.129 ~ 200.161.30.190。

子网 4：200.161.30.11000001 ~ 200.161.30.11111110，即 200.161.30.193 ~ 200.161.30.254。

习　题

一、单项选择题

1．在中继系统中，中继器处于（　　）。

A．物理层　　B．数据链路层

C．网络层　　D．高层

2．在 OSI 模型中，第 N 层和其上的 N+1 层的关系是（　　）。

A．N 层为 N+1 层服务

B．N+1 层将从 N 层接收的信息增加了一个头

C．N 层利用 N+1 层提供的服务

D．N 层对 N+1 层没有任何作用

3．IP 地址是一个 32 位的二进制，它通常采用点分（　　）。

A．二进制数表示　　B．八进制数表示

C．十进制数表示　　D．十六进制数表示

4．若 IP 主机地址是 192.168.5.121，则它的默认子网掩码是（　　）。

A．255.255.255.0　　B．255.0.0.0

C．255.255.0.0　　D．255.255.255.127

5．以下哪个 IP 地址属于 C 类地址？（　　）。

A．101.78.65.3　　B．3.3.3.3

C．197.234.111.123　　D．23.34.45.56

6．以下选项中合法的 IP 地址是（　　）。

A．210.2.223　　B．115.123.20.245

C．101.3.305.77　　D．202.38.64.4

7．DNS 的作用是（　　）。

A．用来将端口翻译成 IP 地址　　B．用来将域名翻译成 IP 地址

C．用来将 IP 地址翻译成硬件地址　　D．用来将 MAC 翻译成 IP 地址

8．IP 地址 127.0.0.1 是一个（　　）地址。

A．A 类　　B．B 类　　C．C 类　　D．测试

9．在 OSI 模型中，其主要功能是在通信子网中实现路由选择的是（　　）。

A．物理层　　B．数据链路层　　C．网络　　D．传输层

10. TCP/IP 分为四层，分别是（　　）。

A. 网络访问层、网络互联层、传输层、应用层

B. 物理层、网络层、传输层、应用层

C. 网络访问层、网络互联层、网络层、传输层

D. 数据链路层、网络层、传输层、应用层

11. 下列不属于应用层协议的是（　　）。

A. FTP　　B. HTTP　　C. DNS　　D. IP

12. IPv4 的地址是（　　）位。

A. 16　　B. 32　　C. 64　　D. 128

13. 在 OSI 参考模型中，物理层是指（　　）。

A. 物理设备　　B. 物理媒体

C. 物理信道　　D. 物理连接

14. 一台主机的 IP 地址为 202.113.224.68，子网掩码为 255.255.255.0，那么这台主机的主机号为（　　）。

A. 4　　B. 6　　C. 8　　D. 68

15. 高层互联是指传输层及其以上各层协议不同的网络之间的互联。实现高层互联的设备是（　　）。

A. 中继器　　B. 网桥　　C. 路由器　　D. 网关

16. 下面提供 FTP 服务的默认 TCP 端口号是（　　）。

A. 21　　B. 25　　C. 23　　D. 80

17. 在 TCP/IP 中，UDP 工作在（　　）。

A. 应用层　　B. 传输层　　C. 网络互联层　　D. 网络接口层

18. 文件传输是使用下面的（　　）。

A. SMTP　　B. FTP　　C. SNMP　　D. Telnet

19. 网络协议组成部分为（　　）。

A. 数据格式、编码、信号电平

B. 数据格式、控制信息、速度匹配

C. 语法、语义、定时关系

D. 编码、控制信息、定时关系

20. 在 TCP/IP 体系结构中，与 OSI 参考模型的网络层对应的是（　　）。

A. 网络接口层　　B. 互联层

C. 传输层　　D. 应用层

二、多项选择题

1. 下面选项中哪些是数据链路层的主要功能（　　）。

A. 提供对物理层的控制　　B. 差错控制

C．流量控制
D．决定传输报文的最佳路由
E．提供端到端的可靠的传输

2．网络层的内在功能包括（   ）。
A．拥塞控制
B．路由选择
C．差错控制
D．流量控制
E．提供物理连接

3．IP（   ）。
A．是传输层协议
B．和 TCP 一样，都是面向连接的协议
C．是网际层协议
D．是面向无连接的协议，可能会使数据丢失
E．对数据包进行相应的寻址和路由

4．TCP/IP 模型中定义的层次结构中包含（   ）。
A．传输层　B．应用层　C．物理层　D．网络层
E．用户层

5．下列协议属于应用层的是（   ）。
A．ICMP　B．SMTP　C．Telnet　D．FTP
E．DHCP

三、判断题

1．Internet 的核心协议是 ISO/OSI。（   ）
2．DNS 是一种规则的树形结构的名字空间。（   ）
3．网卡实现 OSI 开放系统 7 层模型中的网络层的功能。（   ）
4．要访问 Internet 一定要安装 TCP/IP。（   ）
5．网络协议的三个要素是语法、语义和时序。（   ）
6．ARP 用于实现从主机名到 IP 地址的转换。（   ）
7．TCP/IP 模型和 OSI 参考模型都采用了分层体系结构。（   ）
8．UDP 和 TCP 是传输层的两个重要协议。（   ）
9．TCP/IP 是 Internet 的核心，利用 TCP/IP 可以方便地实现多个网络的无缝连接。（   ）
10．数据链路层是 TCP/IP 的一部分。（   ）

四、填空题

1．TCP 是________的（填可靠或不可靠）。
2．FTP 的含义是____。
3．B 类网络中能够容纳的最大主机地址数是____________________。

4．UDP 是指________协议，TCP 是指________协议。

5．把众多计算机连接起来要遵循规定的约定和规则，即________________。

6．如果节点 IP 地址为 128.202.10.38，子网掩码为 255.255.255.0，那么该节点所在子网的网络地址是________________。

7．IPv4 地址由________位的二进制数组成。

8．IOS/OSI 参考模型从低到高依次是物理层、数据链路层、网络层、________、会话层、表示层和应用层。

9．网络协议由语法、________和时序三要素组成。

10．FTP 服务的默认端口号是________。

五、简答题

1．请写出 OSI 参考模型各层名称、单位和网络设备?

2．某部门为了方便管理，通过子网划分，将 IP 地址 192.168.1.0 划分成 15 个子网（采用 RFC1878 标准），求划分后的子网掩码，每个子网最多的主机数。

Unit 4

单元 4 计算机网络设备

导读

计算机技术与互联网技术是 20 世纪人类最伟大的发明之一。20 世纪 80 年代以来，网络以其方便、快捷和多样化的特点，迅速融入到人们学习、工作和生活的方方面面，改变着整个世界。我国于 1986 年开始网络建设，1994 年正式接入国际互联网。目前，我国正在加快发展信息技术和网络技术，以信息化带动工业化，力求实现社会经济的跨越式发展，提升互联网技术主导权。网络设备是互联网技术的基础设施，本单元将从传输介质、常用网络设备功能及应用、网络基础配置等方面进行阐述，为同学们开启认识网络之门。

学习目标

知识目标：

✧ 掌握常见网络设备的应用。

✧ 了解光纤的制作与连接方法。

✧ 了解传输介质的种类及各自的特点。

能力目标：

✧ 能够高质量地制作双绞线。

✧ 理解交换机的功能以及基本应用。

✧ 理解路由器的功能以及基本应用。

素养目标：

✧ 熟悉北斗系统技术，坚定“四个自信”。

✧ 感受网络设备的魅力，坚定“走中国特色的网络强国之路”的信念。

知识梳理

本单元知识梳理，如图 4-1 所示。

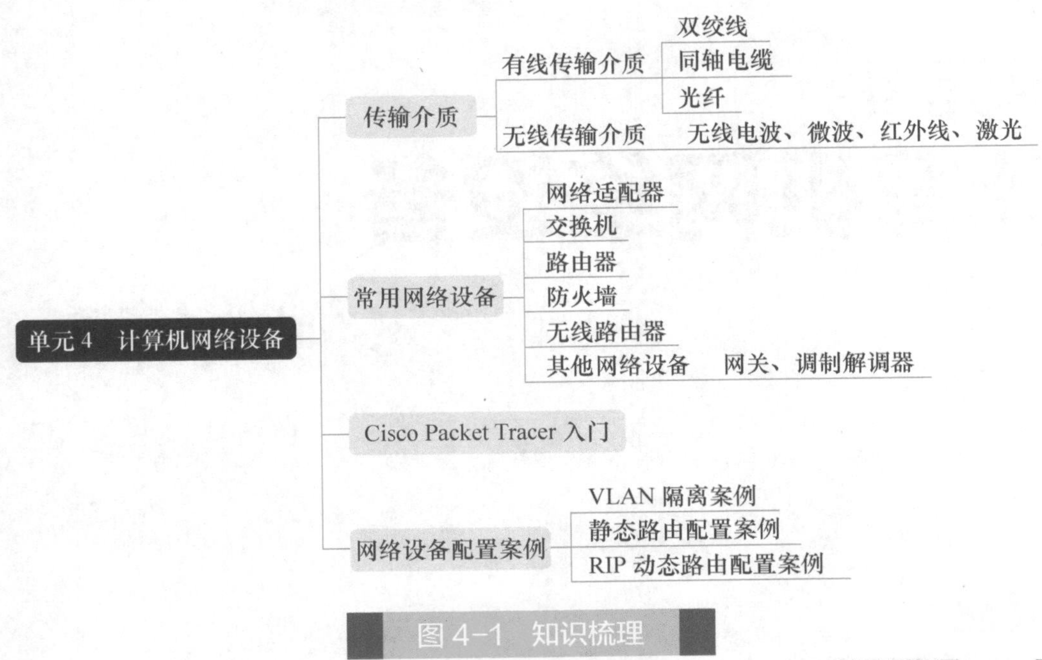

图 4-1 知识梳理

扫码看视频

扫码看视频

4.1 传输介质

传输介质是通信网络中发送方和接收方之间的物理通路，计算机网络中采用的传输介质可分为有线和无线两大类。传输介质的特性，包括物理特性、传输特性、连通性、地理范围和抗干扰性等，对网络数据通信质量有很大影响。

4.1.1 双绞线

双绞线由两根具有绝缘保护层的铜导线组成，把两根绝缘的铜导线按一定的绞合度互相绞在一起，可降低信号的干扰程度。双绞线具有直径小、重量轻、易弯曲、易安装，具有阻燃性、独立性和灵活性，将串扰减至最小或加以消除等优点，因此在计算机网络布线中应用非常广泛。当然，由于其传输距离短、传输速率较慢等，因此还需要与其他传输介质配合使用。双绞线结构如图 4-2 所示。

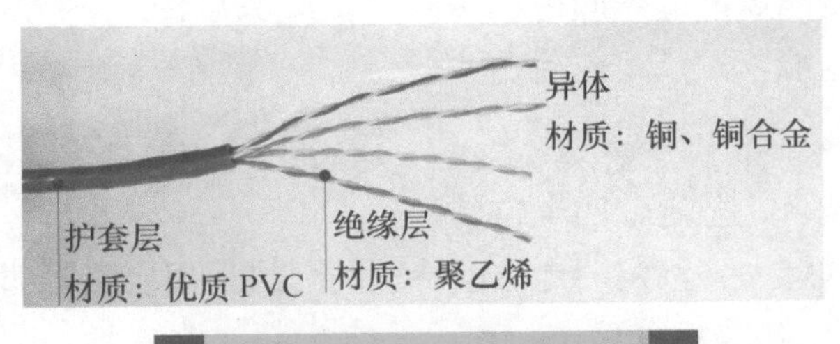

图 4-2 双绞线结构

双绞线可分为非屏蔽双绞线（UTP）和屏蔽双绞线（STP）。屏蔽双绞线根据不同的屏蔽方式又分为两类：每条线都有各自屏蔽层的屏蔽双绞线，采用整体屏蔽的屏蔽双绞线。需要注意的是屏蔽只在整个电缆均有屏蔽装置并且两端正确接地的情况下才起作用。

1．RJ-45 头的接线标准

现行双绞线电缆中一般包含 4 个双绞线对，具体为橙／橙白、蓝／蓝白、绿／绿白、棕／棕白。RJ-45 的接线标准有两个，即 T568A 和 T568B，内线排列顺序如图 4-3 所示。

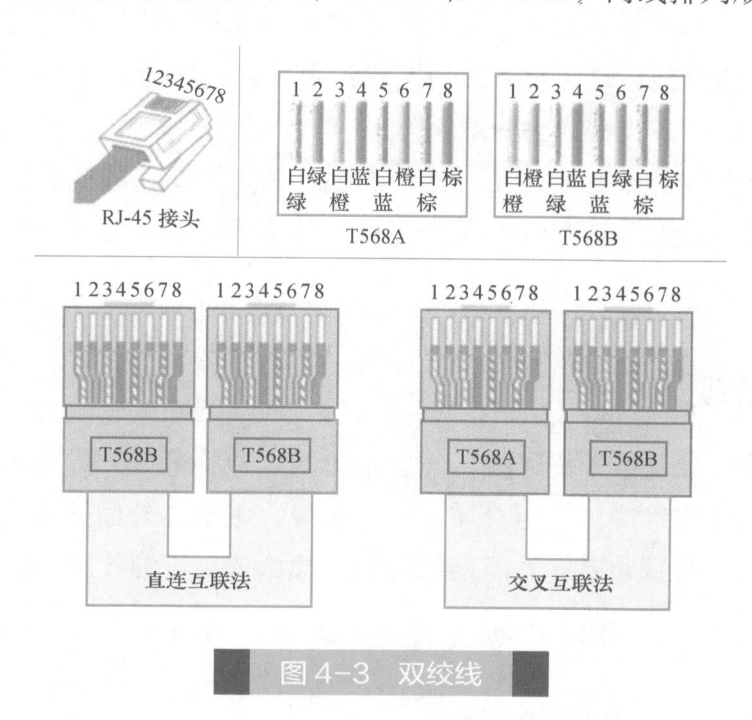

图 4-3 双绞线

知识拓展——T568A 与 T568B 的线序

T568B 的线序是：白橙、橙、白绿、蓝、白蓝、绿、白棕、棕，通常 8 根线只有 4 根用来传输数据，其中线 1、2 用来发送数据，线 3、6 用来接收数据；线 4、5、7、8 用于抗干扰和备用。T568A 的线序是：白绿、绿、白橙、蓝、白蓝、橙、白棕、棕，与 T568B 相比就是将线 1 与线 3 交换位置，线 2 与线 6 交换位置。

2．跳线种类

交叉线：又叫反线，就是按照一端 T568A、另一端 T568B 的标准排列好线序，并用 RJ-45 水晶头夹好。一般用于相同设备的连接，比如路由器和路由器、交换机和交换机之间。

直通线：又叫正线或标准线，就是两端采用 T568B 接线标准，注意两端都是同样的线序。直通线的应用最广泛，一般用于异种设备之间，如路由器和交换机、PC 和交换机等。

3．双绞线的制作与连接（以直通线为例）

第 1 步：剥线。先截取一定长度的双绞线，用剥线钳将两头保护胶层去掉，应注意裸线长度大致为 15mm。

第 2 步：理线。将四对双绞线按照“白橙 – 橙 – 白绿 – 蓝 – 白蓝 – 绿 – 白棕 – 棕”的顺序从左至右依次理好，将线尽量理直。

第 3 步：剪线。一手捏住剥线处，以免线序被弄乱，线头长度预留 1.2 ～ 1.5cm，并将线头剪齐。

第 4 步：插线。水晶头正面朝上，带有卡口弹簧片的一面朝下，手捏住剥线处将 8 根线芯插到水晶头内，并插到水晶头前面，直至能看到 8 根线芯的切割面为止。

第 5 步：压线。检查线头是否整齐，用网线钳将水晶头压紧。

第 6 步：重复第 1 ～ 3 步完成另一端制作。

第 7 步：测试。两端都做好后，便可进行测试，插入测试仪的插孔，若测试仪面板上绿灯顺序亮起，表示该线缆制作成功；有某个绿灯始终不亮，表示有某一线对没导通，说明接线有问题。

4.1.2 同轴电缆

同轴电缆是一种电线及信号传输线，一般是由四层物料造成：最内里是一条导电铜线，线的外面有一层塑胶（作绝缘体、电介质之用）围拢，绝缘体外面又有一层薄的网状导电体（一般为铜或合金），然后导电体外面是最外层的绝缘物料作为外皮，如图 4-4 所示。

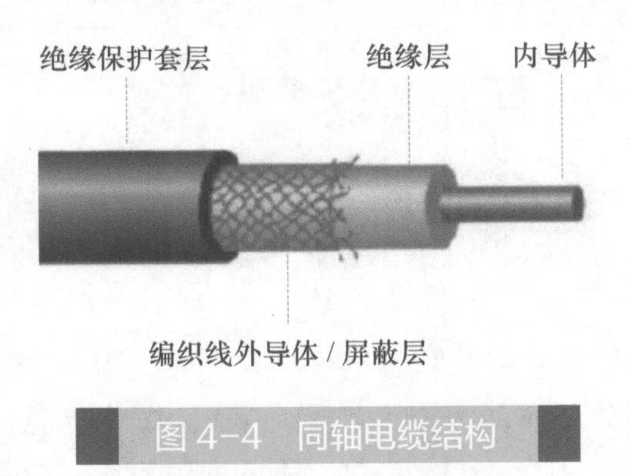

图 4-4 同轴电缆结构

同轴电缆可分为基带同轴电缆和宽带同轴电缆。

基带同轴电缆的屏蔽层通常是用铜做成的网状结构，其特征阻抗为 50Ω，用于传输数字信号，常用的型号一般有 RG-8（粗缆）和 RG-58（细缆）。粗缆与细缆最直观的区别在于电缆直径不同。粗缆适用于比较大型的网络干线，它的传输距离长，可靠性高；但是，粗缆组网必须安装收发器和收发器电缆，安装难度也大，因此总体造价高。相反，细缆则比较简单，造价较低；但由于安装过程中要切断电缆，因而当接头较多时容易产生接触不良的隐患。无论是粗缆还是细缆连接的网络，故障点往往会影响到整根电缆上的所有机器，故障的诊断和修复都很麻烦。因此，基带同轴电缆已逐步被非屏蔽双绞线或光缆所取代。

宽带同轴电缆的屏蔽层通常是用铝冲压而成的，其特征阻抗为 75Ω。这种电缆通常用于传输模拟信号，常用型号为 RG-59，是有线电视网中使用的标准传输线缆，可以在一根电缆中同时传输多路电视信号。宽带同轴电缆也可用作某些计算机网络的传输介质。

4.1.3　光纤

光纤是光导纤维的简称，它由能传导光波的石英玻璃纤维外加保护层构成，如图 4-5 所示。相对于金属导线来说具有重量轻、线径细的特点。用光纤传输电信号时，在发送端先要将其转换成光信号，而在接收端又要由光检测器还原成电信号。多数光纤在使用前必须由几层保护结构包覆，包覆后的缆线即被称为光缆。

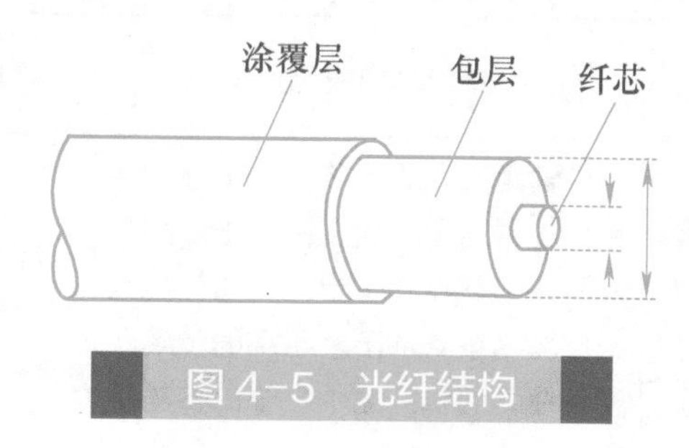

图 4-5　光纤结构

1．光纤分类

按传输模式可以分为：单模光纤、多模光纤，基本原理如图 4-6 所示。

单模光纤是指在工作波长中，只能传输一个传播模式的光纤，具有比多模光纤大得多的带宽，它适用于大容量、长距离通信。

多模光纤是在给定的工作波长上传输多种模式的光纤。

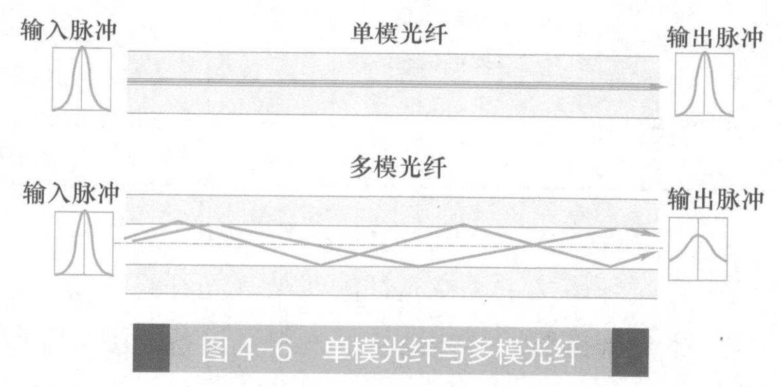

图 4-6　单模光纤与多模光纤

在多模光纤中，芯的直径是 50 μm 和 62.5 μm 两种，大致与人的头发的粗细相当。而单模光纤芯的直径为 8 ～ 10 μm，常用的是 9/125 μm。芯外面包围着一层折射率比“芯”低的玻璃封套，俗称包层，包层使得光线保持在芯内。再外面的是一层薄的塑料外套，即涂覆层，用来保护包层。光纤通常被扎成束，外面有外壳保护。纤芯通常是由石英玻璃制成的横截面积很小的双层同心圆柱体，它质地脆，易断裂，因此需要外加保护层。

说明：9/125 μm 指光纤的纤核为 9 μm、包层为 125 μm，9/125 μm 是单模光纤的一个重要的特征，50/125 μm 指光纤的纤核为 50 μm、包层为 125 μm，50/125 μm 是多模光纤的一个重要的特征。

不同传输介质特点对比，见表 4-1。

表 4-1　不同传输介质特点对比

项　目	双 绞 线	同 轴 电 缆	光　纤
传输特性	带宽取决于所用导线的质量、导线的长度及传输技术，可以在有限距离内达到 10～1000Mbit/s 的可靠传输速率，七类线传输速率可达 10 Gbit/s	基带同轴电缆仅用于数字传输，并使用曼彻斯特编码，数据传输速率最高可达 10Mbit/s。宽带同轴电缆既可用于模拟信号传输又可用于数字信号传输，对于模拟信号，带宽可达 300～450MHz	光纤通过内部的全反射来传输一束经过编码的光信号，内部的全反射可以在任何折射指数高于包层媒体折射指数的透明媒体中进行。光纤的数据传输速率可达 Gbit/s 级，传输距离达数十千米
连通性	主要用于点到点连接	适用于点到点和多点连接	普遍用于点到点的连接
地理范围	局域网内主要用于一个建筑物内或几个建筑物内，在 100Mbit/s 速率下传输距离可达 100m	传输距离取决于传输的信号形式和传输的速率，典型基带电缆的最大距离限制在几千米，在同样的数据传输速率条件下，粗缆的传输距离较细缆的长。宽带电缆的传输距离可达几十千米	目前可以在 6～8km 的距离内不用中继器传输，适合于在几个建筑物之间通过点到点的链路连接局域网络
抗干扰性	不同类型双绞线，抗干扰性差异很大。低频传输相当或高于同轴电缆	超过 10～100kHz 时，同轴抗干扰性比双绞线优越	光纤具有不受电磁干扰或噪声影响的独有特征，适宜在长距离内保持高数据传输率，而且能够提供很好的安全性
用途	早期用于电话通信模拟信号传输，也可用于数字信号；传输距离远时，信号的频率不能太高，而高速信号比如以太网则只能限制在 100m 以内；目前广泛应用于局域网、监控系统中	总线型结构网络；目前主要应用于家用有线电视的传输	传输距离比其他类型要远得多，并且特别适用于电磁环境恶劣的地方。由于光纤的光学反射特性，一根光纤内部可以同时传送多路信号，所以光纤的传输速度可以非常高，目前 1Gbit/s 的光纤网络已经成为主流高速网络，理论上光纤网络最高可达到 50Tbit/s 的速度

2．光纤的制作

在计算机网络通信中，光纤熔接主要在光纤配线架（光纤终端盒）处将光纤与光纤的尾纤进行接续，从而形成一条光纤链路。具体熔接的材料及设备如图 4-7 所示。

光纤熔接机

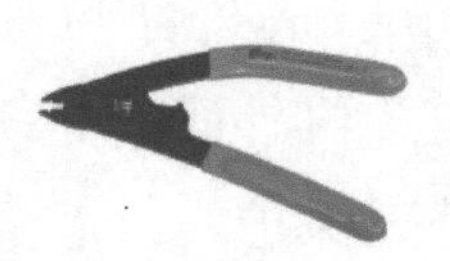

光纤剥线钳

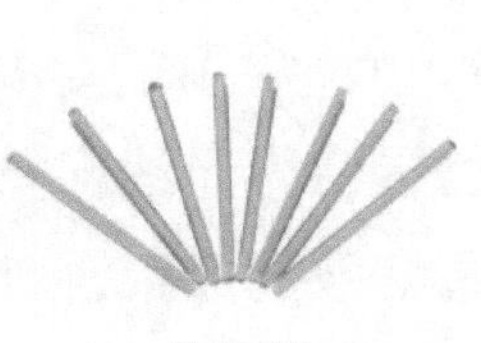

热缩管

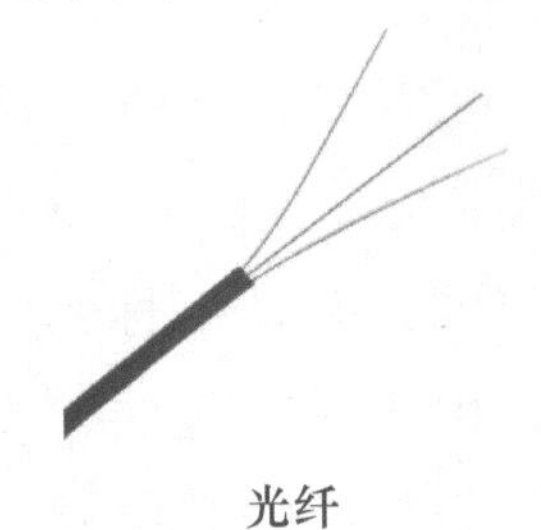

光纤

图 4-7　光纤熔接设备与材料

光纤熔接通常包含 6 个步骤。

第 1 步：开机、套管。轻轻按住熔接机的开关机键，在开机指示灯亮后松手。在确认热缩套管内干净后，将光纤穿入热缩套管。

第 2 步：剥皮、清洁。用光纤剥线钳剥除光纤涂覆层，长度 4cm。接着用酒精棉清洁光纤表面 3 次，达到无附着物状态。

第 3 步：切割。将干净的光纤放入切割刀的导向槽，涂覆层的前端对齐切割刀刻度尺 12 ～ 16mm 的位置。

第 4 步：规范放纤。将切割好的两根光纤分别放入熔接机的夹具内。安放时不要碰到光纤端面，并保持光纤端面在电极棒和 V 形槽之间。

第 5 步：熔接光纤。盖上熔接机的防风罩，开始熔接。而后掀开防风罩，依次打开左右夹具压板，取出光纤。最后将热缩套管移动到熔接点，并确保热缩套管两端包住光纤涂覆层。

第 6 步：规范加管。将套上热缩套管的光纤放入加热器内，然后盖上加热器盖板，同时加热指示灯点亮，机器将自动开始加热热缩套管。当加热指示灯熄灭时，热缩完成。掀开加热器盖板，取出光纤，放入冷却托盘。

4.1.4　无线传输介质

无线电通信、微波通信、红外通信以及激光通信的信息载体都属于无线传输介质。

目前常见的无线技术有：无线电波、微波、红外线和激光。这 4 种技术对环境气候较为敏感，如雾、雨和雷电。相对来说，微波对一般雾和雨的敏感度较低。

4.2　常用网络设备

扫码看视频

4.2.1　网络适配器

网络适配器（俗称网卡），是计算机联网的设备，不同网络节点通过网络适配器和通信链路实现互联。一台计算机可以绑定多个网卡，每个网卡可以绑定一个 MAC 地址。

网络适配器的主要功能就是进行数据的转换、对网络存取进行一定的控制、缓存一些数据等。目前的网卡主要有两种，一种是 8 位的，另外一种就是 16 位的，并且带宽一般都能达到百兆甚至更高。如果在使用计算机的时候，缺少了网卡这一重要的桥梁，那么就无法使用网络，计算机就无法发挥它的最大功能。

网络适配器用到了两种关键的技术，一种是网卡驱动程序，另外一种就是 I/O 技术，这两种技术对于网络适配器功能的实现，具有关键性的作用。前一种技术能够使网卡实现与网络的兼容，后者能够使计算机进行网络通信。

网络适配器有不同的种类，包括以太网网卡、ATM 网卡。以太网网卡是局域网中使用的主要类型，这种网卡的设计比较专业，使用的人也很多。如果根据网卡的兼容性来进行分类的话，也可以将其分为两种类型，一种是普通工作站类型的，另外一种是服务器专用类型的。由于网络服务的种类很多，所以网络服务器专用的网卡更能满足用户的需要。

不同链路介质，网络适配器的接口是不同的，通常有3种接口类型，粗缆接口、细缆接口和双绞线接口，目前使用最多的是双绞线接口。

每个网络适配器都有逻辑地址和物理地址。逻辑地址就是IP地址，如192.168.100.1；物理地址也称为MAC地址，理论上是全球唯一的地址，是网络适配器生产商烧入ROM的地址，由48位二进制数组成，通常用12位十六进制数来表示（十六进制的数码用0～9，A～F），如54-2F-75-09-B4-B6。IP地址和MAC地址都可以使用相关命令查看，如在Windows系统中可以使用ipconfig命令查看。

在购买网络适配器的时候，一般需要注意几个方面，即接口方式，网络适配器的兼容性，是否是优质企业产品。网络适配器的性能指标可以通过其机械特性、电气特性、功能特性、规程特性进行比较。

4.2.2 交换机

交换机（Switch）是一种用于电（光）信号转发的网络设备。它可以为接入交换机的任意两个网络节点提供独享的电信号通路。最常见的交换机是以太网交换机，其他常见的还有电话语音交换机、光纤交换机等。

交换机工作于OSI参考模型的第二层，即数据链路层。交换机内部的CPU会在每个端口成功连接时，通过将MAC地址和端口对应，形成一张MAC表。在通信中，发往该MAC地址的数据包将仅送往其对应的端口，而不是所有的端口。因此，交换机可用于划分数据链路层广播，即冲突域；但它不能划分网络层广播，即广播域。

1. 工作原理

交换机拥有一条很高带宽的背部总线和内部交换矩阵。交换机的所有端口都挂接在这条背部总线上，控制电路收到数据包以后，处理端口会查找内存中的地址对照表以确定目的MAC（网卡的硬件地址）的NIC（网卡）挂接在哪个端口上，通过内部交换矩阵迅速将数据包传送到目的端口，目的MAC若不存在，广播到所有的端口，接收端口回应后交换机会“学习”新的MAC地址，并把它添加到内部MAC地址表中。使用交换机也可以把网络“分段”，通过对照IP地址表，交换机只允许必要的网络流量通过交换机。通过交换机的过滤和转发，可以有效地减少冲突域，可以有效地隔离广播风暴，减少错包，避免共享冲突。

交换机在同一时刻可进行多个端口对之间的数据传输。每一端口都可视为独立的网段，连接在其上的网络设备独自享有全部的带宽，无须同其他设备竞争使用。当节点A向节点D发送数据时，节点B可同时向节点C发送数据，而且这两个传输都享有网络的全部带宽，都有着自己的虚拟连接。

2. 交换方式

1）直通式：直通方式的以太网交换机可以理解为在各端口间是纵横交叉的线路矩阵电

话交换机。它在输入端口检测到一个数据包时，检查该包的包头，获取包的目的地址，通过查找 MAC 地址表转换成相应的输出端口，在输入与输出交叉处接通，把数据包直通到相应的端口，实现交换功能。由于不需要存储，延迟非常小、交换非常快，这是它的优点。它的缺点是，因为数据包内容并没有被以太网交换机保存下来，所以无法检查所传送的数据包是否有误，不能提供错误检测能力。由于没有缓存，不能将具有不同速率的输入／输出端口直接接通，而且容易丢包。

2）存储转发：存储转发方式是计算机网络领域应用最为广泛的方式。它把输入端口的数据包先存储起来，然后进行 CRC（循环冗余码校验）检查，在对错误包处理后才取出数据包的目的地址，通过查找表转换成输出端口送出包。正因如此，存储转发方式在数据处理时延时大，这是它的不足，但是它可以对进入交换机的数据包进行错误检测，有效地改善网络性能。尤其重要的是它可以支持不同速度的端口间的转换，保持高速端口与低速端口间的协同工作。

3）碎片隔离：这是介于前两者之间的一种解决方案。它检查数据包的长度是否够 64 个字节，如果小于 64 字节，说明是假包，则丢弃该包；如果大于 64 字节，则发送该包。这种方式也不提供数据校验。它的数据处理速度比存储转发方式快，但比直通式慢。

3．交换机与集线器的区别

集线器也称为 Hub，是实现基于物理层网络连接的设备，对信号进行整形、放大，传输到下一个节点，就是一个多端口的中继器。集线器每个端口共享带宽；交换机的数据带宽具有独享性，在同一个时间段内，交换机就可以将数据传输到多个节点之间，并且每个节点都作为一个网段而独自享有固定的带宽。

交换机和集线器的本质区别就在于：当 A 发信息给 B 时，如果通过集线器，则接入集线器的所有网络节点都会收到这条信息（也就是以广播形式发送），网卡会在硬件层面过滤掉不是发给本机的信息；而如果通过交换机，除非 A 通知交换机广播，否则发给 B 的信息 C 绝不会收到（获取交换机控制权限从而监听的情况除外）。

4.2.3 路由器

路由器是互联网的主要节点设备。路由器通过路由决定数据的转发路径。转发策略称为路由选择（Routing），这也是路由器名称的由来。作为不同网络之间互相连接的枢纽，路由器系统构成了基于 TCP/IP 的国际互联网络 Internet 的主体脉络，也可以说，路由器构成了 Internet 的骨架。它的处理速度是网络通信的主要瓶颈之一，它的可靠性则直接影响着网络互联的质量。因此，在园区网、地区网乃至整个 Internet 研究领域中，路由器技术始终处于核心地位，其发展历程和方向，成为整个 Internet 研究的一个缩影。

1．路由器功能

网络互联：路由器支持各种局域网和广域网接口，主要用于互联局域网和广域网，实现不同网络互相通信。

数据处理：提供包括分组过滤、分组转发、优先级、复用、加密、压缩和防火墙等功能。

网络管理：路由器提供包括路由器配置管理、性能管理、容错管理和流量控制等功能。

2．路由器的作用

路由器是连接互联网中各局域网、广域网的设备，它会根据信道的情况自动选择和设定路由，以最佳路径，按前后顺序发送信号的设备。路由器的英文名为 Router，是互联网络的枢纽、“交通警察”。目前路由器已经广泛应用于各行各业，各种不同档次的产品已经成为实现各种骨干网内部连接、骨干网间互联和骨干网与互联网互联互通业务的主力军。

路由器的一个作用是连通不同的网络，另一个作用是选择信息传送的线路。选择通畅快捷的近路，能大大提高通信速度，减轻网络系统通信负荷，节约网络系统资源，提高网络系统畅通率，从而让网络系统发挥出更大的效益来。

3．路由选择

路由器一般有多个网络接口，包括局域网的网络接口和广域网的网络接口，每个网络接口连接不同的网络。互联网是一个网状拓扑结构，这就为源主机通过网络到目的主机的数据传输提供了多条路径。路由选择就是从这些路径中寻找一条将数据包从源主机发送到目的主机的最佳传输路径的过程，如图 4-8 所示。

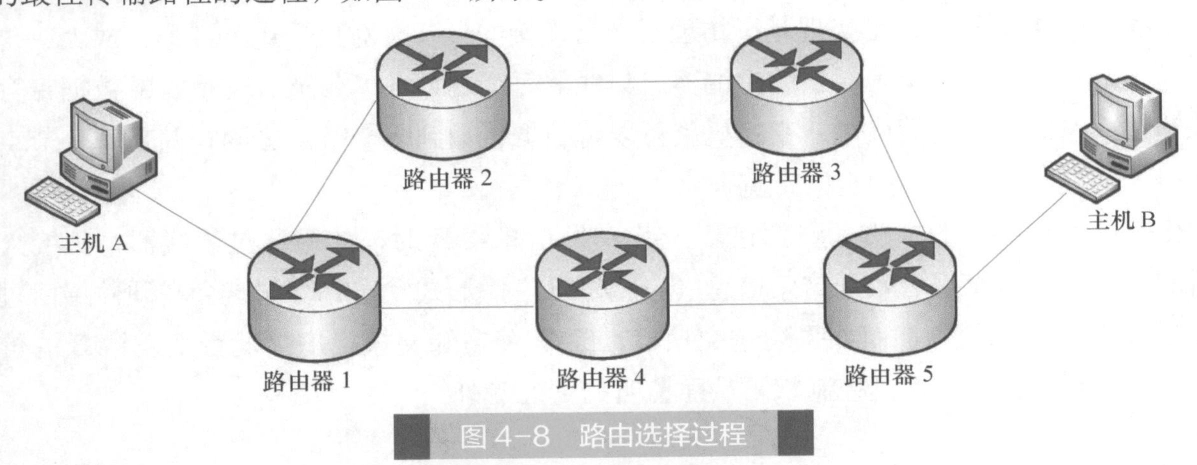

图 4-8　路由选择过程

主机 A 向主机 B 发送数据时的路径选择和数据转发工作流程：

1）主机 A 将欲发送的数据（包括 B 的地址）发送给路由器 1。

2）路由器 1 收到主机 A 的数据包以后，先从数据包中取出主机 B 的地址，再根据路由表从多条路径中计算出发往主机 B 的最短路径，这里假设该路径为：主机 A—— 路由器 1—— 路由器 4—— 路由器 5—— 主机 B，路由器 1 根据路由表，选择将数据包转发给路由器 4。

3）路由器 4 重复路由器 1 的工作，并将数据包转发给路由器 5。

4）路由器 5 取出主机 B 的地址，发现主机 B 就在该路由器所连接的网络上，就将该数据包发往主机 B。

4．路由协议

在路由器中，路径选择是根据路由器中的路由表来进行的，每个路由器都有一个路由表，路由器选择路由协议后，就按照一定的路由算法建立并维护路由表，路由表中定义了从该路由器到目的主机的下一个路由器的路径。所以，路由选择是通过在当前路由器的路由表中找出对应于该数据包目的地址的下一个路由器来实现的。

路由协议是指路由选择协议，是实现路由选择算法的协议。网络互联中常用的路由协议有：RIP（路由选择信息协议）、OSPF（开放式最短路径优先协议）、IGRP（内部网关路由协议）等。其中，RIP 是基于距离向量的路由协议，在 RIP 中，路由器检查从源路由器到目的路由器的每条路径，并选择站点数最少的路径到达目的地。

由此可见，路由器的主要工作就是为经过路由器的每个数据帧寻找一条最佳传输路径，并将该数据有效地传送到目的站点，选择最佳路径的策略即路由算法是路由器的关键所在。为了完成这项工作，在路由器中保存着各种传输路径的相关数据——路由表（Routing Table），供路由选择时使用。路由表中保存着子网的标志信息、网上路由器的个数和下一个路由器的名字等内容。路由表可以是由系统管理员固定设置好的，也可以由系统动态修改，可以由路由器自动调整，也可以由主机控制。

1）静态路由：由系统管理员事先设置好固定的路由称为静态（Static）路由，一般是在系统安装时就根据网络的配置情况预先设定的，它不会跟随网络结构的改变而改变。

2）动态路由：动态（Dynamic）路由是路由器根据网络系统的运行情况而自动调整的路由。路由器根据路由选择协议（Routing Protocol）提供的功能，自动学习和记忆网络运行情况，在需要时自动计算数据传输的最佳路径。

4.2.4 防火墙

防火墙指的是一个由软件和硬件设备组合而成、在内部网和外部网之间、专用网与公共网之间的界面上构造的保护屏障，是一种获取安全性方法的形象说法，它是一种计算机硬件和软件的结合，使 Internet 与 Intranet 之间建立起一个安全网关 (Security Gateway)，从而保护内部网免受非法用户的侵入。

防火墙（Firewall）是设置在被保护网络和外部网络之间的一道屏障，以防止发生不可预测的、潜在破坏性的侵入。通过在专用网和 Internet 之间设置防火墙来监视所有出入专用网的信息流，它可通过监测、限制更改跨越防火墙的数据流，决定哪些是可以通过的，哪些是不可以的，并尽可能地对外部屏蔽网络内部的信息、结构和运行状况，以此来实现网络的安全保护。

4.2.5 无线路由器

无线路由器是用于用户上网、带有无线覆盖功能的路由器。

无线路由器可以看作一个转发器，将家中墙上接出的宽带网络信号通过天线转发给附近的无线网络设备（笔记本式计算机、支持 Wi-Fi 的手机、平板以及所有带有 Wi-Fi 功能的设备）。

市场上流行的无线路由器一般都支持专线、XDSL/CABLE、动态 XDSL、PPTP 4 种接入方式，它还具有其他一些网络管理的功能，如 DHCP 服务、NAT 防火墙、MAC 地址过滤、动态域名等功能。

市场上流行的无线路由器一般只能支持 15 ～ 20 个以内的设备同时在线使用。一般的无线路由器信号范围为半径 50m，已经有部分无线路由器的信号范围达到了半径 300m。

4.2.6 其他网络设备

1．网关

网关 (Gateway) 又称网间连接器、协议转换器。网关在传输层及以上以实现网络互联，是最复杂的网络互联设备，仅用于两个高层协议不同的网络互联。从一个房间走到另一个房间，必然要经过一扇门。同样，从一个网络向另一个网络发送信息，也必须经过一道“关口”，这道关口就是网关。

网关是一种充当转换重任的计算机系统或设备。在使用不同的通信协议、数据格式或语言，甚至体系结构完全不同的两种系统之间，网关是一个翻译器。与网桥只是简单地传达信息不同，网关对收到的信息要重新打包，以适应目的系统的需求。同时，网关也可以提供过滤和安全功能。大多数网关运行在 OSI/RM 的应用层。

默认网关，是指若一台主机找不到可用的网关，就把数据包发给默认指定的网关，由这个网关来处理数据包。现在主机使用的网关，一般指的是默认网关。所以说，只有设置好网关的 IP 地址，TCP/IP 才能实现不同网络之间的相互通信。

2．调制解调器（Modem，物理层设备）

调制解调器是两台计算机通过电话线进行数据传输时，负责数模 (D—A) 相互转换的设备。

（1）主要功能

1）调制。计算机发送数据时，把数字信号转换为电话线上能传输的模拟信号。

2）解调。计算机接收数据时，把电话线上的模拟信号还原为计算机能识别的数字信号。

（2）分类

外置式和内置式。

知识拓展——北斗卫星导航系统

北斗卫星导航系统（以下简称北斗系统）是中国着眼于国家安全和经济社会发展需要，自主建设、独立运行的卫星导航系统，是为全球用户提供全天候、全天时、高精度的定位、导航和授时服务的国家重要空间基础设施。

4.3 Cisco Packet Tracer 入门

Packet Tracer 是一款强大的网络模拟平台，为初学者设计、配置、排除网络故障提供了一个网络模拟环境。它让学生可以创建包含几乎无限量设备的虚拟网络，以补充课堂中物理设备的不足，支持学生进行实践、发现和故障排除。

1. Packet Tracer 的工作区

安装好 Packet Tracer 后，启动 Packet Tracer，进入模拟器的主界面，它包含有工作区、菜单栏、设备类型库、常用工具栏等内容，如图 4-9 所示。

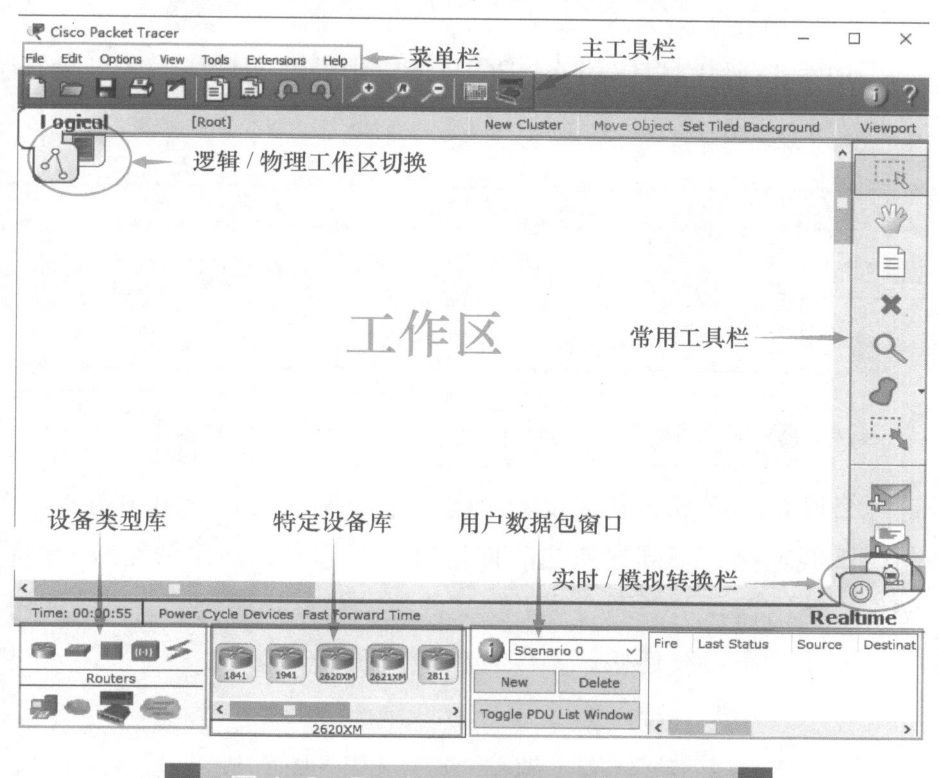

图 4-9 Packet Tracer 工作区介绍

工作区是主界面的空白区域。在工作区中可以创建网络拓扑、配置设备和观察模拟过程，而且可以像操作真实设备一样打开设备的控制台对设备进行配置和管理。

设备类型库在模拟器的左下角，图标包含路由器、交换机、连接线和终端设备等。

路由器 (Routers) 是路由交换实验中常用的设备，特定设备库中明确标识了各种型号的路由器，如图 4-10 所示。在具体的实验中，可以根据需要选择不同的路由器。

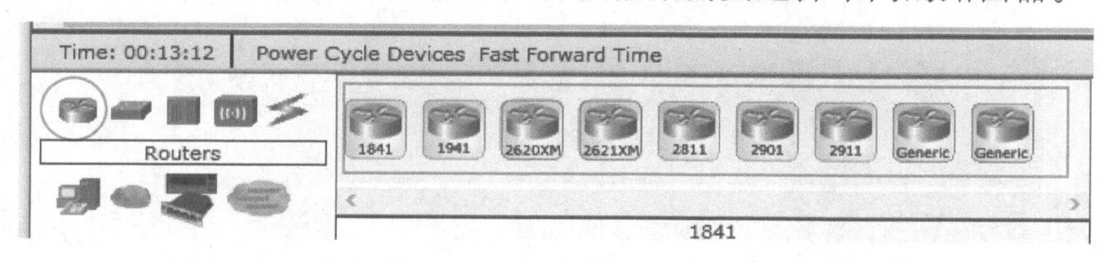

图 4-10 Packet Tracer 中的路由器

交换机 (Switches) 也是路由交换实验中的常用设备，交换机类型有二层交换机和三层交换机，根据不同的网络配置要求可以选择不同类型的交换机进行实验教学，交换机类别如图 4-11 所示。

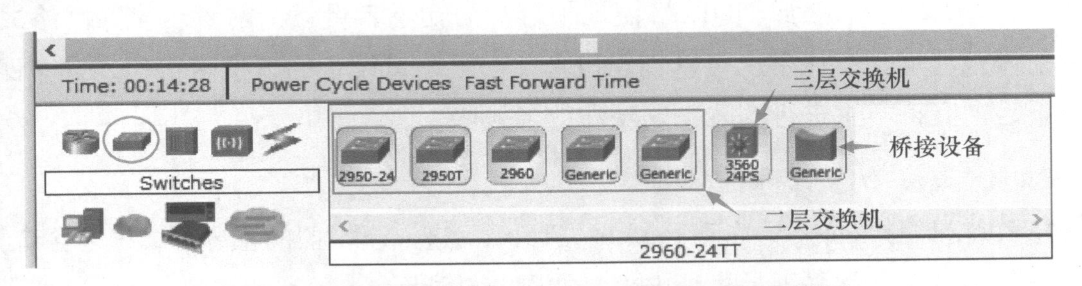

图 4-11 Packet Tracer 中的交换机

终端设备是用于网络实验的组成部分，PC 是最常用的终端设备，终端设备还有 IP 电话、打印机等设备，如图 4-12 所示。

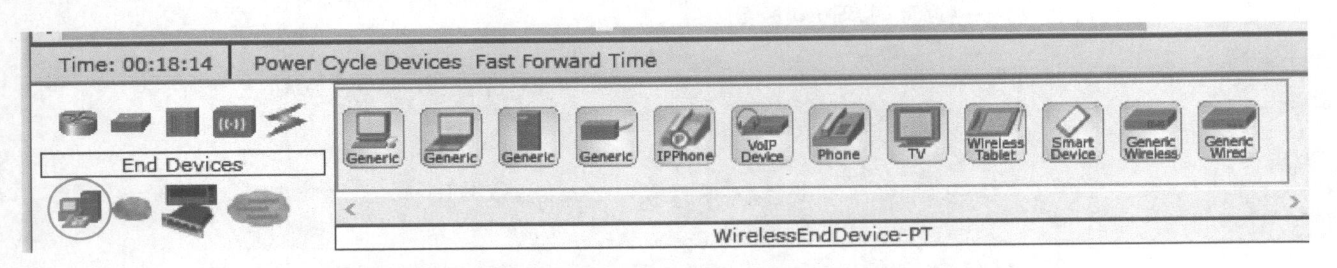

图 4-12 Packet Tracer 中的 PC 终端

连接链路是网络设备、终端设备连接的桥梁，不同连接线有不同的功能。相同设备或相近设备之间使用交叉线连接，不同设备之间使用直连线连接，专用链路或专用设备使用专门连接线连接。例如，路由器与 PC 终端使用交叉线连接，交换机与 PC 终端使用直连线连接，路由器与路由器之间使用串口线连接。不同连接线如图 4-13 所示。

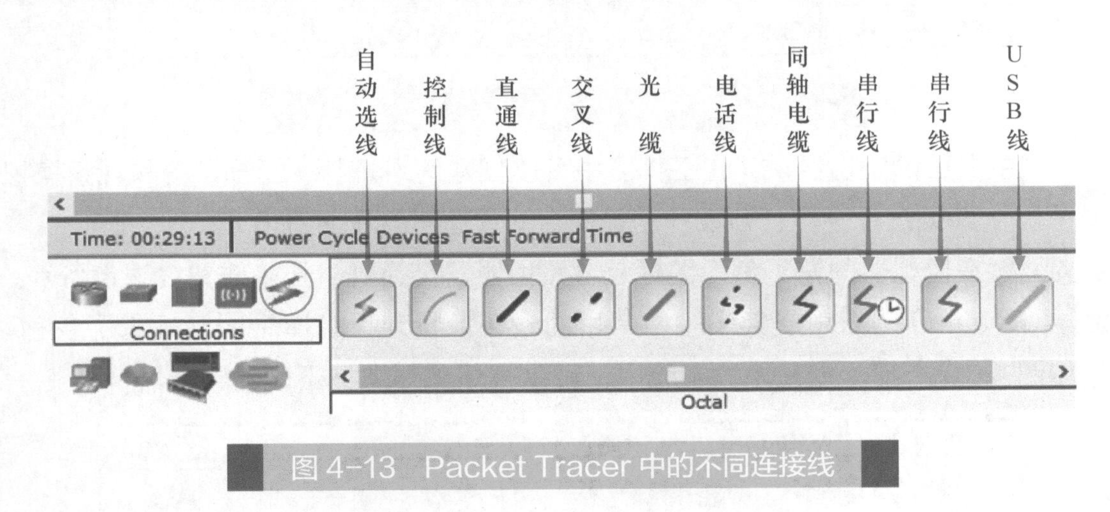

图 4-13 Packet Tracer 中的不同连接线

2．构建一个简单的网络

在模拟器中构建第一个网络，实现 PC1 和 PC2 之间互相连通。网络拓扑结构如图 4-14 所示。

为了实现 PC1 和 PC2 互联互通，需要在 PC1 和 PC2 分别配置 IP 地址为 192.168.1.1/24 和 192.168.1.2/24，然后测试 PC1 与 PC2 的连通性，具体操作步骤如下。

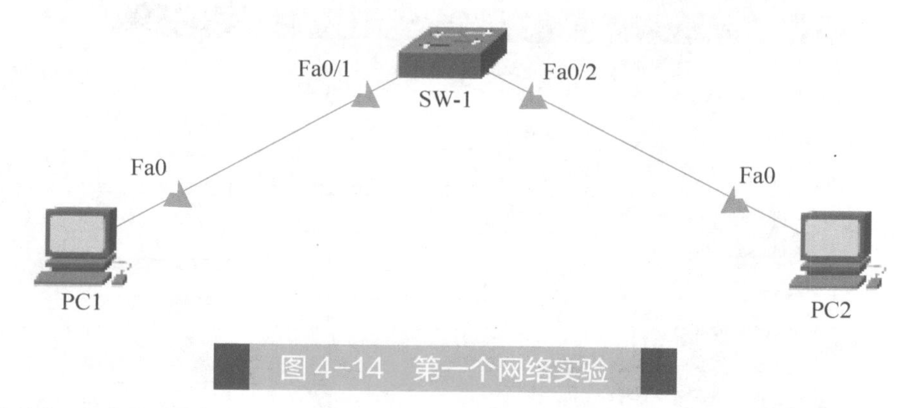

图 4-14　第一个网络实验

第 1 步：配置 PC1 的 IP 地址。在 Packet Tracer 双击 PC1，在对话框中配置 IP 地址，如图 4-15 所示。

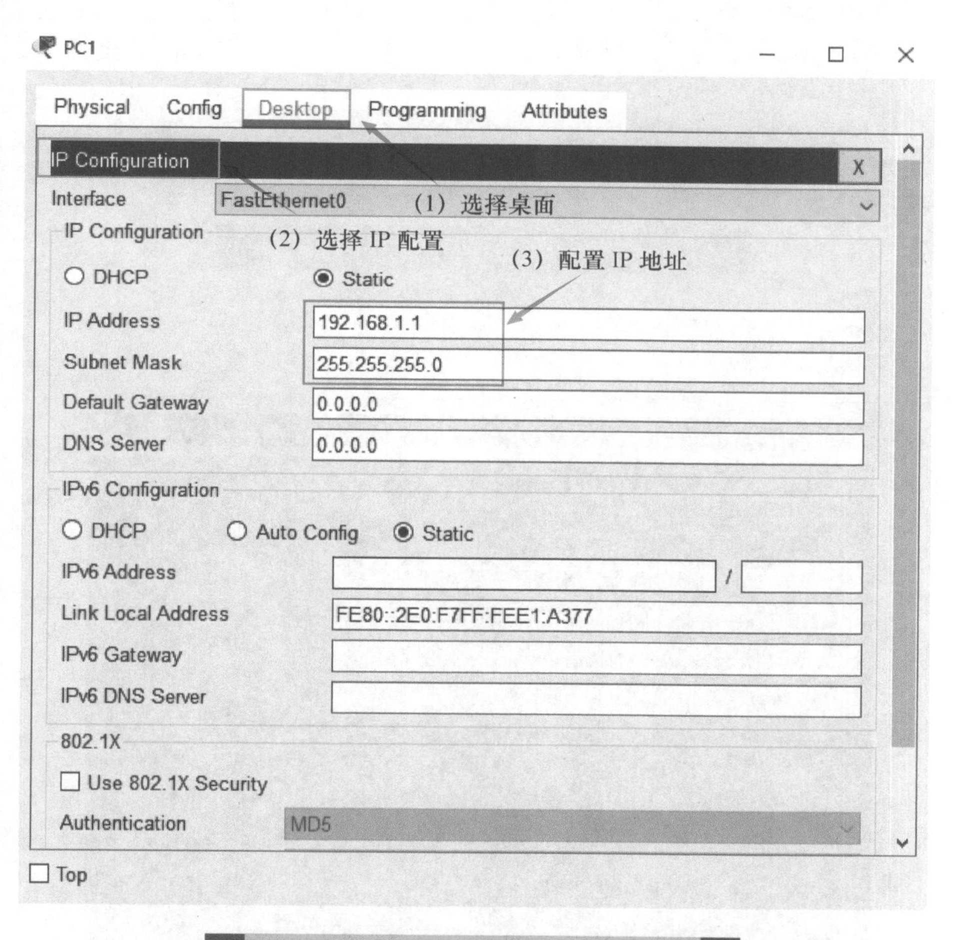

图 4-15　配置 PC1 的 IP 地址

第 2 步：配置 PC2 的 IP 地址。在 Packet Tracer 双击 PC2，在对话框中配置 IP 地址，如图 4-16 所示。

第 3 步：PC1 和 PC2 的连通性测试。使用 ping 命令，测试与对端的连通性，双击 PC1，打开“Command Prompt”对话框，测试与 PC2 的连通性，如图 4-17 所示。

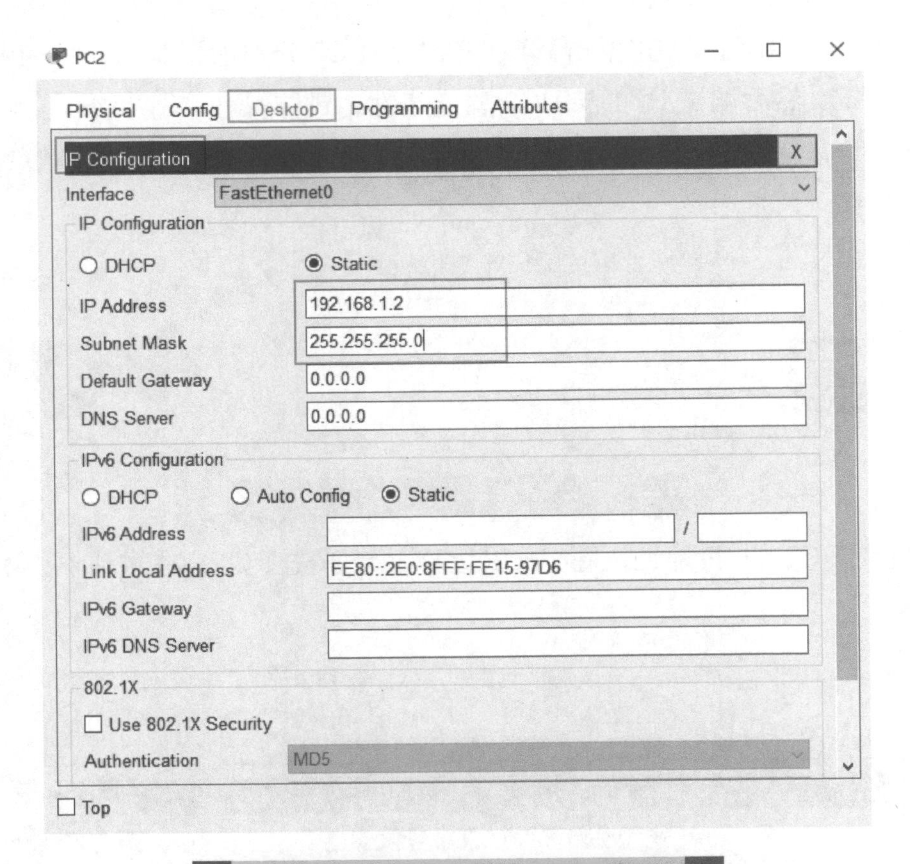

图 4-16　配置 PC2 的 IP 地址

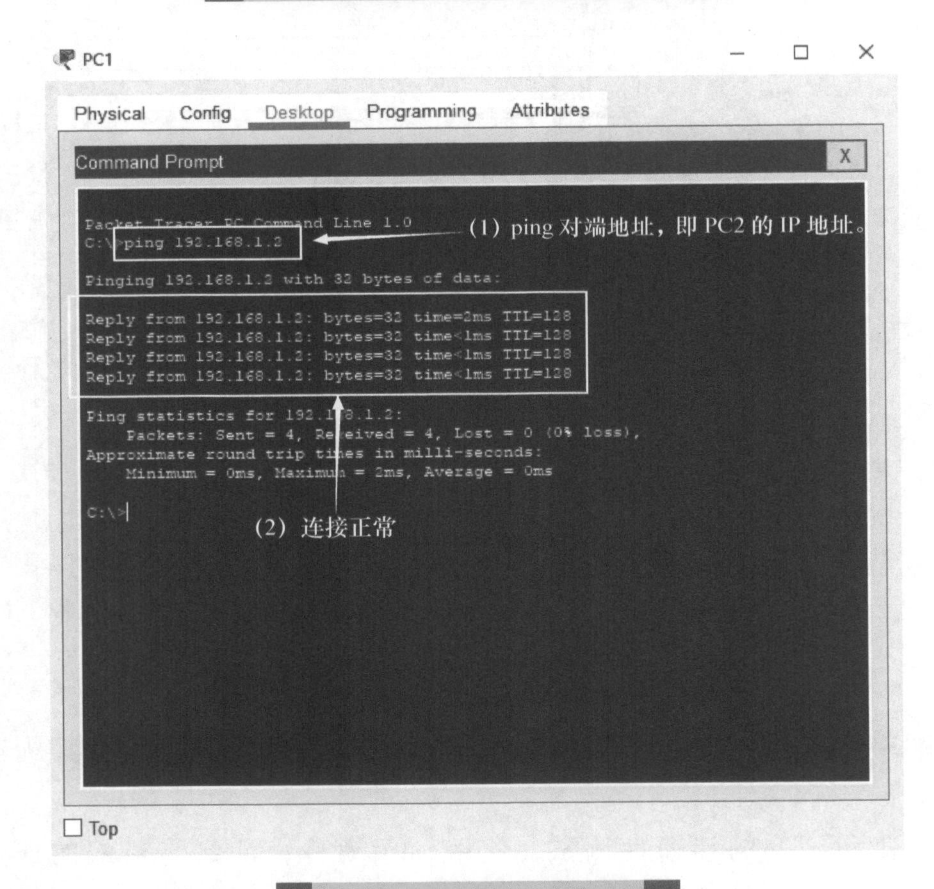

图 4-17　测试连通性

4.4 网络设备配置案例

4.4.1　VLAN 隔离案例

VLAN(Virtual LAN)，也称为虚拟局域网。VLAN 是一种将局域网 (LAN) 设备从逻辑上划分（注意，不是从物理上划分）成多个网段，或者说是更小的局域网 LAN，从而实现虚拟工作组（单元）的数据交换技术。VLAN 技术主要应用于交换机和路由器中，目前主流应用还是在交换机之中。

VLAN 的好处主要有 3 个：

1）端口的分隔。即便在同一个交换机上，处于不同 VLAN 的端口是不能通信的。这样一台物理交换机可以当作多个逻辑的交换机使用。

2）网络的安全。不同 VLAN 不能直接通信，杜绝了因广播而引起信息安全性风险。

3）灵活的管理。更改用户所属的网络不必换端口和连线，只更改软件配置就可以了。

案例 1　通过在交换机 SW-1 中配置不同 VLAN，把连接 PC 终端的接口加入不同 VLAN，测试 PC 终端是否连通，检验不同 VLAN 是否隔离。案例网络拓扑如图 4-18 所示，网络设备端口连接见表 4-2，IP 地址信息见表 4-3。

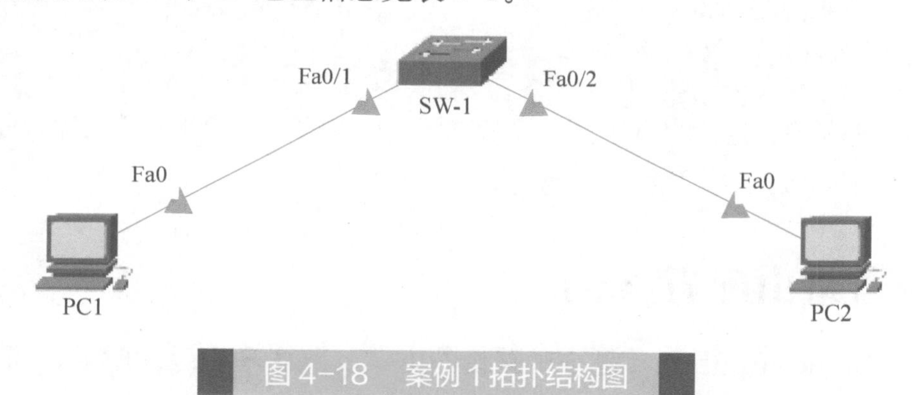

图 4-18　案例 1 拓扑结构图

表 4-2　网络设备端口连接表

设　备	接　口	对端设备	对端接口
SW-1	FastEthernet0/1	PC1	FastEthernet0
SW-1	FastEthernet0/2	PC2	FastEthernet0

表 4-3　网络设备 IP 地址规划

设　备	接　口	VLAN	IP 地 址	子网掩码
SW-1	FastEthernet0/1	VLAN 10		
SW-1	FastEthernet0/2	VLAN 20		
PC1	FastEthernet0		192.168.1.1	255.255.255.0
PC2	FastEthernet0		192.168.1.2	255.255.255.0

案例 1 操作步骤如下。

第 1 步：PC1 和 PC2 配置 IP 地址，操作过程参照上一节简单网络实验。

第 2 步：在 SW–1 交换机创建 VLAN。

```
SW-1#configure terminal
SW-1(config)#vlan 10
SW-1(config-vlan)#vlan 20
```

第 3 步：将 F0/1 端口加入 VLAN 10，F1/1 端口加入 VLAN 20。

```
SW-1(config-vlan)#exit
SW-1(config)#interface fastEthernet 0/1
SW-1(config-if)#switchport access vlan 10
SW-1(config-if)#int f0/2
SW-1(config-if)#switchport access vlan 20
```

第 4 步：测试网络连通性

```
C:\>ping 192.168.1.2
Pinging 192.168.1.2 with 32 bytes of data:
Request timed out.
Request timed out.
Request timed out.
Request timed out.
Ping statistics for 192.168.1.2:
Packets: Sent = 4, Received = 0, Lost = 4 (100% loss),
```

通过案例 1 的实验，完整测试了同一个交换机上，处于不同 VLAN 的端口是不能通信的，即同一个交换机不同 VLAN 之间是隔离的。

4.4.2 静态路由配置案例

静态路由（Static Routing）是一种路由的方式，路由项由手动配置，而非动态决定。与动态路由不同，静态路由是固定的，即使网络状况已经改变或是重组也不会改变。一般来说，静态路由是由网络管理员逐项加入路由表。

案例 2 通过在路由器 R1 和路由器 R2 中添加静态路由表，实现 PC1 与 PC2 相互通信。案例的网络拓扑如图 4-19 所示，网络设备端口连接见表 4-4，端口 IP 地址信息见表 4-5。

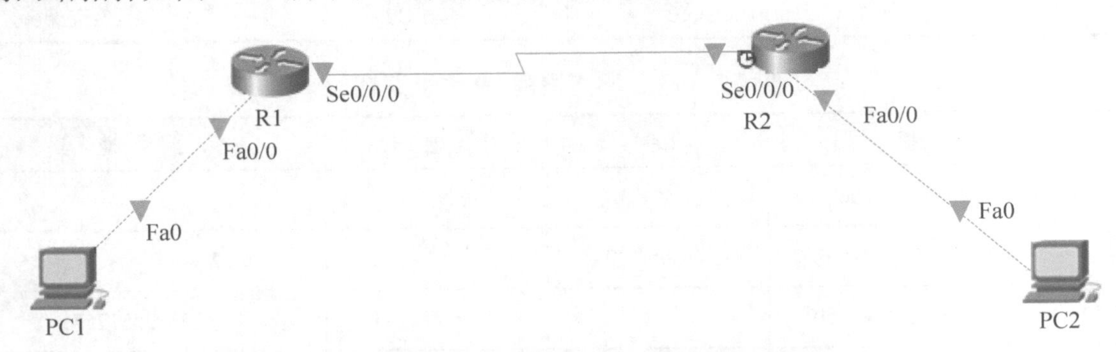

图 4-19 案例 2 拓扑结构图

表4-4 网络设备端口连接表

设　备	接　口	对端设备	对端接口
R1	FastEthernet0/0	PC1	FastEthernet0
R1	Serial0/0/0	R2	Serial0/0/0
R2	FastEthernet0/0	PC2	FastEthernet0
R2	Serial0/0/0	R1	Serial0/0/0

表4-5 网络设备IP地址规划

设　备	接　口	IP 地 址	子网掩码	网关地址
R1	FastEthernet0/0	192.168.1.1	255.255.255.0	
R1	Serial0/0/0	192.168.2.1	255.255.255.0	
R2	FastEthernet0/0	192.168.3.1	255.255.255.0	
R2	Serial0/0/0	192.168.2.254	255.255.255.0	
PC1	FastEthernet0	192.168.1.10	255.255.255.0	192.168.1.1
PC2	FastEthernet0	192.168.3.10	255.255.255.0	192.168.3.1

案例2操作步骤如下。

第1步：配置路由器R1。配置设备名称、端口地址等信息。

```
Router>enable
Router#configure terminal
Router(config)#hostname R1
R1(config)#interface s0/0/0
R1(config-if)#no shutdown
R1(config-if)#ip address 192.168.2.1 255.255.255.0
R1(config-if)#exit
R1(config)#interface f0/0
R1(config-if)#no shutdown
R1(config-if)#ip address 192.168.1.1 255.255.255.0
```

第2步：配置路由器R2。配置设备名称、端口地址等信息。

```
Router>enable
Router#configure terminal
Router(config)#hostname R2
R2(config)#interface s0/0/0
R2(config-if)#no shutdown
R2(config-if)#ip address 192.168.2.254 255.255.255.0
R2(config-if)#exit
R2(config)#interface f0/0
R2(config-if)#no shutdown
R2(config-if)#ip address 192.168.3.1 255.255.255.0
```

第 3 步：配置 PC1 和 PC2 的 IP 地址及网关地址，配置内容如图 4-20 和图 4-21 所示。

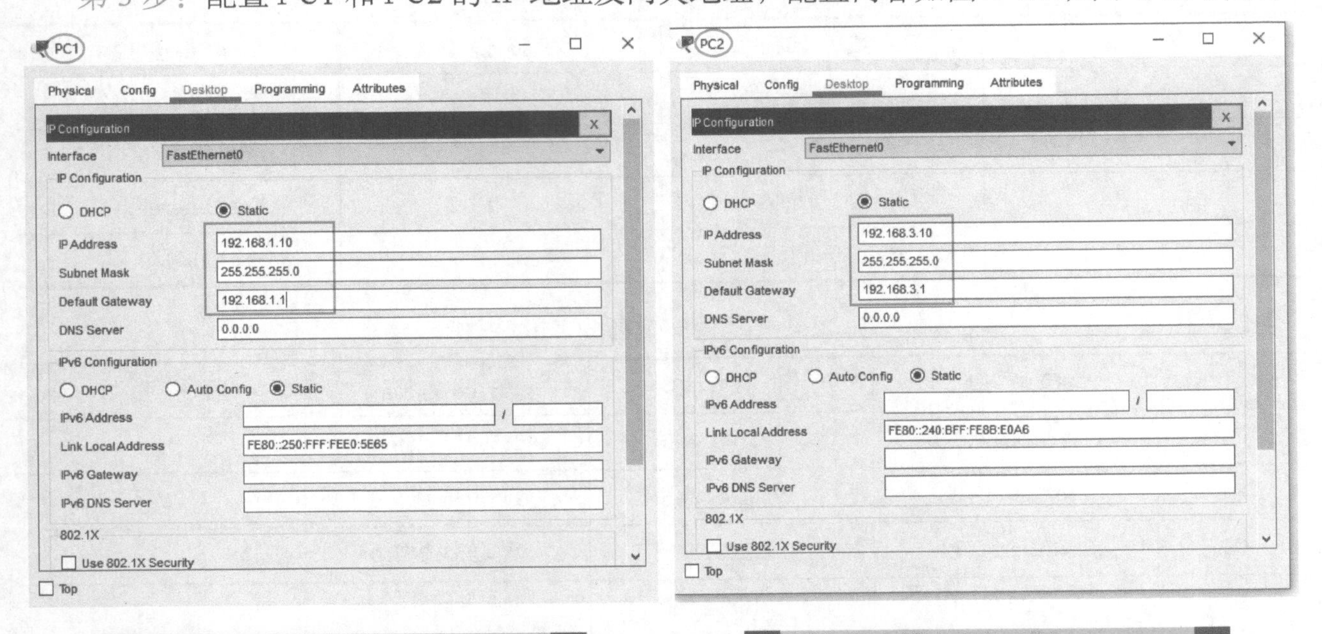

图 4-20　PC1 配置 IP 地址

图 4-21　PC2 配置 IP 地址

第 4 步：在路由器 R1 中添加静态路由。

```
R1(config)#ip route 192.168.3.0 255.255.255.0 192.168.2.254
```

第 5 步：在路由器 R2 中添加静态路由。

```
R2(config)#ip route 192.168.1.0 255.255.255.0 192.168.2.1
```

第 6 步：测试网络连通性。

```
C:\>ping 192.168.3.10
Pinging 192.168.3.1 with 32 bytes of data:
Reply from 192.168.3.10: bytes=32 time=6ms TTL=126
Reply from 192.168.3.10: bytes=32 time=5ms TTL=126
Reply from 192.168.3.10: bytes=32 time=6ms TTL=126
Reply from 192.168.3.10: bytes=32 time=8ms TTL=126
Ping statistics for 192.168.3.1:
Packets: Sent = 4, Received = 4, Lost = 0 (0% loss),
```

案例 2 的实验，通过手动添加路由表，实现不同网络的相互通信，验证了静态路由表的作用。

4.4.3　RIP 动态路由配置案例

动态路由是指路由器能够自动地建立自己的路由表，并且能够根据实际情况的变化适时地进行调整。

动态路由是与静态路由相对的一个概念，指路由器能够根据路由器之间的交换的特定路由信息自动地建立自己的路由表，并且能够根据链路和节点的变化适时地进行自动调整。常见的动态路由协议有 RIP（路由信息协议）和 OSPF（开放最短路径优先），大家通过学习 RIP 路由配置，认识动态路由。

案例 3 通过在路由器 R1 和路由器 R2 中实施 RIPv2 动态路由配置，实现 PC1 与 PC2 相互通信，并测试 PC 终端是否连通。案例网络拓扑如图 4-22 所示，网络设备端口连接见表 4-6，端口 IP 地址信息见表 4-7。

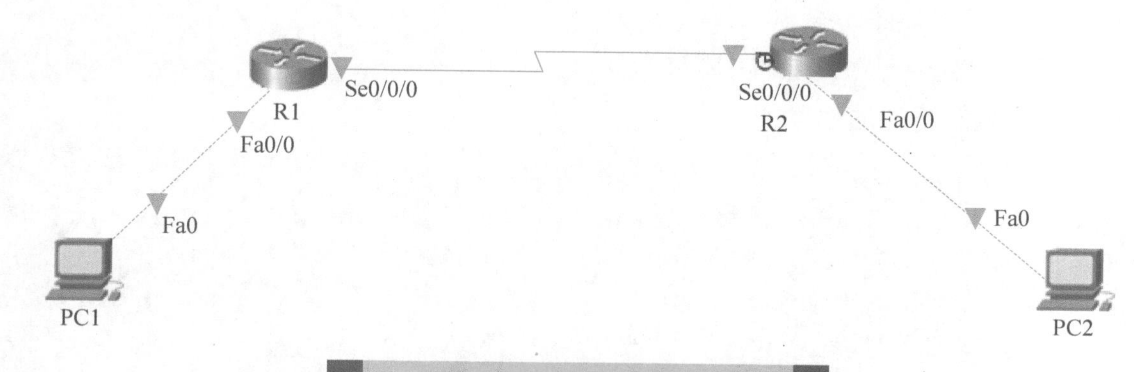

图 4-22 案例 3 拓扑结构图

表 4-6 网络设备端口连接表

设 备	接 口	对端设备	对端接口
R1	FastEthernet0/0	PC1	FastEthernet0
R1	Serial0/0/0	R2	Serial0/0/0
R2	FastEthernet0/0	PC2	FastEthernet0
R2	Serial0/0/0	R1	Serial0/0/0

表 4-7 网络设备 IP 地址规划

设 备	接 口	IP 地 址	子网掩码	网关地址
R1	FastEthernet0/0	192.168.1.1	255.255.255.0	
R1	Serial0/0/0	192.168.2.1	255.255.255.0	
R2	FastEthernet0/0	192.168.3.1	255.255.255.0	
R2	Serial0/0/0	192.168.2.254	255.255.255.0	
PC1	FastEthernet0	192.168.1.10	255.255.255.0	192.168.1.1
PC2	FastEthernet0	192.168.3.10	255.255.255.0	192.168.3.1

案例 3 操作步骤如下。

第 1 ～ 3 步：参照案例 2 完成配置。

第 4 步：路由器 R1 中启用 RIP。

```
R1(config)#router rip
R1(config-router)#version 2
```

```
R1(config-router)#network 192.168.1.0
R1(config-router)#network 192.168.2.0
```

第 5 步：路由器 R2 中启用 RIP。

```
R2(config)#router rip
R2(config-router)#version 2
R2(config-router)#network 192.168.2.0
R2(config-router)#network 192.168.3.0
```

第 6 步：测试网络连通性。

```
C:\>ping 192.168.3.10
Pinging 192.168.3.1 with 32 bytes of data:
Reply from 192.168.3.10: bytes=32 time=13ms TTL=126
Reply from 192.168.3.10: bytes=32 time=4ms TTL=126
Reply from 192.168.3.10: bytes=32 time=1ms TTL=126
Reply from 192.168.3.10: bytes=32 time=3ms TTL=126
Ping statistics for 192.168.3.1:
Packets: Sent = 4, Received = 4, Lost = 0 (0% loss),
```

案例 3 的实验，实施动态路由协议配置，实现不同网络的相互通信，验证了动态路由表的实现原理及作用。

知识拓展——RIPv1 和 RIPv2 有什么区别?

RIPv1 是有类路由协议，RIPv2 是无类路由协议。

RIPv1 不能支持 VLSM，RIPv2 可以支持 VLSM。

RIPv1 在主网络边界不能关闭自动汇总（没有手工汇总的功能），RIPv2 可以在关闭自动汇总的前提下进行手工汇总（v1 不支持主网络被分割，v2 支持主网络被分割）。

习　题

一、单项选择题

1．双绞线分为屏蔽双绞线和非屏蔽双绞线，其中屏蔽双绞线英文简称为（　　），非屏蔽双绞线英文简称为（　　）。

A．STP，UDP　　B．STP，UTP　　C．UTP，STP　　D．UDP，STP

2．双绞线内部的铜线两根一组进行绞合，其目的是（　　）。

A．好拉伸　　B．易识别　　C．抗干扰　　D．好看

3．针对不同的传输介质，Ethernet 网卡提供了相应的接口，其中适用于非屏蔽双绞线的网卡应提供（　　）。

A．AUI 接口　　B．BNC 接口　　C．RS-232 接口　　D．RJ-45 接口

4. 网卡实现的主要功能是（ ）。

A. 物理层与网络层的功能　　B. 网络层与应用层的功能

C. 物理层与数据链路层的功能　　D. 网络层与表示层的功能

5. 集线器工作于 OSI 模型中的（ ）。

A. 物理层　　B. 数据链路层　　C. 网络层　　D. 应用层

6. 下列采用 RJ-45 接头作为连接器件的传输介质是（ ）。

A. 闭路线　　B. 电话线　　C. 双绞线　　D. 音频线

7. 下列可以表示双绞线类别的是（ ）。

A. 宽带和窄带　　B. 模拟和数字　　C. 基带和频带　　D. 屏蔽和非屏蔽

8. 双绞线制作 EIA/TIA 568B 的标准线序是（ ）。

A. 白绿、绿、白橙、蓝、白蓝、橙、白棕、棕

B. 白橙、橙、白绿、蓝、白蓝、绿、白棕、棕

C. 橙、白橙、绿、白蓝、蓝、白绿、白棕、棕

D. 绿、白绿、橙、白蓝、蓝、白橙、白棕、棕

9. 下列传输介质抗干扰能力最强，安全性和保密性最好的是（ ）。

A. 光纤　　B. 电话线　　C. 无线电波　　D. 同轴电缆

10. 下列不属于无线传输介质的是（ ）。

A. 微波　　B. 激光　　C. 红外线　　D. 同轴电缆

11. 计算机与传输介质之间的物理接口是（ ）。

A. 闪卡　　B. 声卡　　C. 显卡　　D. 网卡

12. 下列双绞线中，传输速率最高的是（ ）。

A. 3 类线　　B. 4 类线　　C. 5 类线　　D. 6 类线

13. 在双绞线中增加屏蔽层可以减少（ ）。

A. 信号衰减　　B. 电磁干扰　　C. 物理损坏　　D. 电缆阻抗

14. 下列关于路由器的描述不正确的是（ ）。

A. 至少有两个网络接口　　B. 用于网络之间的连接

C. 主要功能是路由选择　　D. 在 OSI 模型的物理层

15. 10BASE-T 以太网使用的传输介质是（ ）

A. 光纤　　B. 双绞线

C. 电话线　　D. 同轴电缆

16. 下列 MAC 地址正确的是（ ）。

A. 54-18-56-88-16　　B. 21-10-4C-66-53

C. 00-06-5E-4C-A5-B0　　D. 10-16-7B-5C-21-2H

17. 有一种互联设备工作于网络层，它既可以用于相同（或相似）网络间的互联，也可以用于异构网络间的互联，这种设备是（ ）。

A．集线器　　B．交换机　　C．路由器　　D．网关

18．第三层交换机中的第三层指的是具有（　　）功能的交换机。

A．智能管理　　B．路由　　C．网关　　D．防火墙

19．以下（　　）属于路由器的主要功能。

A．连接局域网的主机　　B．快速传输电子邮件

C．有效病毒防护　　D．为数据帧寻找最佳传输路径

20．交换机不具有下面哪项功能？（　　）。

A．转发过滤　　B．回路避免　　C．路由转发　　D．地址学习

二、多项选择题

1．下列工作在物理层的网络设备有（　　）。

A．中继器　　B．集线器　　C．交换机　　D．路由器

2．下列工作在数据链路层的网络设备有（　　）。

A．网卡　　B．网桥　　C．交换机　　D．路由器

3．在 VLAN 中定义 VLAN 的好处有（　　）。

A．广播控制　　B．网络监控　　C．安全性　　D．流量管理

4．关于 VLAN，下面说法正确的是（　　）。

A．隔离广播域

B．相互通信要通过三层设备

C．可以限制网上的计算机互相访问的权限

D．只能在同一交换机上的主机进行逻辑分组

5．动态路由协议具有哪两项功能？（　　）

A．维护路由表　　B．确保低路由器开销

C．避免暴露网络信息　　D、发现网络

E．选择由管理员指定的路径

三、判断题

1．5 类双绞线的最高传输速率是 100Mbit/s。（　　）

2．同类双绞线中，屏蔽双绞线的抗干扰性和非屏蔽双绞线一样。（　　）

3．交换机的地址学习功能主要学习的是数据帧的目的 MAC 地址。（　　）

4．路由器的主要工作是为经过路由器的每个数据帧寻找一条最短传输路径。（　　）

5．静态路由表是由系统管理员事先设置好固定的路由表。（　　）

6．一台计算机上只能安装一个网卡。（　　）

7．双绞线是网络中传输速率最高的传输介质。（　　）

8．防火墙是设置在内部网络和外部网络之间的一道屏障。（　　）

9．在计算机网络中，路由器可以实现局域网和广域网的连接。（　　）

10．交换机是大型网络中常用的设备，不适用于局域网。 （ ）

四、填空题

1．路由器为了完成路由的工作，在路由器中保存着各种传输路径的相关数据，称之为____________。

2．网卡地址也称为____________地址。

3．计算机网络按传输介质分类，可以分为有线网和____________。

4．光纤可以分为____________和____________。

5．用5类双绞线制作一根交叉线，一端采用EIA/TIA 568B标准，另一端采用____________标准。

6．路由表包括静态路由表和____________。

7．基带同轴电缆中，细缆的单段最远连接距离为______m，粗缆的单段最远连接距离为______m。

8．交换机利用______地址来确定转发数据的目的地址。

9．路由器则利用______地址来确定数据转发的地址。

10．交换机只能分割__________，路由器还可以分割__________，从而避免了“广播风暴”。

五、简答题

1．请简述非屏蔽5类RJ–45直通线的制作过程。

2．请简述交换机的工作原理。

Unit 5

单元 5 Internet 基础

导读

Internet 是全球最具影响力的计算机网络，也是全球重要的信息资源网，实现全球资讯的快速互联互通。Internet 技术推动了数字技术快速发展，而数字技术使信息社会的生产工具智能化，引发一系列的生产力革命。中国北斗卫星导航系统就是依托数字化智能化技术快速组网，建成中国技术下的地球村；云网融合技术正在打破传统模式，重构了项目开发和运维模式。

学习目标

知识目标：

✧ 了解 HTML、常见 Web 技术。

✧ 了解下一代互联网和 Internet 新技术。

✧ 了解 Internet 国内外发展过程、网络基本服务与常见 Internet 功能。

能力目标：

✧ 能够描述 URL 各部分的含义。

✧ 能够识别常见域名，描述 DNS 解析过程。

✧ 能够描述常见的 Internet 接入技术的接入方案。

素养目标：

✧ 培养科技强国的使命感。

✧ 了解北斗系统，增进民族自豪感，增强四个自信。

知识梳理

本单元知识梳理，如图 5-1 所示。

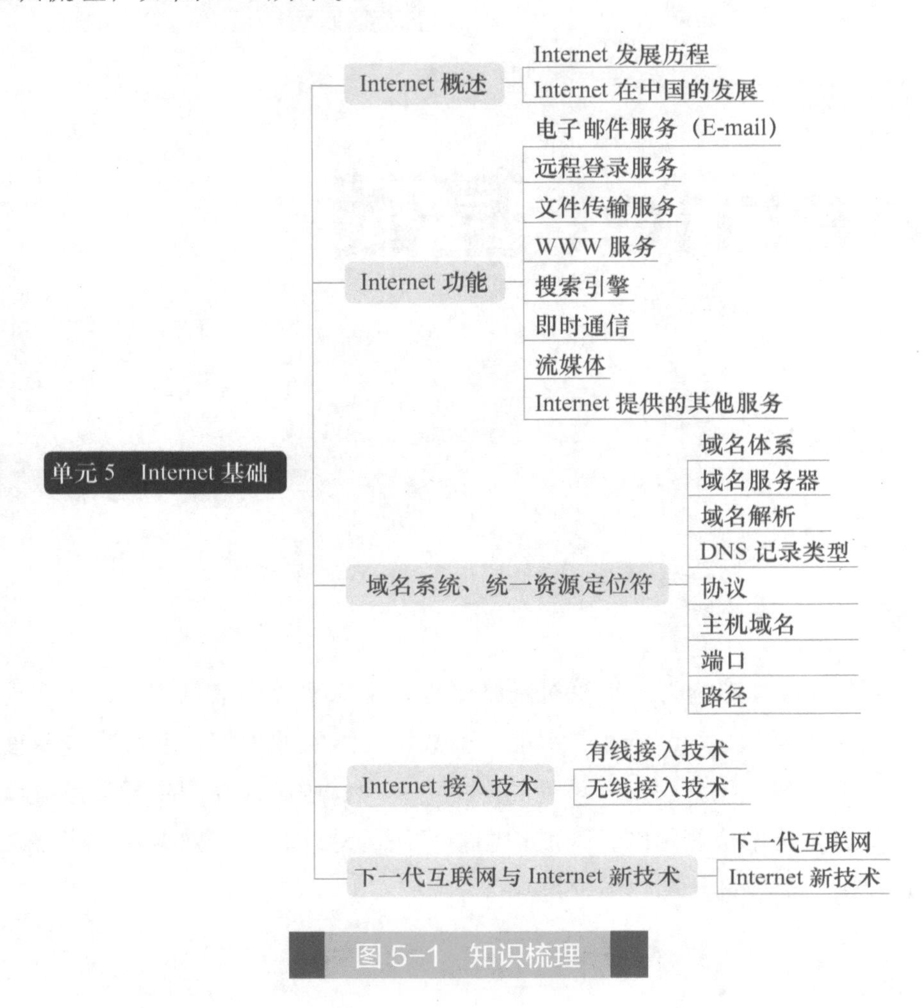

图 5-1 知识梳理

5.1 Internet 概述

Internet（互联网）是一组全球信息资源的总汇。根据《中国互联网络发展状况统计报告》，截至 2021 年 6 月，我国网民规模达 10.11 亿，全球使用互联网的人数接近 47 亿。

5.1.1 Internet 发展历程

和计算机网络发展一样，Internet 的发展，也大致经历了 4 个发展阶段：

1）ARPANET 的诞生。1969 年，美国国防部高级研究计划署建立名为 ARPANET（阿帕网）的网络，创建的初衷是用于军事用途，将位于各个节点的大型计算机，通过交换机和通信线路连接。ARPANET 是 Internet 最早的雏形。

2）TCP/IP 产生。1972 年，全世界计算机业和通信业的专家学者在美国华盛顿举行了第一届国际计算机通信会议，会议决定成立 Internet 工作组，建立能保证计算机之间进行通信的标准规范，1974 年，TCP/IP 问世。

3）NSFNET。Internet 第一次快速发展源于美国国家科学基金会（NSF）介入。20 世纪 80 年代中期，利用 ARPANET 发展出来的 TCP/IP，建立名为 NSFNET 的广域网。

4）万维网技术的出现。

5.1.2 Internet 在中国的发展

Internet 在中国的发展历程可以大略地划分为 3 个阶段：

第一阶段，1986 年 6 月～1993 年 3 月是研究试验阶段。1987 年 9 月 14 日我国科研人员在北京试发电子邮件后等待来自卡尔斯鲁厄大学的正确字符。这是从北京向海外发出的第一封电子邮件，从此揭开了中国人使用互联网的序幕。第一封电子邮件由钱天白教授发出，内容是“越过长城，走向世界”。

在此期间我国一些科研部门和高等院校开始研究 Internet 联网技术，并开展了科研课题和科技合作工作。这个阶段的网络应用仅限于小范围内的电子邮件服务，而且仅为少数高等院校、研究机构提供电子邮件服务。

第二阶段，1994 年 4 月～1996 年是起步阶段。1994 年 4 月，NCFO 工程接入 Internet 的 64Kb 国际专线开通，实现了与 Internet 的全功能连接。从此我国被国际上正式承认为有互联网的国家。之后，我国的四大骨干网络（中国公用计算机互联网 ChinaNet、中国教育与科研计算机网 CERnet、中国科学技术网 CSTnet、中国金桥信息网 ChinaGBnet）全国范围内相继启动，互联网开始进入公众生活，并在我国得到了迅速的发展。

第三阶段，1997 年至今，快速增长阶段。国家高度重视信息基础设施的建设，建立“信息高速公路”，即创建一个高速率、大容量、多媒体化的信息传输网络。1997 年以后，随着国家一系列 Internet 工程建设，Internet 在我国得到快速发展，并在学习、工作、娱乐生活中发挥巨大作用。时至今日形成了十大骨干网。

知识拓展——三网融合

1997 年 4 月，全国信息化工作会议首次提出三网（电信网、广播电视网、计算机网）的概念。2010 年国务院加快推进电信网、广播电视网和互联网三网融合。

三网相互渗透、互相兼容并逐步整合成为统一的信息通信网络。

5.2 Internet 功能

扫码看视频

Internet 的功能有很多，主要有电子邮件、远程登录、文件传输、WWW、搜索引擎、即时通信、流媒体服务等。

5.2.1 电子邮件服务（E-mail）

电子邮件服务是目前 Internet 最常见、应用最广泛的一种服务。与传统邮件比，具有传输速度快、内容和形式多样、使用方便、费用低、安全、服务好等特点。

1. 常用电子邮件协议

1) SMTP。简单邮件传输协议使用 TCP 端口 25，主要用于邮件服务器之间传输邮件信息，其通信模型如图 5-2 所示。

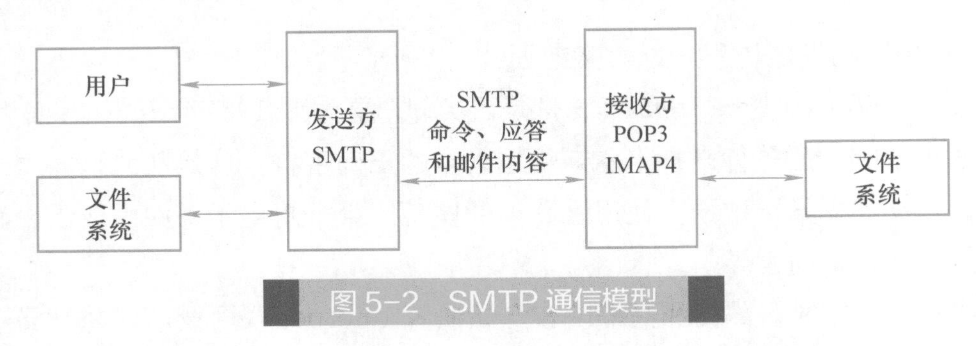

图 5-2 SMTP 通信模型

2）MIME 协议。多用途互联网邮件扩展类型，扩展了电子邮件标准，使其能够支持非 ASCII 字符文本；非文本格式附件（二进制、声音、图像等）等。

3）POP3。邮局协议版本 3，允许用户从服务器上把邮件存储到本地主机上，同时删除邮件服务器上的邮件。POP3 使用 TCP 端口 110。

4) IMAP4，互联网报文访问协议版本 4，使用 143 端口。报文存取协议，用于下载电子邮件，在用户未发出删除邮件命令前，服务器邮箱中的邮件一直保存。它与 POP3 的主要区别是用户可以不用把所有的邮件全部下载，可以通过客户端直接对服务器上的邮件进行操作。

2. 电子邮件地址构成

格式为“username@domain_name”，由三部分组成。“username”代表用户信箱的账号，对于同一个邮件服务器来说，这个账号是唯一的；“@”是分隔符；“domain_name”是用户信箱的邮件接收服务器域名。

3. 电子邮件系统组成

有了标准的电子邮件格式之后，电子邮件的发送和接收还要依托电子邮件系统。

(1) 用户代理

用户代理（UA）是用户与电子邮件系统之间的接口，在大多数情况下就是用户计算机中运行的程序。目前用户代理主要界面是窗口化界面，允许用户读取和发送电子邮件，如 Outlook、Hotmail、Foxmail 及基于 Web 界面（见图 5-3）的用户代理程序等。

(2) 邮件服务器

邮件服务器是电子邮件系统的核心构件，包括邮件发送服务器和邮件接收服务器。

(3) 邮件协议

用户在发送、接收邮件时，要使用相应的协议。

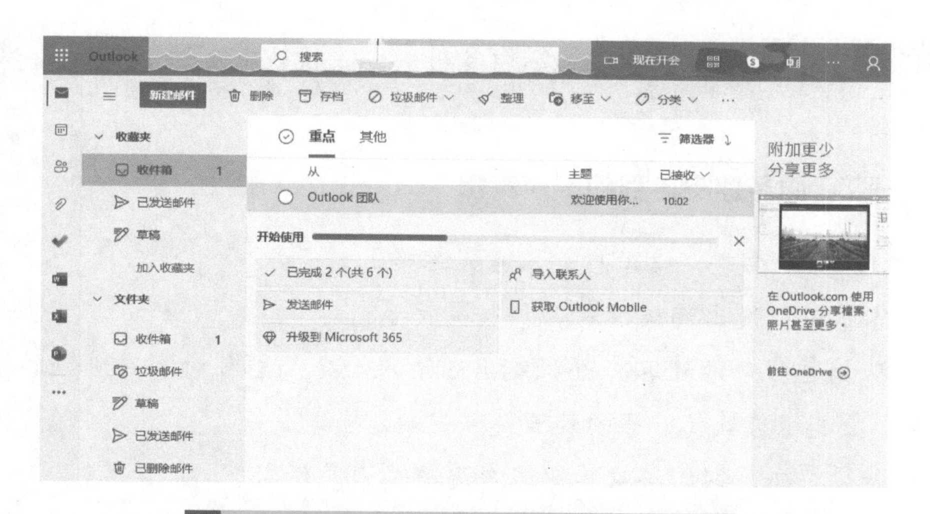

图 5-3 Outlook Web 界面样式

5.2.2 远程登录服务

1. 远程登录

远程登录是一种远程访问工具。利用远程登录，可在家操作远程计算机。在用户的计算机上使用 Telnet 程序，用它连接到远程计算机。用户可以在 Telnet 程序中输入命令，这些命令会在远程计算机中运行，就像直接在本地计算机的控制台上输入一样，可以在本地就能控制服务器。

2. 远程桌面连接

远程桌面连接使用 Microsoft 的远程桌面协议（RDP）进行工作，与 Telnet 相比，“远程桌面”在功能、配置、安全等方面有了很大的改善。它好比是远程登录的图形化。

5.2.3 文件传输服务

1. 文件传输服务

文件传输服务（FTP）允许用户将本地计算机中的文件传输到远程的计算机中，或将远程计算机中的文件复制到本地计算机中。

FTP 服务采用典型的客户端 / 服务器工作模式，其工作原理如图 5-4 所示。将文件从服务器传到客户端称为“下载”，而将文件从客户端传到服务器称为“上传”。

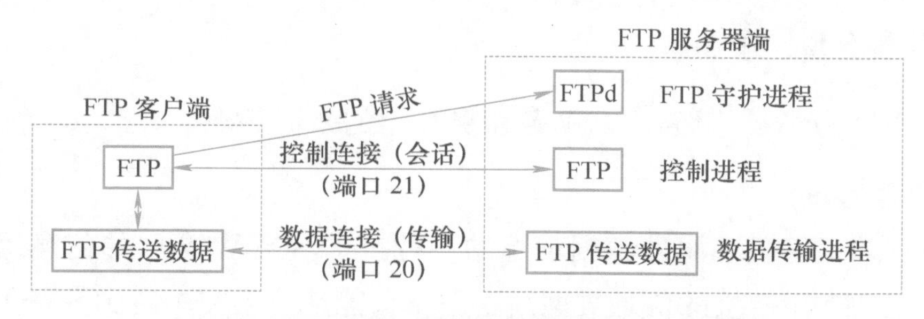

图 5-4 FTP 工作原理示意图

用户使用的 FTP 客户端应用程序通常有 3 种类型：传统的 FTP 命令行、浏览器、FTP 下载工具。

知识拓展——FTP 服务器主进程的工作步骤

1）打开 TCP 21 端口，使客户进程能够连接上。

2）等待客户进程发出连接请求。

3）启动从属进程来处理客户进程发出的请求。从属进程对客户进程的请求处理完毕后即终止。主进程与从属进程的处理是并发地进行。

4）回到等待状态，继续接收其他客户进程发来的请求。

2．Bit Torrent

Internet 下载方式主要有两种：直接从网页下载和使用断点续传软件下载。

在 FTP 等由服务器端传送到客户端的下载方式中，有一台中央服务器，里面存放着共享的资源，在中央服务器周围，分布着很多用户终端，它们之间靠一对一的线路连接。这样就出现一个问题，随着用户的增多，对带宽的要求也随之增多，就会造成网络瓶颈。

但是用 BT（Bit Torrent）下载反而是用户越多下载越快。如图 5-5 所示，这样不但减轻了服务器端的负荷，也加快了用户方的下载速度。所以说下载的人越多，下载的速度也就越快。

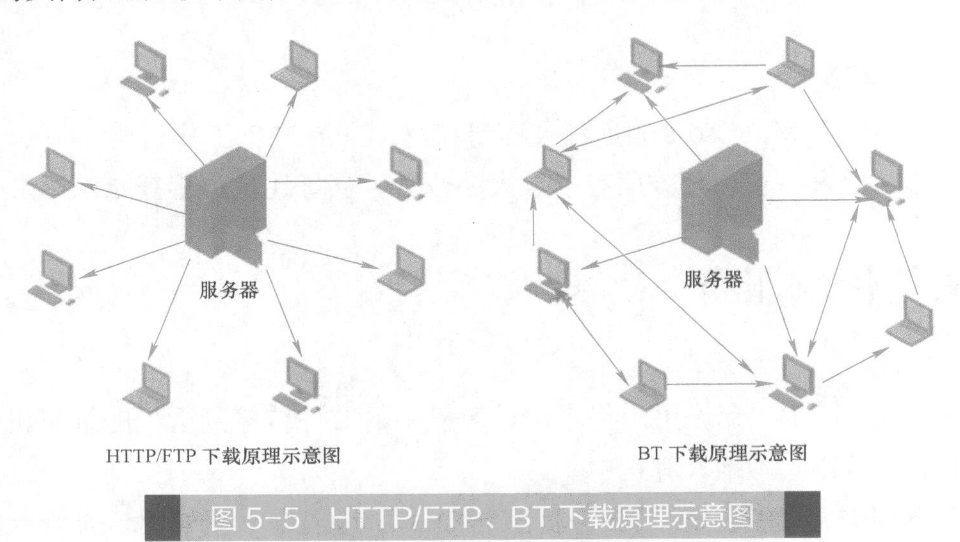

图 5-5　HTTP/FTP、BT 下载原理示意图

5.2.4　WWW 服务

WWW 服务也称为 Web 服务，WWW 服务使用的是 HTML。

1．超文本与超媒体

超文本和超媒体是管理多媒体数据信息的一种技术，是 WWW 的信息组织形式。超媒体进一步扩展了超文本所链接的信息类型。用户不仅能从一个文本转到另一个文本，而且可以激活声音，显示一个图形甚至播放一段视频或动画。

2. WWW 浏览器

WWW 的客户端程序在互联网上被称为 WWW 浏览器，它是用来浏览互联网上 Web 页面的软件。

在 WWW 服务系统中，WWW 浏览器负责接收用户的请求，并利用 HTTP 将用户的请求传送给 WWW 服务器。在服务器请求的页面返回到浏览器后，浏览器再对页面进行解释，显示在用户的屏幕上。

(1) 浏览器的组成

浏览器的界面多种多样，窗口各部分功能如图 5-6 所示。

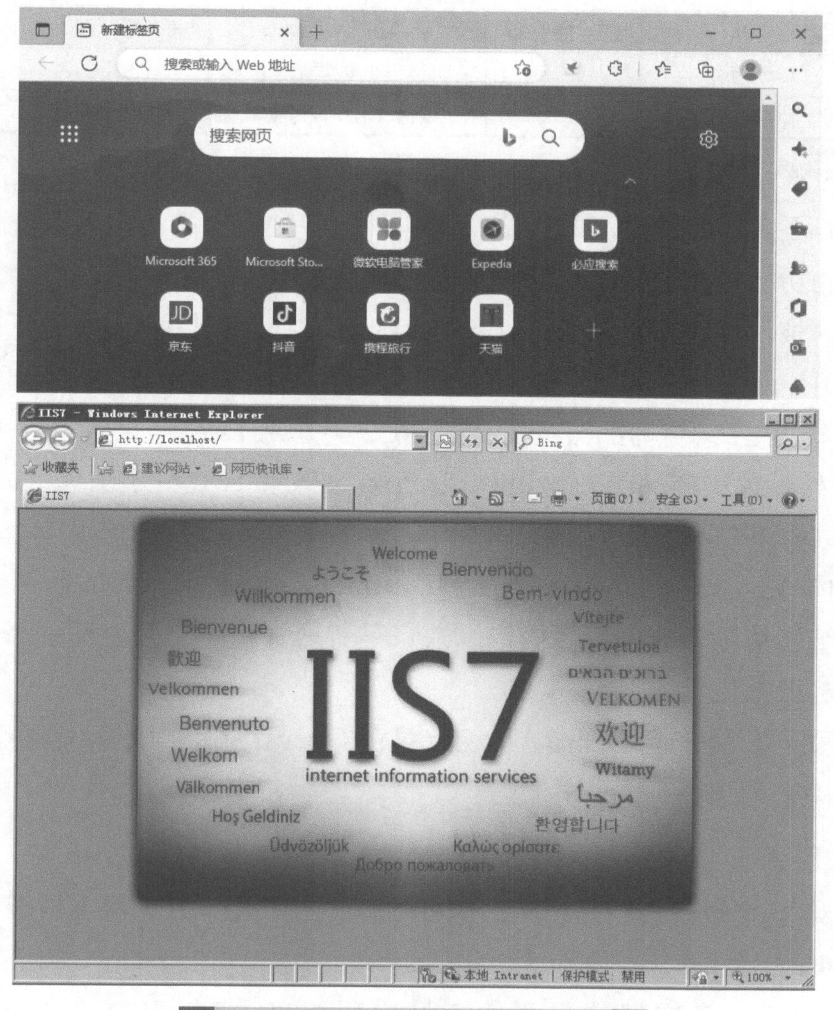

图 5-6 不同浏览器的界面

1) 地址栏：用于输入网站的地址。在地址栏中还附带了 IE 中常用命令的快捷按钮，刷新、停止、主页等按钮如 5-7 所示。

图 5-7 按钮（后退、前进、刷新、主页）

2) 菜单栏：由“文件”“编辑”“查看”“收藏夹”（或称“书签”）“工具”和“帮

助”菜单组成。每个菜单中包含了控制 IE 工作的相关命令选项，这些选项包含了浏览器的所有操作与设置功能。

3）选项卡：可以以选项卡的方式打开网站的页面，一个选项卡即 1 个页面。

4）页面窗口：是 IE 浏览器的主窗口，访问的网页内容显示在此。

5）状态栏：实时显示当前的操作和下载 Web 页面的进度情况。正在打开网页时，还会显示网站打开的进度。另外，通过状态栏还可以缩放网页。

常见的浏览器快捷键见表 5-1。

表 5-1 常见的浏览器快捷键

快捷键	功能	快捷键	功能	快捷键	功能
F5	刷新页面	Alt+F4	关闭当前标签页 / 选项卡	F12	进入开发者模式
Ctrl+F	页面内查找	Ctrl+D	将当前页面添加到收藏夹	Ctrl+H	查看历史记录

（2）浏览器内核

浏览器的种类很多，但是主流的内核只有 4 种。各种不同的浏览器，就是在主流内核的基础上添加不同的功能构成的。主流的浏览器内核为：

1）Trident 内核：代表产品为 Internet Explorer，又称其为 IE 内核。是微软开发的一种排版引擎。使用 Trident 渲染引擎的浏览器有：IE、傲游、世界之窗浏览器、腾讯 TT 等。2021 年微软宣布旗下 IE 浏览器的服务支持于 2022 年 6 月 15 日停止。

2）Gecko 内核：代表产品为 Mozilla Firefox x、Netscape 6 ～ 9。Gecko 是一套开放源代码，以 C++ 编写的网页排版引擎。

3）WebKit 内核：代表产品有 Safari、Chrome、Edge。WebKit 是一个开源项目，它的特点在于源码结构清晰、渲染速度极快。缺点是对网页代码的兼容性不高，导致一些编写不标准的网页无法正常显示。

4）Presto 内核：代表产品 Opera。Presto 是由 Opera Software 开发的浏览器排版引擎，供 Opera 7.0 及以上使用。

3. Web 开发技术

Web 是一种典型的分布式应用结构。Web 开发技术大体上也可以被分为客户端技术和服务端技术两大类。

Web 客户端技术：客户端的主要任务是展现信息内容。Web 客户端技术主要包括 HTML、Java Applets、脚本程序、CSS 等。

Web 服务端技术：Web 服务端的开发技术也是由静态向动态逐渐发展、完善起来的。服务端主要包括 CGI、PHP、ASP、.NET 和 JSP 技术等。

4. HTML

HTML 即超文本标记语言，是 WWW 的描述语言。以下是一个最基本的 HTML 文档代码：

```
<HTML>
    <HEAD>
```

```
        <TITLE> 网页标题 </TITLE>
    </HEAD>
    <BODY>
        <h1> h1 标题 </h1>
        <p> 网页正文段落 </p>
    </BODY>
</HTML>
```

5.2.5 搜索引擎

搜索引擎是根据用户需求与一定算法，从互联网检索出信息反馈给用户的检索技术（如网络爬虫技术、检索排序技术、网页处理技术、大数据处理技术、自然语言处理技术等），为用户提供快速、高相关性的信息服务。

1．搜索引擎的工作过程

主要有 3 个部分：一是蜘蛛在互联网上爬行和抓取网页信息，并存入原始网页数据库；二是对原始网页数据库中的信息进行提取和组织，并建立索引库；三是根据用户输入的关键词，快速找到相关文档，并对找到的结果进行排序，将查询结果返回给用户。

2．搜索引擎的分类

从功能和原理上搜索引擎大致被分为 4 大类，它们各有特点并适用于不同的搜索环境。灵活选用搜索方式是提高搜索引擎性能的重要途径。

1）全文搜索引擎是利用爬虫程序抓取互联网上所有相关文章予以索引的搜索方式。

2）元搜索引擎是基于多个搜索引擎结果并对之整合处理的二次搜索方式。

3）垂直搜索引擎是对某一特定行业内数据进行快速检索的一种专业搜索方式。

4）目录搜索引擎是依赖人工收集处理数据并置于分类目录链接下的搜索方式。

5.2.6 即时通信

即时通信（IM）是指能够即时发送和接收互联网消息等的业务。自 1998 年面世以来，发展迅速，功能日益丰富，已经发展成集交流、资讯、娱乐、电子商务、办公协作和企业客户服务等为一体的综合化信息平台，如 YY 语音、QQ、微信、网易 POPO、新浪 UC、百度 HI 等。它不同于 E-mail、BBS、博客、微博等，它是即时的。

5.2.7 流媒体

流媒体是指将一连串的媒体数据压缩后，经过网上分段发送数据，在网上即时传输影音以供观赏的一种技术与过程，特征为流式传输。

流媒体传输网络协议主要有 3 种：实时流协议（RTSP）、实时传输控制协议（RTCP）、实时传输协议（RTP）。因 TCP 需要较多的开销，故不太适合传输实时数据。流式传输一般采用 HTTP/TCP（RTCP）来传输控制信息，而用 RTP/UDP（RTP）来传输实时声音数据。

常用流媒体的格式有 .mov、.asf、.3gp、.swf、.ra、.rm 等。

5.2.8 Internet 提供的其他服务

1．新闻组

网络新闻组（USENET）是一种利用网络、通过电子邮件进行专题研讨的国际论坛。USENET 的基本通信方式是电子邮件，采用多对多的传递方式。用户可以使用新闻阅读程序访问 USENET 服务器、发表意见、阅读网络新闻。

2．电子公告牌

电子公告牌 BBS，翻译成中文为“电子公告牌系统”，也称为“电子论坛”。用户可以利用 BBS 服务与未谋面的网友沟通、组织沙龙、获得帮助、讨论问题及为别人提供信息。在互联网中电子公告牌成千上万，专门用来发布涉及科学研究、艺术欣赏、文学创作、社会、评论、哲学等各种内容的专题，以吸引同行和对此专题感兴趣的人来参加讨论、交流。

5.3 域名系统、统一资源定位符

在以TCP/IP为基础协议的网络上通信时只能识别如202.97.135.160之类的数字地址，而人们在使用网络资源的时候，为了便于记忆和理解，更倾向于使用有代表意义的名称，如 www.sina.com.cn（新浪网），这就是域名。在 Internet，每一个文件都有自己的位置，这就是统一资源定位符（URL）。

5.3.1 Internet 的域名体系

域名和 IP 地址一样，也是互联网上的唯一标识，由用“.”隔开的段组成，每段都有一定的含义，用户就可以很方便地记忆和理解域名。

1．域名体系

域名体系是一个逻辑树状层次化结构的命名空间，这棵树的根是一个虚根，树根在最上面且没有名字，与根直接相连的点称为顶级域。在互联网名称与数字地址分配机构（ICANN）中，顶级域采用了两种划分模式，即通用顶级域和国家代码顶级域，图 5-8 展示了根域、顶级域、主机之间的关系。

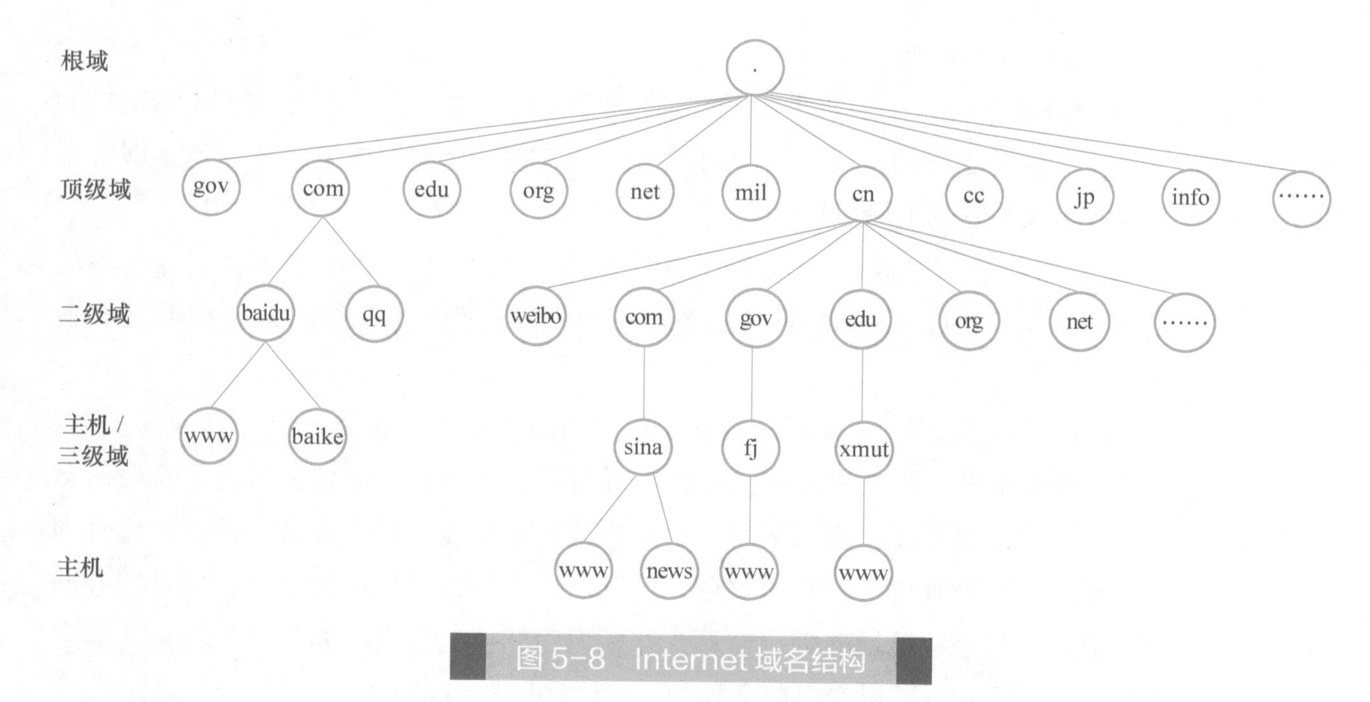

图 5-8　Internet 域名结构

顶级域名可以注册国家域名（如 cn、jp）和通用域名（如 com、edu）。在国家域名下可以注册通用域名和地区域名。在 cn 下可以注册 fj、bj 等。在行业机构域名下可以注册单位域名（如 fjedu），常见的域名划分见表 5-2。在单位注册域名下可以注册主机域名（如 www）。在 CNNIC，域名支持中文字符。

表 5-2　常见的域名划分

顶级域名	分配对象	顶级域名	分配对象
com	商业组织	net	网络支持中心
edu	教育机构	org	非盈利组织以及工业标准组织
gov	政府部门	int	国际组织
mil	军事部门	国家（地区）代码	各个国家（地区）

2．域名服务器

计算机并不认识域名，因此需要将域名和 IP 地址一一对应起来，这个任务由 DNS 域名解析系统来完成。这是一个分布式的数据库系统，域名与 IP 地址的对应关系存储在整个 Internet 中的各个服务器中，承担域名解析任务的服务器叫域名服务器。

（1）域名服务器具有的功能

1）保存主机名称及其对应的 IP 地址的数据库。

2）接受 DNS 客户端提出的查询请求。

3）若在本 DNS 服务器上查询不到，能够自动地向其他 DNS 服务器查询。

4）向 DNS 客户端提供查询的结果。

（2）域名服务器的 3 种类型

1）本地域名服务器：当一个主机发出 DNS 查询报文时，这个报文首先被送往该主机的本地域名服务器。当所要查询的主机也属于同一本地 ISP 时，该本地域名服务器就立即将所能查询到的主机名转换为它的 IP 地址。

2）根域名服务器：目前互联网上有 13 个根域名服务器。当一个本地域名服务器不能立即回答某个主机的查询时，该本地域名服务器就以 DNS 客户的身份向某一根域名服务器查询。

3）授权域名服务器：每一个主机都必须在授权域名服务器处注册登记。

每个域名服务器都维护一个高速缓存，存放最近用过的名字及从何处获得名字映射信息的记录。当客户请求域名服务器转换名字时，服务器首先按标准过程检查它是否被授权管理该名字。若未被授权，则查看自己的高速缓存，检查该名字是否最近被转换过。域名服务器向客户报告缓存中有关名字和地址的绑定信息，并标识为非授权绑定，以及给出获得此绑定的服务器的域名。本地服务器同时也将服务器与 IP 地址的绑定告知客户。

3．域名解析

DNS 解析器会根据用户提供的目标计算机的域名，从右至左依次查询相关的 DNS 名称服务器。整个查询分为以下两类：

1）递归查询。DNS 客户端发送到 DNS 名称服务器的查询，要求 DNS 名称服务器提供完整的查询答案。DNS 名称服务器如果在自己的数据库里没有发现要查询的答案，它必须负责向别的 DNS 名称服务器进行查询，直至找到答案或返回错误信息。

2）迭代查询。DNS 客户端允许 DNS 名称服务器根据自己的高速缓存或 DNS 区域提供最佳答案，如不能答复，则一般会返回一个指针，告诉客户端下级域名空间授权的 DNS 名称服务器地址，DNS 客户端就查询指针指向 DNS 名称服务器，直至查询到答案或返回错误。

4．DNS 记录类型

DNS 记录类型主要有以下几类：

1）A 记录。Address 记录是用来指定主机名（或域名）对应的 IP 地址记录。通俗来说 A 记录就是服务器的 IP。

2）NS 记录。NS 记录是域名服务器记录，用来指定该域名由哪个 DNS 服务器来进行解析。

3）MX 记录。MX 记录是邮件交换记录，它指向一个邮件服务器。

4）CNAME 记录。CNAME 别名记录，允许将多个名字映射到同一台计算机。

5）PTR 值。用于将一个 IP 地址映射到对应的域名，也可以看成是 A 记录的反向，IP 地址的反向解析。

5.3.2　统一资源定位符

统一资源定位符（URL，或称统一资源定位器）用于在 Internet 进行资源的定位，其格式为：

<protocol URL 访问方式 >：//<domain name 主机域名 >< 端口 >/< 路径 >/<file>

具体含义如下：

1）<URL 的访问方式 > 用来指明资源类型，常见服务类型及对应的端口号见表 5-3。

表 5-3　URL 服务类型及对应的端口号

协 议 名	服　务	传 输 协 议	默认端口号
http	WWW 服务	HTTP	80
Telnet	远程登录服务	Telnet	23
ftp	文件传输服务	FTP	21
mailto	电子邮件服务	SMTP	25
news	网络新闻服务	NNTP	119

2）< 主机域名 > 表示资源所在主机名字，是必需的。可以是域名，也可以是 IP 地址形式。

3）< 端口 > 和 < 路径 > 有时可以省略。

4）< 路径 > 用以指出资源在所在机器上的位置，包含路径和文件名，通常为“目录名 / 目录名 / 文件名”，也可以不含有路径。

URL 以斜杠“/”结尾，而没有给出文件名，在这种情况下，URL 引用路径中最后一个目录中的默认文件。

5.4　Internet 接入技术

扫码看视频

作为连接千家万户的接入线路对接入 Internet 的用户来说很重要，就是通常所说要解决好“最后一公里”的问题。接入 Internet 的技术分为两大类：有线传输接入和无线传输接入。

5.4.1　接入技术相关概念

在了解接入技术之前，先来了解以下概念：

1．互联网服务提供者（ISP）

ISP 是用户接入互联网的入口点。在国内，各大互联网运营机构在全国的大中型城市都设立了 ISP。ISP 作用有两方面：一方面为用户提供互联网接入服务；另一方面为用户提供各种类型的信息服务，如电子邮件服务、信息发布代理服务等。用户的计算机（或计算机网络）可以通过多种通信线路连接到 ISP，如图 5-9 所示。

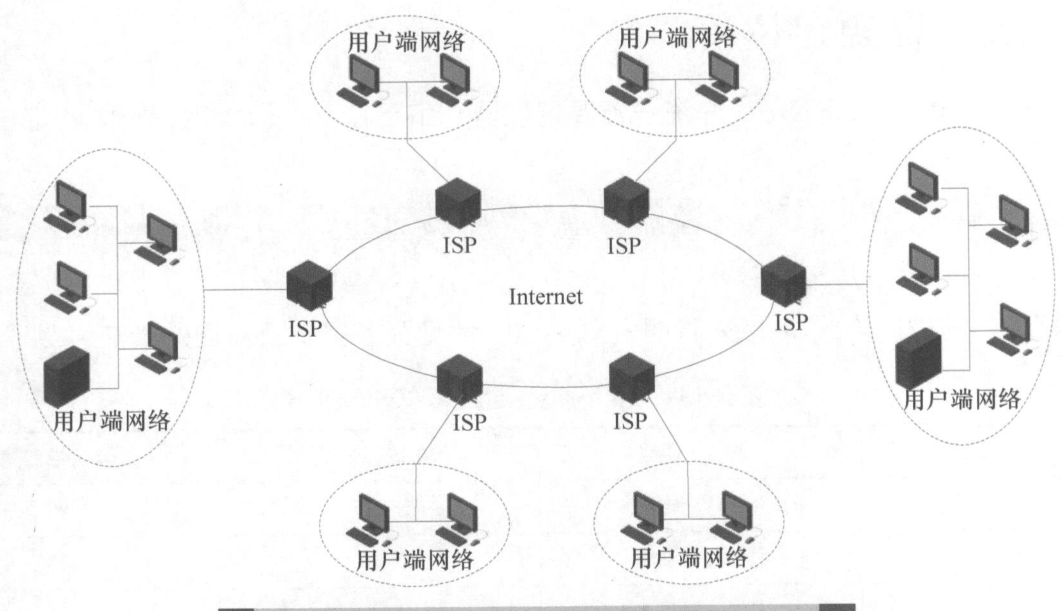

图 5-9 通过 ISP 接入 Internet 示意图

2. PPP

PPP（点对点协议），广泛应用于广域网环境中主机—路由器、路由器—路由器连接以及家庭用户接入 Internet 之中，其特点是简单、具备用户验证能力、支持异步、同步通信和数据报的差错检测、压缩以及可以解决 IP 分配、只支持全双工通信等。可以用于多种类型的物理介质上，包括 RS−232 串口链路、电话线 ISDN 线路、移动电话和光纤。

PPP 位于数据链路层，包括 3 部分：LCP 链路控制协议、NCP 网络控制协议和 PPP 的扩展协议，比如认证协议，最常用的包括密码验证协议 PAP 和挑战握手验证协议 CHAP。

知识拓展——PPPoE

利用以太网资源，在以太网上运行 PPP 来进行用户认证接入的方式称为 PPPoE，它是 PPP 与其他协议共同派生出的符合宽带接入要求的新的协议。平常的拨号上网就是 PPPoE。

5.4.2 有线接入技术

在接入网中，目前可供选择的有线接入方式有很多，各有各的优缺点，具体为：

1. PSTN 接入

电话拨号接入是个人用户接入 Internet 最早使用的方式。它将用户计算机通过电话网接入 Internet。

PSTN（公用电话交换网）技术是利用 PSTN 通过调制解调器拨号实现用户接入的方式。理论上只能提供 33.6Kbit/s 上行速率和 56Kbit/s 下行速率，不能满足宽带多媒体信息的传输需求。随着宽带的发展和普及，这种方式已被淘汰。

2. ISDN接入

ISDN（综合业务数字网）接入，俗称“一线通”，是普通电话拨号接入和宽带接入之间的过渡方式。它采用数字传输和数字交换技术，将电话、传真、数据、图像等多种业务综合在一个统一的数字网络中进行传输和处理。用户利用一条ISDN用户线路就可以在上网的同时拨打电话、收发传真。ISDN基本速率接口有两条64Kbit/s的信息通路和一条16Kbit/s的信令通路。

3. 专线接入

对于上网计算机较多、业务量大的企业用户，可以采用租用电信专线的方式接入Internet。我国现有的几大基础数据通信网络（如中国公用数字数据网China DDN等）均可提供线路租用业务。DDN专线接入最为常见，应用较广。

4. xDSL接入

（1）ADSL（非对称数字用户环路）

ADSL是一种能够通过普通电话线提供宽带数据业务的技术。ADSL下行速率高、频带宽、性能优、安装方便、不需要交纳电话费。

ADSL方案的最大特点是不需要改造信号传输线路，完全可以利用普通铜质电话线作为传输介质，配上专用的ADSL适配器即可实现数据高速传输。其连接示意图如图5-10所示。

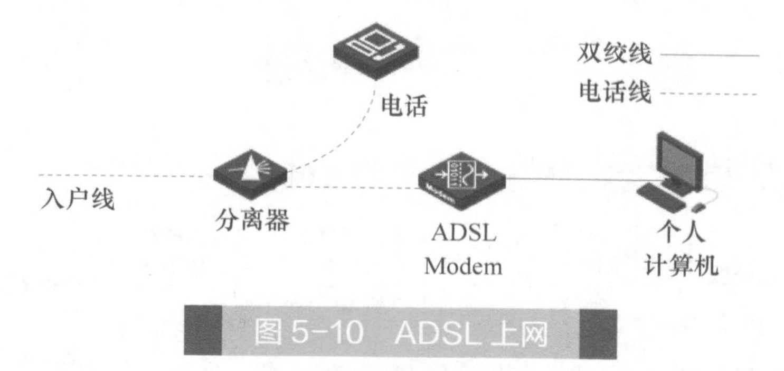

图5-10 ADSL上网

ADSL支持上行速率640Kbit/s～1Mbit/s，下行速率1Mbit/s～8Mbit/s，其有效的传输距离为3～5km。

（2）VDSL

VDSL比ADSL还要快。使用VDSL，短距离内的最大下行速率可达55Mbit/s，上行速率可达2.3Mbit/s。VDSL使用的介质是一对铜线，有效传输距离可超过1000m。

5. HFC接入

CATV（有线电视网）是由广电部门规划设计的用来传输电视信号的网络，其覆盖面广、用户多。但有线电视网是单向的，只有下行信道。

HFC，即混合光纤同轴电缆网，是在有线电视基础上发展起来的。我国已拥有世界上最大的有线电视网，其覆盖率高于电话网。充分利用这一资源改造原有线路，变单向信道为双向信道以实现高速接入Internet的思想推动了HFC的出现和发展，其结构如图5-11所示。

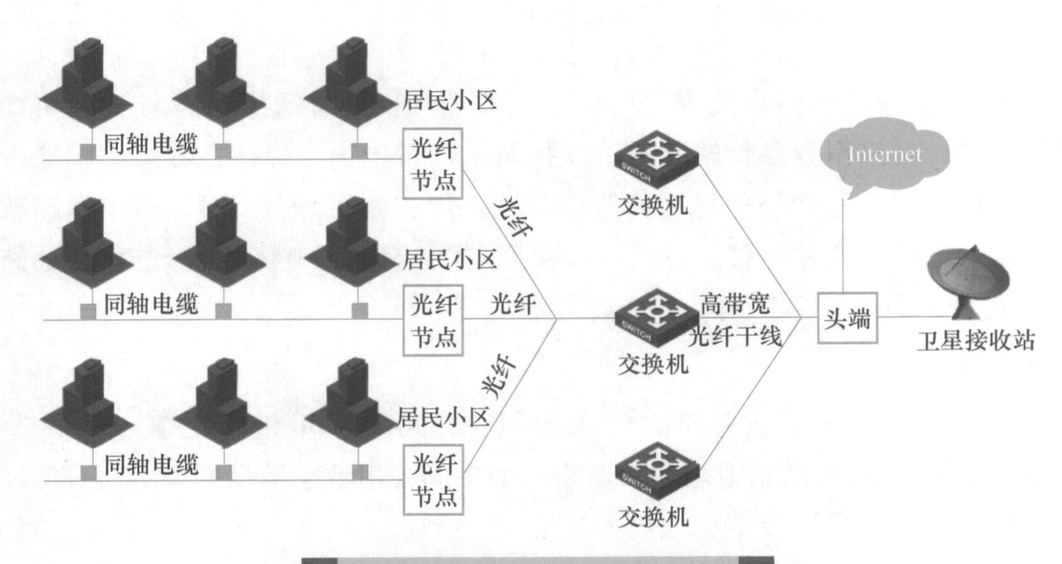

图 5-11　HFC 结构示意图

HFC 通常由光纤干线、同轴电缆支线和用户配线网络 3 部分组成，从有线电视台出来的节目信号先变成光信号在干线上传输；到用户区域后把光信号转换成电信号，经分配器分配后通过同轴电缆送到用户，结构如图 5-12 所示。

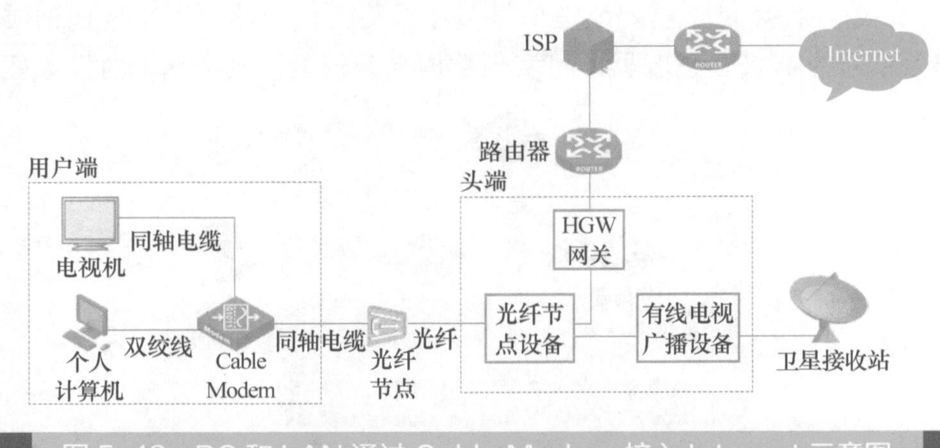

图 5-12　PC 和 LAN 通过 Cable Modem 接入 Internet 示意图

Cable Modem（线缆调制解调器）是近几年才开始使用的一种高速 Modem，它利用现成的有线电视网进行数据传输。通过 Cable Modem 利用有线电视网访问 Internet 已成为常用的接入方式之一。

Cable Modem 一般有两个接口，一个用来接室内墙上的有线电视端口，另一个与计算机或交换机相连。

使用 Cable Modem，将同轴电缆的整个频带划分为 3 部分：第一部分用于数字信号上传，第二部分用于数字信号下传，第三部分用于电视节目（模拟信号）下传。数字信号和模拟信号使用不同的频带，这也是为什么上网时还可以同时收看电视节目的原因。

6．光纤接入

光纤接入是指局端与用户端之间完全以光纤作为传输介质的接入方式。光纤接入可以分为有源光网络（AON）接入与无源光网络（PON）接入两类。Internet 的接入主要采用无源光网络接入方式，其结构如图 5-13 所示。

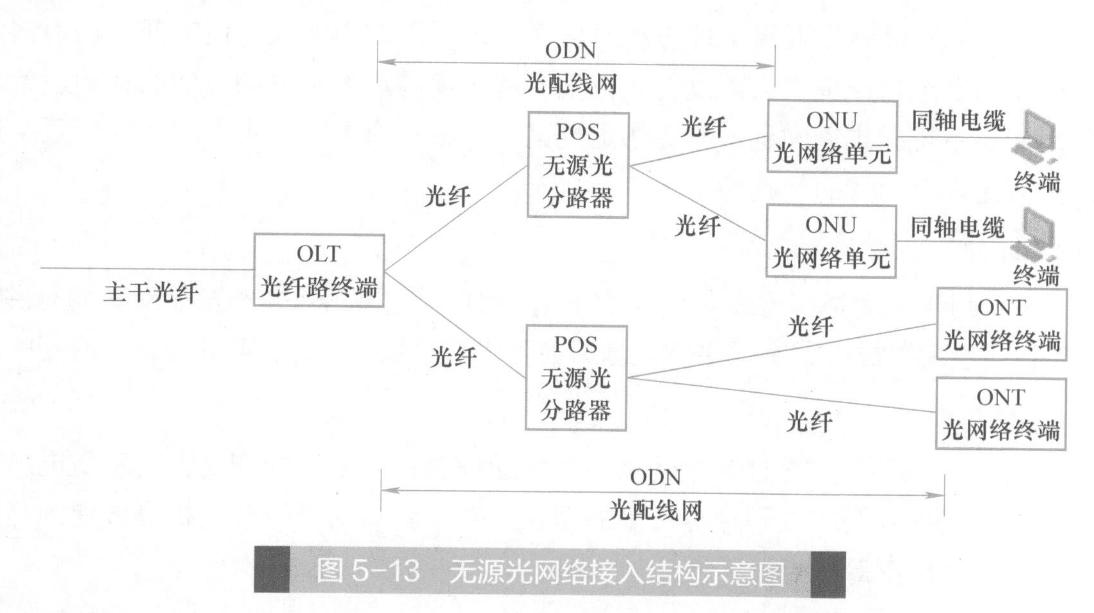

图 5-13 无源光网络接入结构示意图

在 ADSL 和 HFC 宽带接入时，用于远距离的传输介质已经都采用了光纤，只有临近用户家庭、办公室的地方仍然使用电话线或同轴电缆。而 FTTx 接入方式是将最后接入到用户端所用的电话线与同轴电缆全部用光纤取代。人们将多种光纤接入方式称为 FTTx，这里的“x”表示不同的光纤接入地点。根据光纤深入用户的程度，光纤接入可以进一步分为：光纤到小区（FTTZ）、光纤到户（FTTH）。这些不是具体的接入技术，而是光纤在接入中的推进程度或使用策略。

FTTx+LAN 接入比较简单，在用户端通过一般的网络设备将同一幢楼内的用户连成一个局域网，用户室内只需添加以太网 RJ-45 信息插座和配置网卡，在另一端通过交换机与外界光纤干线相连即可。

将无源光网络 (PON) 与广泛应用的 Ethernet 相结合形成的 EPON 技术是目前发展最快、部署最多的 PON 技术。

7. 电力线通信技术

电力线通信技术是指利用电力线传输数据和媒体信号的一种通信方式。

5.4.3 无线接入技术

无线接入技术是指从业务节点到用户终端之间的全部或部分传输设施采用无线手段，向用户提供固定和移动接入服务的技术。作为有线接入网的有效补充，它有系统容量大、话音质量与有线一样、覆盖范围广、系统规划简单、扩容方便、可加密或用 CDMA 增强保密性等技术特点，可解决边远地区、难于架线地区的信息传输问题。

主要的移动无线接入系统如下。

1. 无绳电话系统

无绳电话系统可以视为固定电话终端的无线延伸。

2. 移动卫星系统

移动卫星系统通过同步卫星实现移动通信联网，可以真正实现任何时间、任何地点与任何人的通信，为全球用户提供大跨度、大范围、远距离的漫游和机动灵活的移动通信服务，是陆地移动通信系统的扩展和延伸，在边远地区、山区、海岛、受灾区、远洋船只、远航飞机等通信方面更具有独特的优越性。

3. 集群系统

集群系统专用于调度指挥无线电通信系统，应用广泛。集群系统是从一对一的对讲机发展而来的，现在已经发展成为数字化多信道基站多用户拨号系统，它们可以与市话网互联互通。

4. 无线局域网

无线局域网（WLAN）是计算机网络与无线通信技术相结合的产物。它不受电缆束缚，可移动，能解决因有线网布线困难等带来的问题，并且具有组网灵活、扩容方便、与多种网络标准兼容、应用广泛等优点。

5. 蜂窝移动通信系统

该系统于20世纪70年代初由美国贝尔实验室提出，第一代为模拟式蜂窝移动通信系统，用无线信道传输模拟信号；第二代（2G）采用数字化技术，具有一切数字系统所具有的优点，具有代表性的是GSM和CDMA，以及二代半系统GPRS；第三代（3G）是指支持高速数据传输的蜂窝移动通信技术，能够同时传送声音及数据信息，速率一般在几百Kbit/s以上；第四代（4G）集3G与WLAN于一体，能够快速传输数据、音频、视频和图像等信息，能够满足几乎所有用户对无线服务的要求。

移动通信的主要概念是：接口、信道、移动台与基站。无线通信中，手机与基站通信的接口称为空中接口，如图5-14所示。所有通过空中接口与无线网络通信的设备统称为移动台。移动台可以分为车载移动台和手持移动台。

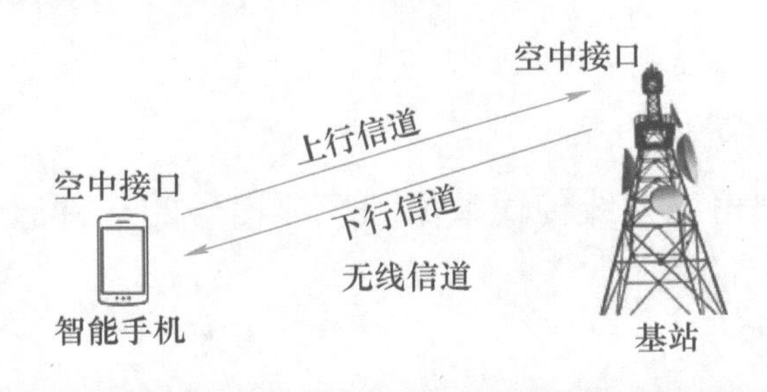

图5-14 空中接口、信道、移动台与基站示意图

5.5 下一代互联网与Internet新技术

5.5.1 下一代互联网

下一代互联网是一个建立在IP技术基础上的新型公共网络，是一个真正实现宽带窄带

一体化、有线无线一体化、有源无源一体化、传输接入一体化的综合业务网络。

中国从 1999 年开始，建立了 NSFCnet，这是中国最先研究下一代互联网的实验床，是中国下一代互联网研究的一个里程碑。

2006 年 9 月 23 日，中国下一代互联网示范网络核心网 CNGI 正式通过专家验收。CNGI 的成功建设将对今后中国的互联网产业产生深远的影响。我国开创性地建成了世界上第一个纯 IPv6 网，这不仅使中国在确保国家信息安全的同时，奠定了在下一代互联网的领先地位，更重要的是具有自主知识产权的 IPv6 路由器的大规模使用，将使中国在今后互联网的建设中彻底摆脱对国外关键技术及产品的依赖。在 IPv4 时代，我国在互联网领域的研究落后国外 8 ～ 10 年。IPv6 主干网络的顺利实施，使我国在这一领域的研究与应用已与国际水平并驾齐驱，一些方面甚至领先于国际水平。

5.5.2 Internet 新技术

1. 5G 技术

第五代移动通信技术（5G）是最新一代蜂窝移动通信技术。5G 的性能目标是高数据速率、减少延迟、节省能源、降低成本、提高系统容量和大规模设备连接。5G 技术将融合边缘计算、云计算、物联网、人工智能、大数据等先进数字技术，5G 的商用发展将深刻影响我国的数字化发展进程。

（1）5G 概述

5G 移动网络与早期的 2G、3G 和 4G 移动网络一样，5G 网络是数字蜂窝网络，在这种网络中，供应商覆盖的服务区域被划分为许多被称为蜂窝的小地理区域。

5G 网络的主要优势在于，数据传输速率远远高于以前的蜂窝网络，最高可达 10Gbit/s，比当前的有线互联网要快，比先前的 4G 蜂窝网络快 100 倍。另一个优点是较低的网络延迟，低于 1ms，而 4G 为 30 ～ 70ms。

（2）5G 技术应用领域

1）车联网与自动驾驶：车联网技术经历了利用有线通信的路侧单元（道路提示牌）以及 2G/3G/4G 网络承载车载信息服务的阶段，正在依托高速移动的通信技术，逐步步入自动驾驶时代。

2）外科手术：2019 年 1 月 19 日，中国一名外科医生利用 5G 技术实施了全球首例远程外科手术。5G 技术的其他好处还包括大幅减少了下载时间，下载速度从每秒约 20 兆字节上升到每秒 50 千兆字节。5G 技术最直接的应用很可能是改善视频通话和游戏体验。5G 技术将开辟许多新的应用领域，5G 网络的速度和较低的延时性首次满足了远程呈现、甚至远程手术的要求。

3）智能电网：因电网高安全性要求与全覆盖的广度特性，智能电网必须在海量连接以及广覆盖的测量处理体系中，做到 99.999% 的高可靠度；超大数量末端设备的同时接入、小于 20ms 的超低时延，以及终端深度覆盖、信号平稳等是其可安全工作的基本要求。

2．移动 IP 技术

移动 IP（Mobile IP）技术是一种让移动设备用户能够从一个网上系统中移动到另一个网上系统，但是设备的 IP 地址保持不变。这能够使移动节点在移动中保持其连接性，实现跨越不同网段漫游功能的技术。

移动 IP 技术是移动通信技术和 IP 技术的有机结合，它能够保证计算机在移动过程中，在不改变现有网络 IP 地址、不中断正在进行的网络通信及不中断正在执行的网络应用的情况下，实现对网络的不间断访问，其结构如图 5-15 所示。

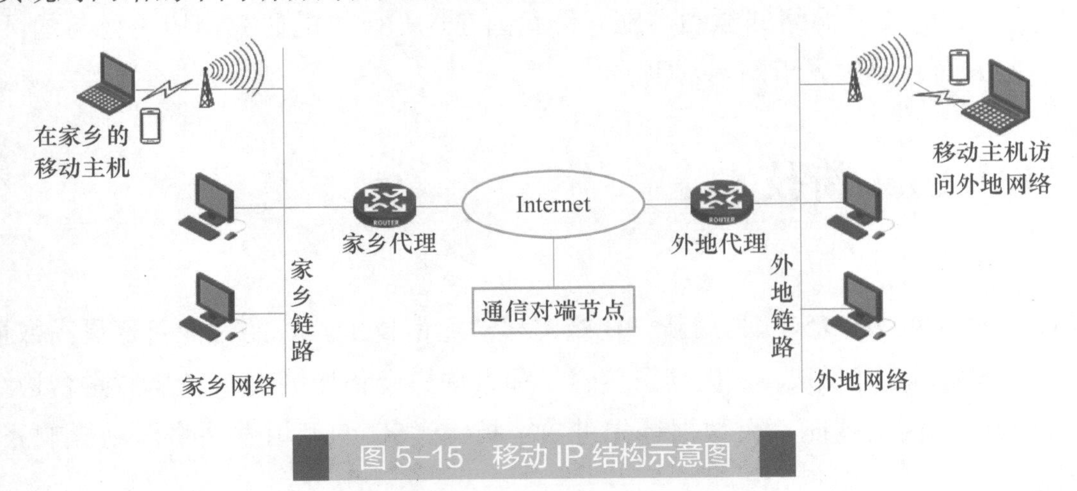

图 5-15　移动 IP 结构示意图

3．云计算

云计算（Cloud Computing）最早由谷歌提出，它描述的是一种基于互联网的计算方式，通过这种方式，共享的软、硬件资源和信息可以按需提供给计算机和其他设备。借助云计算，网络服务提供者可以在瞬息之间处理数以千万计甚至亿计的信息，实现和超级计算机同样的效能，其结构如图 5-16 所示。

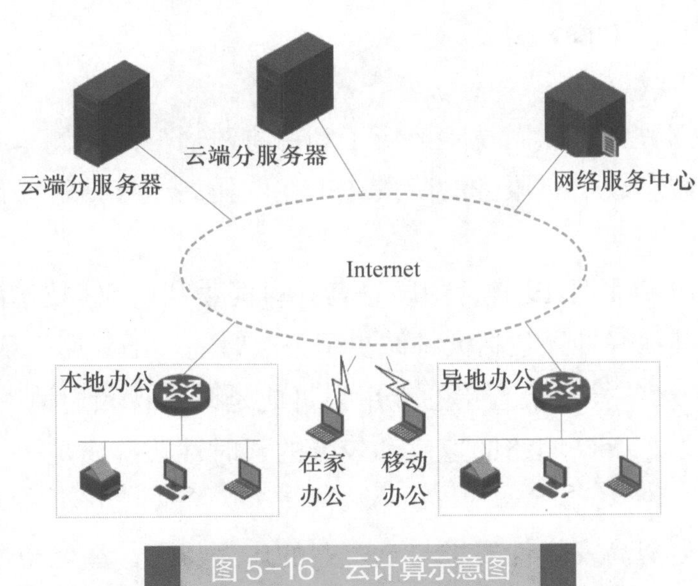

图 5-16　云计算示意图

云计算将计算从客户端集中到“云端”，作为应用通过互联网提供给用户，计算通过分布式计算等技术由多台计算机共同完成，用户只需要关心应用的功能，而不用关心应用的实现方式。

云计算通过互联网访问、可定制的 IT 资源共享池，并按照使用量付费的模式，这些资源包括网络、服务器、存储、应用、服务等。云计算的核心理念就是按需服务。

（1）云计算的特点

1）超大规模：“云”具有相当的规模。Google 云计算已经拥有 100 多万台服务器，亚马逊、IBM、微软和 Yahoo 等公司的“云”均拥有几十万台服务器。“云”能赋予用户前所未有的计算能力。

2）按需服务：“云”是庞大的资源池，用户按需购买服务。

3）高可靠性：“云”使用了数据多副本容错、计算节点同构可互换等措施来保障服务的高可靠性，使用云计算比使用本地计算机更加可靠。

4）通用性：云计算不局限于特定的应用，同一片“云”可以同时支撑不同应用的运行，在“云”的支撑下可以构造出千变万化的应用。

5）虚拟化：云计算支持用户在任意位置、使用各种终端获取服务。所请求的资源来自“云”，而不是固定的有形体。应用在“云”中某处运行，但实际上用户无须了解运行的具体位置，只需要一台终端设备就可以通过网络来获取各种能力超强的服务。

6）极其廉价：“云”的特殊容错措施使得可以采用极其廉价的节点来构成“云”。“云”的自动化管理使数据中心管理成本大幅降低，“云”具有前所未有的性能价格比。

（2）云计算的分类

云计算的分类主要根据云的服务模式进行划分，通常分为公有云、私有云、混合云。

1）公有云：这通常是指第三方为用户提供能够使用的云，云端资源开发给社会公众使用。云端可能部署在本地，也可能部署在其他地方。用户不需要很大的投入，只需要注册一个账号，就能在一个网页上通过单击去创建一台虚拟计算机。公有云的优点是成本低，可扩展性好。

2）私有云：私有云由一个企业、一个单位、一个部门因单独使用而构建，提供对数据、安全性和服务质量的最有效控制。私有云可以在云平台基础上部署自己的网络或应用服务，云端可以在数据中心，也可以部署在云平台业务提供商中。

3）混合云：混合云由两个或两个以上不同类型的云组成。

（3）云计算的应用

1）存储云：又称云存储。用户可以将本地的资源上传至云端上，可以在任何地方接入互联网来获取云上的资源。

2）医疗云：是指在云计算、移动技术、多媒体、4G 通信、大数据以及物联网等新技术基础上，结合医疗技术，使用“云计算”来创建医疗健康服务云平台，实现了医疗资源的共享和医疗范围的扩大。

3）金融云：指利用云计算的模型，将信息、金融和服务等功能分散到庞大分支机构构成的互联网“云”中，旨在为银行、保险和基金等金融机构提供互联网处理和运行服务，同时共享互联网资源，从而解决现有问题并且达到高效、低成本的目标。

4）教育云：实质上是指教育信息化的一种发展。具体的，教育云可以将所需要的任何教育硬件资源虚拟化，然后将其传入互联网中，以向教育机构、学生和老师提供一个方便快捷的平台，如中国大学 MOOC。

（4）云计算服务模式

通常云计算按层级来分，包括 3 个层次的服务：基础设施即服务（IaaS）、平台即服务（PaaS）、软件即服务（SaaS）。

4．物联网

物联网过去被称为传感网。2005 年信息社会世界峰会上，国际电信联盟正式提出了“物联网”的概念。

中国对物联网的定义是：通过信息传感设备，按照约定的协议，把任何物品与互联网连接起来，进行信息交换和通信，以实现智能化识别、跟踪、定位、监控和管理。

（1）物联网的技术架构

从技术架构上来看，物联网可分为 3 层：感知层、网络层和应用层。

1）感知层由各种传感器以及传感器网关构成，包括温度传感器、湿度传感器、电子标签、摄像头、红外线感应器等感知终端，该层的主要功能是识别物体和采集信息。

2）网络层由各种有线网络、无线网络、互联网以及网络管理系统和云计算平台等组成，主要功能是负责传递和处理感知层获取的信息。

3）应用层是物联网和用户的接口，它与行业需求结合，实现物联网的智能应用。

（2）物联网应用

目前，物联网的应用已经遍及智能交通、环境保护、政府工作、公共安全、智能家居、智能消防、工业监测、老人护理、个人健康、花卉栽培、水系监测、食品溯源、敌情侦查和情报搜集等多个场景。

1）智能交通：物联网技术在道路交通方面的应用比较成熟。对道路交通状况实时监控并将信息及时传递给驾驶人，让驾驶人及时作出出行调整，有效缓解了交通压力；高速路口设置道路自动收费系统（ETC），提升车辆的通行效率；公交车上安装定位系统，能及时了解公交车行驶路线及到站时间，乘客可以根据搭乘路线确定出行时间，免去不必要的时间浪费。

2）智能家居：智能家居就是物联网在家庭中的基础应用。

3）公共安全：近年来全球气候异常情况频发，灾害的突发性和危害性进一步加大，互联网可以实时监测环境的不安全性情况，提前预防、实时预警、及时采取应对措施，降低灾害对人类生命财产的威胁。利用物联网技术可以智能感知大气、土壤、森林、水资源等方面各指标数据，对于改善人类生活环境发挥巨大作用。

5．大数据

（1）大数据概述

大数据（Big Data）是指无法在一定时间范围内用常规软件工具进行捕捉、管理和处理的数据集合，是需要新处理模式才能具有更强的决策力、洞察力和流程优化能力的海量、高增长率和多样化的信息资产。

大数据从一个新兴的技术产业，正在成为融人经济社会发展各领域的要素、资源、动力、观念。它通过技术的创新与发展，以及数据的全面感知、收集、分析、共享，为人们提供了一种全新的看待世界的方法，即决策行为将日益基于数据分析作出，这必将引起社会发生巨大变革。

（2）大数据的基本特征

1）数据量大。最小的基本单位是 bit，按顺序给出所有单位：bit、Byte、KB、MB、GB、TB、PB、EB、ZB、YB、BB、NB、DB。对大数据的起始计算单位至少是 P、E、Z。

2）种类繁多。数据种类包括网络日志、饮品、视频、图片、地理位置信息等。

3）价值密度低。随着物联网的广泛应用，信息感知无处不在，信息海量，但价值密度较低。通过强大的算法迅速地完成数据的价值“提纯”。

4）处理速度快、时效性要求高。

（3）大数据项目的处理流程

1）数据采集：大数据采集是指从传感器、智能设备、企业在线系统、企业离线系统、社交网络和互联网平台等获取数据的过程。

2）数据清洗与处理：对数据进行重新审查和校验，目的在于删除重复信息，纠正存在的错误，并提供数据的一致性。

3）数据统计与分析：用适当的统计分析方法对收集来的大量数据进行分析，将它们加以汇总和理解并消化，以求最大化地开发数据的功能，发挥数据的作用。

4）数据可视化：借助图形化手段，清晰、有效地传达与沟通信息。

（4）大数据的影响

无处不在的信息感知和采集终端为人们采集了海量的数据，而以云计算为代表的计算技术的不断发展，为人们提供了强大的计算能力，这就围绕个人以及组织的行为构建起了一个与物质世界平行的数字世界。

大数据虽然孕育于信息通信技术的日渐普遍和成熟，但它对社会经济生活产生的影响绝不限于技术层面。更本质上，它是为看待世界提供了一种全新的方法，即决策行为将日益基于数据分析而作出，而不像过去凭借经验和直觉作出。

大数据带来的巨大价值被人们所认可，它通过技术的创新与发展，以及对数据的全面感知、收集、分析、共享，为人们提供了一种全新的看待世界的方法。更多地基于事实与数据作出决策。

（5）大数据的应用场景

1）医疗行业：电子病历、实时的健康状况提示、医学影像中的应用（X 射线、核磁共振、超声波等）。

2）交通行业：春节人口迁徙大数据、多路口综合通行能力。

3）销售行业：精确定位零售业市场、新零售业需求开发。

习　题

一、单项选择题

1．中国的互联网之父是（　　）。

A．钱学森　　B．钱天白　　C．吴建平　　D．杨振宁

2．以下电子邮件协议中，能够从服务器下载邮件到本地，使用 TCP/UDP 的 143 端口的是（　　）。

A．SMTP　　B．POP3　　C．IMAP4　　D．MIME

3．以下电子邮件收件人的收件地址正确的是（　　）。

A．zhangsan#163.com　　B．163.com#zhangsan

C．zhangsan@163.com　　D．163.com@zhangsan

4．以下软件不属于电子邮件用户代理的是（　　）。

A．Outlook　　B．Hotmail　　C．Foxmail　　D．MSN

5．以下可以用于 PC 上查看新浪微博的软件是（　　）。

A．浏览器　　B．记事本　　C．微信　　D．金山毒霸

6．以下关于浏览器的说法，错误的是（　　）。

A．在断网的前提下，可以使用“脱机工作”功能查看浏览过的网页

B．“书签”中保存的是相应网页的 URL

C．“主页”的地址不能修改

D．历史记录可以被用户手动删除

7．当要在某网页中搜索某词语，可以使用（　　）打开浏览器的页面内查找功能。

A．Ctrl+F　　B．Ctrl+H　　C．Alt+F4　　D．F5

8．以下与“Microsoft Edge”使用相同内核的浏览器是（　　）。

A．Google Chrome　　B．Internet Explorer

C．Mozilla Firefox　　D．Opera

9．百度、谷歌等搜索引擎是（　　）。

A．元搜索引擎　　B．垂直搜索引擎

C．全文搜索引擎　　D．目录搜索引擎

10．维基百科站点的域名为“www.wikipedia.org”，该域名属于（　　）。

A．教育机构　　B．网络支持中心

C．国际组织　　D．非营利组织以及工业标准组织

11．在 DNS 中，以下（　　）记录的作用是将多个名字映射到同一台计算机。

A．A　　B．CNAME　　C．MX　　D．PTR

12．以下 URL 错误的是（　　）。

A．mailto://lisi@163.com　　B．ftp://hyw.my3w.com/1.txt

C．http://www.weibo.com　　D．https:\\news.sohu.com

13. 利用以太网资源，在以太网上使用 PPP 来进行用户认证接入的方式称为（　　）。
A. ADSL　　B. VDSL　　C. PPPoE　　D. ISDN

14. 采用光纤接入，接入到户的进程缩写表示为（　　）。
A. FTTH　　B. FTTZ　　C. FTTB　　D. FTTO

15. 互联网服务提供商的英文缩写是（　　）。
A. ISP　　B. ISO　　C. ASP　　D. ICP

16. BBS 的中文含义是（　　）。
A. 新闻组　　B. 电子公告牌　　C. 微博　　D. 微信朋友圈

17. 在浏览器中，不具备的功能是（　　）。
A. 将某个站点全部保存到本地
B. 将某个网页打印出来
C. 自定义搜索引擎
D. 在用户授权的条件下记录用户的用户名和密码

18. 以下关于域名的说法，错误的是（　　）。
A. 顶级域名有 2 类：通用顶级域和国家代码顶级域
B. 全球共有 13 个根域名服务器
C. 域名系统是一个分布式数据库系统
D. 域名区分大小写，域名最大长度为 254 个字符

19. 在 URL 中，http 默认的端口号是（　　）。
A. 25　　B. 80　　C. 143　　D. 443

20. 以下接入技术中，采用普通电话拨号方式的是（　　）。
A. ISDN　　B. HFC　　C. DDN　　D. FTTx

二、多项选择题

1. 以下属于中国骨干网络的是（　　）。
A. ChinaGBnet　　B. ChinaEduNet　　C. CERnet　　D. CSTnet
E. ChinaNet

2. 以下属于即时通信软件的是（　　）。
A. Wechat　　B. 360 安全卫士　　C. QQ　　D. YY 语音
E. Internet Explorer

3. 以下技术属于 Web 服务器端技术的是（　　）。
A. HTML　　B. JavaScript　　C. PHP　　D. .NET
E. CSS

4. 以下属于有线接入技术的是（　　）。
A. WLAN　　B. DDN　　C. ADSL　　D. PSTN
E. HFC

5．以下属于云计算的特点的是（　　）。

A．按需服务　　B．高可靠性　　C．高可扩展性　　D．虚拟化

E．廉价

三、判断题

1．Internet 起源于美国的阿帕网，主要用于民用网络。（　　）

2．在 FTP 中，典型的工作模式是客户端 / 服务器模式。（　　）

3．传统的 FTP 下载模式，同时下载的用户数越多，下载速度越快。（　　）

4．在 FTP 中，命令传输通信连接和文件传输数据连接默认采用 TCP 的 21 端口。（　　）

5．在浏览器地址栏中输入中文域名“新华网．中国”，可以访问新华网。（　　）

6．CATV 和 HFC 都是电视电缆技术，都可以上传和下载数据。（　　）

7．现在普通小区所采用的光纤入户技术通常为 EPON。（　　）

8．采用 ADSL 接入技术，为了让电话能够正常使用，通常会在入户时加装分离器，实现信号分离。（　　）

9．在云计算的服务模式中，最上层的服务是 IaaS。（　　）

10．由于数据采集的价值密度太低，往往需要对数据进行清洗、处理、统计、分析，最后再借助图形化手段进行展现。（　　）

四、填空题

1．中国的三大网络分别为_______、互联网和有线电视网。

2．把电子邮件同时发送给多个人，收件人之间的分隔符是_______。

3．远程登录所使用的协议是_______。

4．域名服务器分为本地域名服务器、_______和授权域名服务器。

5．DNS 域名查询分为递归查询和_______。

6．电子邮件服务所采用的协议名为_______。

7．中国当前正在推进建设并于 2019 年商用的移动通信技术为_______。

8．让移动设备用户能够从一个网上系统中移动到另一个网上系统，设备的 IP 地址保持不变的技术称为_______。

9．物联网在技术架构上可以分为 3 层，分别是感知层、_______和应用层。

10．根据服务模式进行划分，云计算可以分为公有云、私有云和_______。

五、简答题

1．在 URL“https://finance.sina.com.cn/tech/2022-01-25/doc7215.shtml”中，请指出该 URL 所使用的协议、域名、端口、文件名。

2．请列举当下常见的 2 种 Internet 有线接入技术。

Unit 6

单元 6 网络操作系统

导读

操作系统是实现人机交互的基础软件平台。网络操作系统是互联网的心脏与灵魂，是信息技术的基础平台，与网络安全息息相关。信息安全的基础是操作系统安全。网络操作系统具有复杂性、并行性、高效性和安全性等基本特征。本单元从网络操作系统的基本概念、主要功能、体系结构、分类等进行阐述，并通过介绍 Windows Server、Linux 网络操作系统、华为鸿蒙系统的基本功能应用，理解操作系统的重要性。

学习目标

知识目标：

✧ 掌握网络操作系统的定义和基本概念。

✧ 了解常见的网络操作系统。

✧ 理解 DNS、DHCP、Web、FTP 等服务器的功能。

能力目标：

✧ 掌握 Windows Server 和 Linux 操作系统的安装与基础配置。

✧ 掌握在 Windows Server 环境下 DNS、DHCP、Web、FTP 等服务器的安装与部署。

✧ 掌握在 Linux 环境下 DNS、DHCP、Web、FTP 等服务器的安装与部署。

素养目标:

- ✧ 熟悉华为鸿蒙操作系统，感受国产操作系统的魅力。
- ✧ 深刻认识网络安全的基础是操作系统安全，构建操作系统安全关乎国家安全的认知。

知识梳理

本单元知识梳理，如图 6-1 所示。

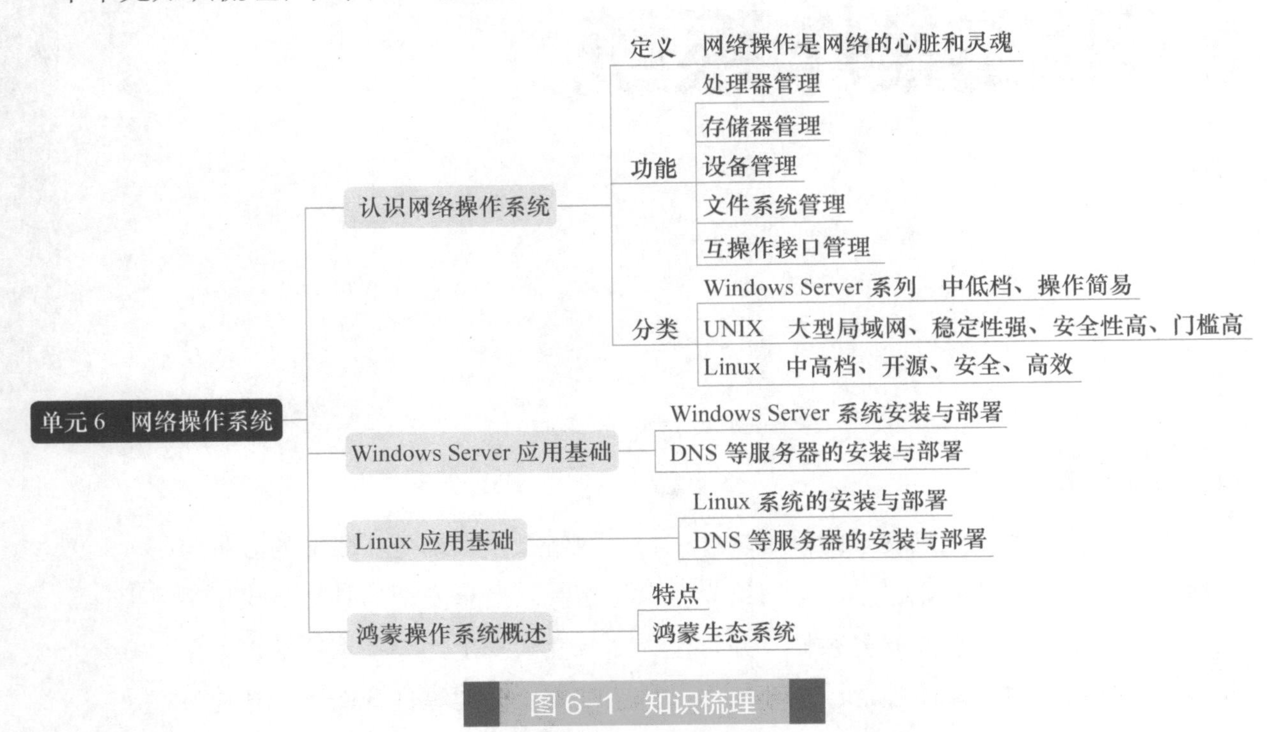

图 6-1 知识梳理

6.1 认识网络操作系统

操作系统是计算机系统中最基本最重要的基础性系统软件。从计算机用户的角度来说，操作系统提供了各项服务；从程序员的角度来说，操作系统提供了用户登录的界面和接口；从设计人员的角度来说，操作系统实现了各式各样模块和单元之间的联系。全新操作系统的设计和改良的关键工作就是对体系结构的设计，经过几十年的发展，计算机操作系统已经由一开始的简单控制循环体，发展成为较为复杂的分布式安全网络操作系统。

6.1.1 网络操作系统的概述

网络操作系统（Network Operating System，NOS）主要是指运行在各种服务器上，能够控制和管理网络资源的特殊系统，是网络的心脏和灵魂。网络操作系统可实现操作系统的所有功能，还具有向网络计算机提供网络通信和网络资源共享功能的操作系统，并且能够为网络用户提供各种网络服务。目前主要的计算机网络操作系统有 UNIX、Linux、Windows Server 等。

网络操作系统通常具有复杂性、并行性、高效性和安全性等特点，除了具备普通操作系统的所有功能外，还具备支持多任务、支持大内存、支持对称多处理、支持网络负载均衡、支持远程管理等特征，具体内容见表 6-1。

表 6-1 网络操作系统的主要技术特征

功 能	说 明
支持多任务	在同一时间能够处理多个应用程序，每个应用程序在不同的内存空间运行
支持大内存	要求支持较大的物理内存，以便应用程序能够更好地运行
支持对称多处理	要求支持多个 CPU 减少事务处理时间，提高性能
支持网络负载均衡	要求与其他网络操作系统构成一个虚拟系统，满足多用户访问
支持远程管理	要求通过 Internet 远程管理和维护

网络操作系统的功能通常包括处理器管理、存储器管理、设备管理、文件系统管理、互操作接口管理，以及网络环境下的通信、网络资源管理、网络应用等特定功能管理。还包括在源主机和目标主机之间，实现无差错的网络数据通信；对网络中的共享资源实施有效的管理，协调用户对共享资源的使用，保证数据的安全性和一致性；提供文件传输、存取、电子邮件等网络服务；通过存取控制和容错技术保障数据安全性；实现可追踪的透明互操作访问。

6.1.2 网络操作系统的体系结构

网络操作系统本质也是操作系统，是网络用户实现其网络功能的接口，其体系结构与单机操作系统类似，从内到外依次是硬件、内核、操作系统、应用程序和用户界面，如图 6-2 所示。

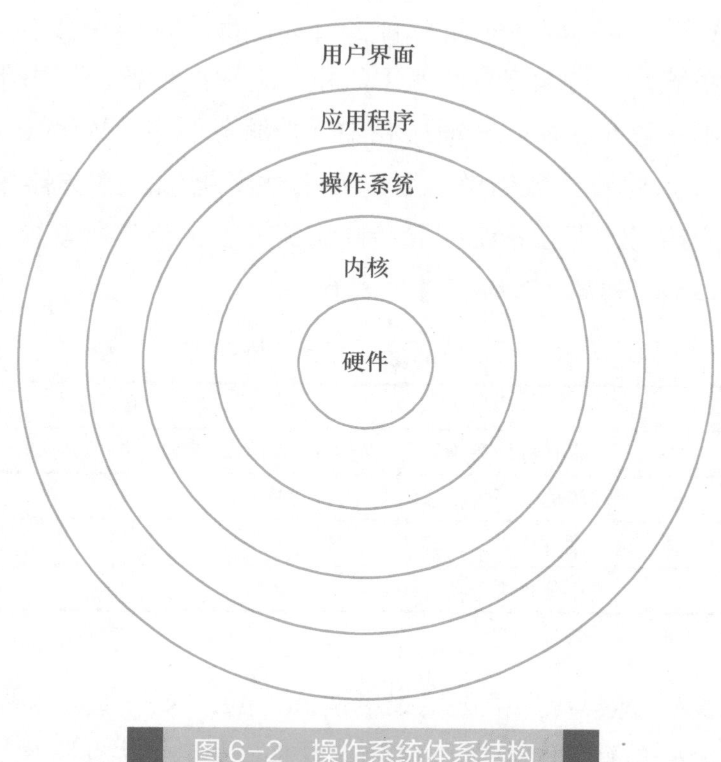

图 6-2 操作系统体系结构

6.1.3 网络操作系统的工作模式

根据其工作模式的不同大致可分为3类：集中式、客户端/服务器模式、对等式。

1. 集中式

由一台主机与若干终端构成，网络操作系统仅用于主机，终端不需要安装，典型代表为UNIX。

2. 客户端/服务器模式

可简写为C/S模式，是目前局域网（LAN）的标准模型，分为客户端操作系统和服务器操作系统两部分，提供服务方为服务器，典型代表为NetWare。

3. 对等式（Peer to Peer）

网络操作系统的软件分布在网络上的所有节点，每台计算机同时具有客户端和服务器功能，多用在简单网络连接和分布式计算场合，典型代表是Windows的工作组模式。

6.1.4 常用网络操作系统

随着计算机网络技术的快速发展，网络操作系统的种类也日益丰富，这为用户构建计算机网络提供了更多的选择。目前，行业主流的网络操作系统主要有Windows Server系列、UNIX、Linux、NetWare等。

1. Windows Server系列

微软公司（Microsoft）推出的Windows Server系列在网络操作系统中占有很大的份额，相信大家也不陌生。Windows Server是一种多目标、易于管理和易于实现各种网络服务、界面友好的网络操作系统，支持大多数主流PC和网络硬件设备，但由于其对服务器的硬件要求较高，且稳定性不是很高，所以一般用在中低档服务器中。Windows Server面向不同应用场景推出标准版、企业版、数据中心版、Web服务器版、服务器核心版等子版本，不同子版本虽然核心功能相同，但在系统配置和性能侧重上也会有所差异，用户可根据需要选择不同的版本。Windows Server系统特性见表6-2。

表6-2 Windows Server系统特性表

特　性	说　明
特点	多目标、易于管理的视窗操作系统，市场占有率高
优点	界面友好，操作简便，入门快
缺点	硬件要求高，稳定性不高
应用场景	中低档服务器

2. UNIX

UNIX发展历史悠久，最早源于美国电报电话公司（AT&T）贝尔实验室，是一个多用户、多任务的分时操作系统，具有分时操作、稳定、健壮、安全等优秀特性，适用于几乎所有大型机、中型机、小型机，甚至是 PC，但由于它多数以命令方式来进行操作，不易被初学者掌握，所以目前一般用于大型的网站或大型的企事业单位局域网中，如邮政、铁路、军工等。UNIX 操作系统特性见表 6-3。

表 6-3 UNIX 操作系统特性

特 性	说 明
特点	多用户、多任务、分时的网络操作系统
适用机型	小型计算机、中型计算机以及大型计算机或者 RISC 工作站、PC
优点	系统稳定性和安全性非常高、运行速度快
缺点	对用户要求比较高，操作以命令居多
应用场景	大型网络，数据库系统，广域网

3．Linux

Linux 源自 UNIX，是一款免费开源软件，其内核最初是 1991 年芬兰赫尔辛基大学学生 Linus Torvalds 模仿 UNIX 开发而来。该系统最大的特征就是用户在遵守自由软件联盟协议的前提下，可以自由安装并任意修改软件的源代码。Linux 操作系统与主流的 UNIX 系统兼容，并且几乎支持所有硬件平台与各种周边设备。

Linux 研究人员及工程师不断改进并反映到原始程序上，以此保持持续发展。包括程序中缺陷的修正以及易用性的提高等在内，全球的开源志愿者都在积极参与 Linux 的完善和改进工作，可以说 Linux 每时每刻都在进步。目前这类系统主要应用在中高档服务器中，具体特性见表 6-4。

表 6-4 Linux 操作系统特性

特 性	说 明
特点	全球志愿者合作开发，开源
优点	系统稳定，版权费用低，安全性高
	支持多用户多任务，资源利用率高
	硬件资源要求低
缺点	无特定的支持厂商，无专门服务
	图形接口不够友好
应用场景	中高档服务器

4．NetWare

NetWare 是 NOVELL 公司推出的多用户多任务网络操作系统，其最重要的特征是基于基本模块设计思想的开放式系统结构，即它支持与其他操作系统（如 DOS、OS/2、Macintosh 等）进行交互工作，同时允许增加自选的扩充服务（如替补备份、数据库、电子邮件以及记账等）。NetWare 操作系统是以文件服务器为中心，主要由 3 个部分组成：文件服务器内核、工作站外壳、低层通信协议。NetWare 服务器支持无盘工作站的创建，常用于教学网和游戏厅，但因公司发展策略失误使该系统的市场占有率呈下降趋势。

6.2 Windows Server 应用基础

Windows Server 家族产品主要发展历程见表 6-5，本节将以 Windows Server 2016 为例。它与之前的版本相比，在组策略配置方式上发生了改变，新增了一系列功能，包括新的保护用户数据安全层、控制访问权限等。在 Windows Server 2016 系统中，微软鼓励用户使用最简便的方式配置服务器。

表 6-5 Windows Server 家族产品主要发展历程

版　本	代　号	内核版本号	发行日期
Windows 2000 server	NT5.0 Server	NT5.0	2000 年 2 月 17 日
Windows Server 2003	Whistler Server，NET Server	NT5.2	2003 年 4 月 24 日
Windows Server 2003 R2	Release2	NT5.2	2005 年 12 月 6 日
Windows Server 2008	Longhorn Server	NT6.0	2005 年 2 月 27 日
Windows Server 2008 R2	Server 7	NT6.1	2009 年 10 月 22 日
Windows Server 2012	Server 8	NT6.2	2012 年 9 月 4 日
Windows Server 2012 R2	Server Blue	NT6.3	2013 年 10 月 17 日
Windows Server 2016	Threshold Server，Redstone Server	NT10.0	2016 年 10 月 13 日
Windows Server 2019	Redstone Server	NT10.0	2018 年 11 月 13 日
Windows Server 2022	Sun Vallery Server	NT10.0	2021 年 11 月 5 日

6.2.1 Windows Server 2016 安装及基础配置

Windows Server 2016 是微软公司推出的 Windows Server 系列操作系统，与 Windows 10 同根同源，所以安装过程和 Windows 10 类似。在本节中，基于 VMware Workstation 15 完成系统安装，具体操作如下。

第 1 步：准备 Windows Server 2016 安装环境。为了在本机独立完成实验任务，需要在计算机系统中添加环回适配器（Windows 10 的名称为：Microsoft KM-TEST 环回适配器），并且正确配置 IP 地址，如系统主机的 IP 地址为 10.10.10.101/24，环回适配器的 IP 地址为 10.10.10.10/24，为开启远程桌面作准备。正确设置完成环回适配器结果如图 6-3 所示。

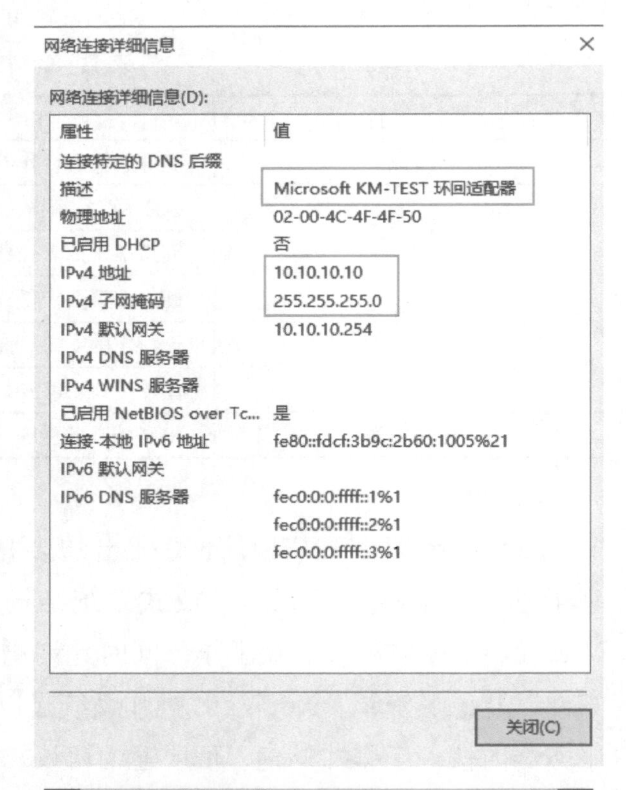

图 6-3 环回适配器 IP 地址信息

第 2 步：正确配置 VMware Workstation 虚拟机的参数，主要设置网络适配器为桥接模式，正确选择 ISO 映像文件，结果如图 6-4 所示。

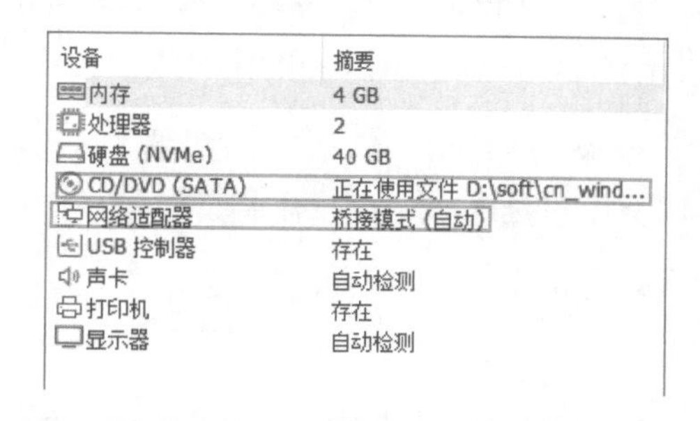

设备	摘要
内存	4 GB
处理器	2
硬盘 (NVMe)	40 GB
CD/DVD (SATA)	正在使用文件 D:\soft\cn_wind...
网络适配器	桥接模式 (自动)
USB 控制器	存在
声卡	自动检测
打印机	存在
显示器	自动检测

图 6-4 虚拟机参数设置

第 3 步：正确安装 Windows Server 2016 系统，安装过程选择桌面模式，正确配置 IP 地址，修改计算机名称，开启远程桌面，通过远程桌面开启服务器，配置结果如图 6-5 所示。

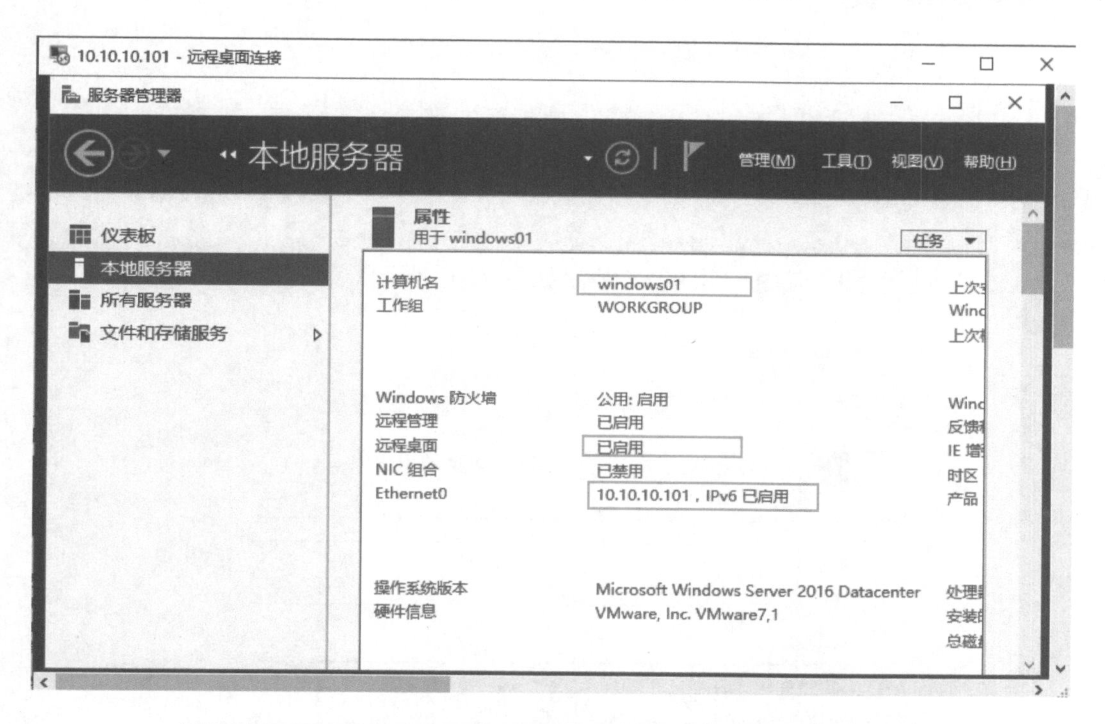

图 6-5 Windows Server 2016 安装配置结果

第 4 步：参照第 1 ～ 3 步的操作完成 windows02 的安装和基本配置，Windows02 的 IP 地址为 10.10.10.102/24，DNS 地址为 10.10.10.101。

知识拓展——环回适配器

Microsoft 环回适配器是一种可用于在虚拟网络环境中进行测试的工具。环回适配器通过“设备管理器控制台”，选择“添加过时硬件”，找到“网络适配器”，添加型号为“Microsoft KM-TEST 环回适配器”，完成安装即可。

6.2.2 Windows Server 2016 的用户与用户组配置

Windows Server 2016 系统中各种服务支撑起了整个系统的正常运行，创建用户与用户组是最基本的服务。可以通过 net 命令创建用户和用户组。

案例 1 通过 net 命令在 PowerShell 模式下，创建用户 User01 和 User02，用户密码都为 Pass-1234，同时创建用户组 UserGroup，并将 User01 和 User02 加入用户组。

根据案例 1 的要求，操作步骤如下。

第 1 步：创建用户。

```
PS C:\Users\Administrator> net user /add User01 Pass-1234
命令成功完成。
PS C:\Users\Administrator> net user /add User02 Pass-1234
命令成功完成。
```

第 2 步：创建用户组。

```
PS C:\Users\Administrator> net localgroup /add UserGroup
命令成功完成。
```

第 3 步：用户加入组。

```
PS C:\Users\Administrator> net localgroup /add UserGroup User01 User02
命令成功完成。
```

第 4 步：检查创建用户与用户组的结果，如图 6-6 所示。

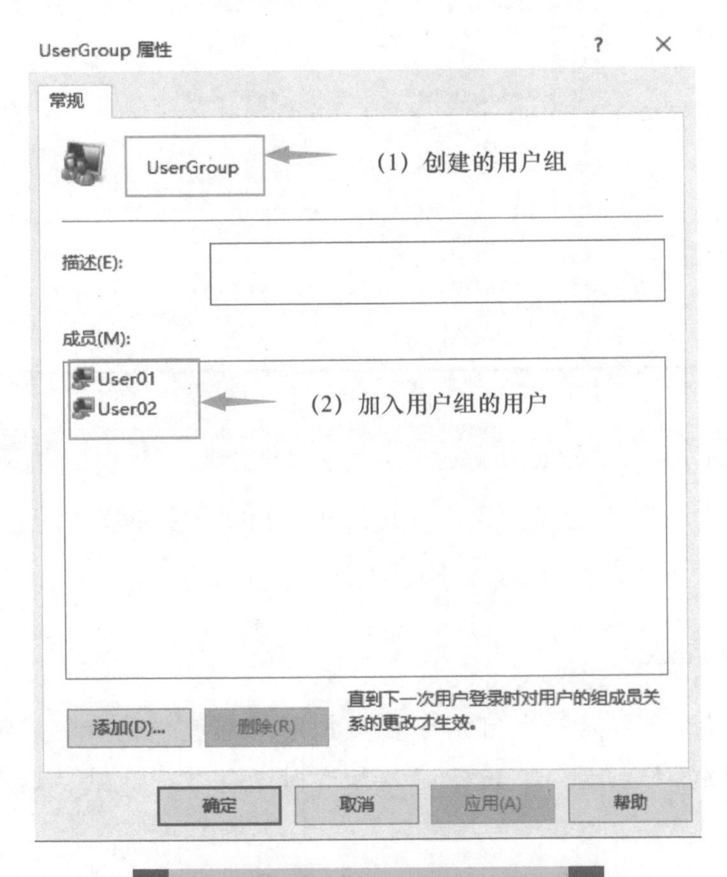

图 6-6 用户与用户组操作

知识拓展

默认情况下，系统为用户分了 7 个组，即管理员组（Administrators）、高权限用户组（Power Users）、普通用户组（Users）、备份操作组（Backup Operators）、文件复制组（Replicator）、来宾用户组（Guests）、认证用户组（Authenticated Users）。系统默认的分组是依照一定的管理凭据指派权限的，比如管理员组有大部分的计算机操作权限，能够随意修改删除所有文件和修改系统设置，来宾用户组的文件操作权限和普通用户组一样，但是无法执行更多的程序。

6.2.3　Windows Server 2016 的 DNS 服务器安装与部署

DNS（域名系统，Domain Name System）的作用是将域名解析为 IP 地址、将 IP 地址解析为域名，它是互联网的一项核心服务，可以将域名和 IP 地址相互映射，使人们不必使用 IP 地址访问互联网，而是用容易记住的域名来访问站点。DNS 的工作原理如图 6-7 所示。在 Windows Server 2016 中添加“DNS 服务器”，安装完成之后，启动 DNS，创建正向解析和反向解析就可以使用了。

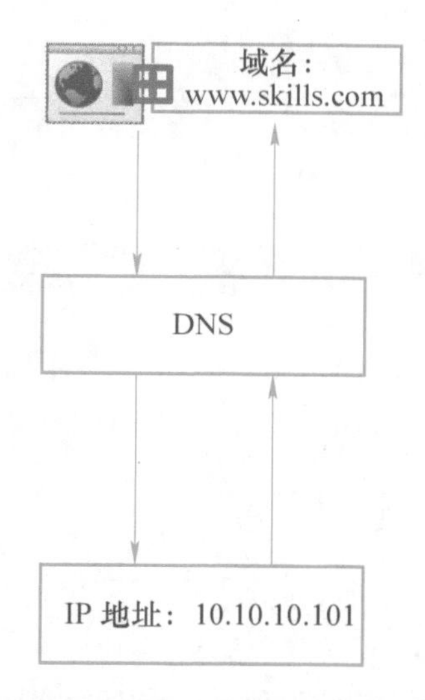

图 6-7　DNS 工作原理

案例 2 在 windows01 中安装 DNS 服务器，创建 skills.com 的正向解析和反向解析，创建 DNS 条目包含 www.skills.com，对应地址为 10.10.10.101，ftp.skills.com 对应地址为 10.10.10.101。

根据案例 2 的要求，操作步骤如下。

第 1 步：安装 DNS。在 Windows Server 2016 系统中添加角色“DNS 服务器”，完成安装。

第 2 步：完成 DNS 服务器配置。打开 DNS，配置区域 skills.com，接着配置正向区域和反向区域。

第 3 步：在正向区域新建主机 www 和 ftp，在配置主机时，注意勾选“创建相关指针（PTR）记录（C）”，如图 6-8 所示。

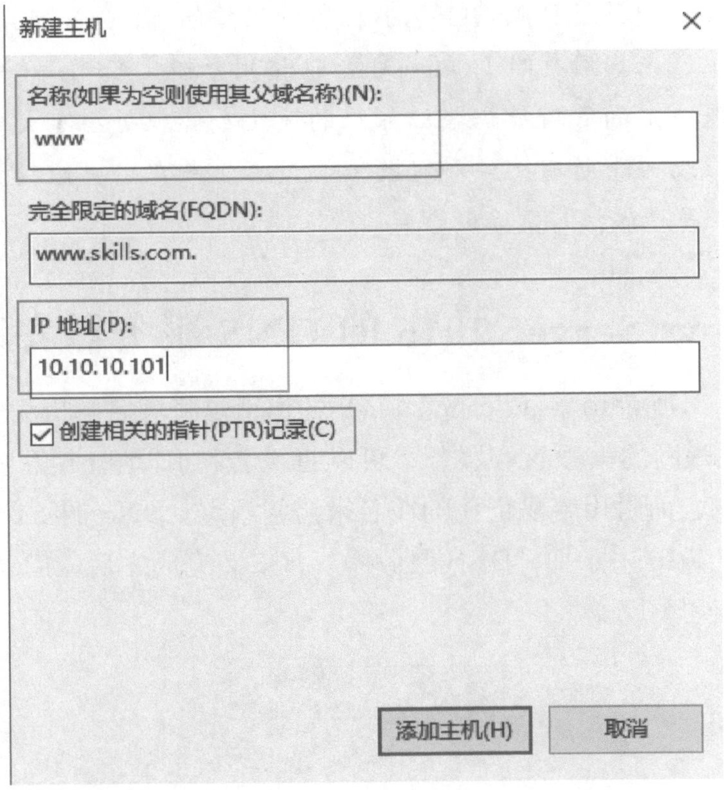

图 6-8　新建主机

第 4 步：测试 DNS 配置。在 windows02 主机中执行 nslookup，查看创建的 DNS 信息。

```
PS C:\Users\Administrator> nslookup
    默认服务器：  www.skills.com
    Address:  10.10.10.101
> www.skills.com
    服务器：  www.skills.com
    Address:  10.10.10.101
    名称：    www.skills.com
    Address:  10.10.10.101
> ftp.skills.com
    服务器：  www.skills.com
    Address:  10.10.10.101
    名称：    ftp.skills.com
    Address:  10.10.10.101
> 10.10.10.101
    服务器：  www.skills.com
    Address:  10.10.10.101
    名称：    ftp.skills.com
    Address:  10.10.10.101
```

知识拓展

在 Windows 系统中查看 DNS 正向解析信息的命令为：

Get-DnsServerResourceRecord -ZoneName "skills.com" -RRType "A"

在 Windows 系统中查看 DNS 反向解析信息的命令为：

Get-DnsServerResourceRecord - oneName "10.10.10.in-addr.arpa"

6.2.4 Windows Server 2016 的 DHCP 服务器安装与部署

DHCP 是一个局域网的网络协议，指的是由服务器控制一段 IP 地址范围，客户端登录服务器时就可以自动获得服务器分配的 IP 地址和子网掩码。默认情况下，DHCP 作为 Windows Server 的一个服务组件不会被系统自动安装，还需要管理员手动安装并进行必要的配置。DHCP 的工作原理如图 6-9 所示。在 Windows Server 2016 中添加“DHCP 服务器”，安装完成之后，正确配置 DHCP 就可以使用了。

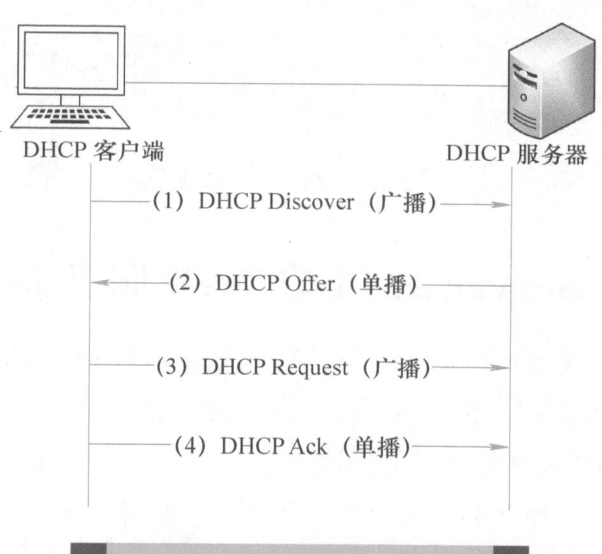

图 6-9 DHCP 工作原理

案例 3 在 windows01 中安装 DHCP 服务器，新建 DHCP 作用域，地址范围为 10.10.10.150～10.10.10.200，子网掩码为 24 位，DNS 地址为 10.10.10.101。配置完成之后，windows02 开启 DHCP 动态获取 IP 地址功能。

根据案例 3 的要求，操作步骤如下。

第 1 步：安装 DHCP。在 Windows Server 2016 系统中添加角色“DHCP 服务器”，完成安装。

第 2 步：部署 DHCP 服务器。正确配置地址范围和 DNS，配置完成可用 Get-DhcpServerv4Scope 查看 DHCP 配置内容。

第 3 步：windows02 开启 DHCP 自动获取 IP 地址功能，获取信息如图 6-10 所示。

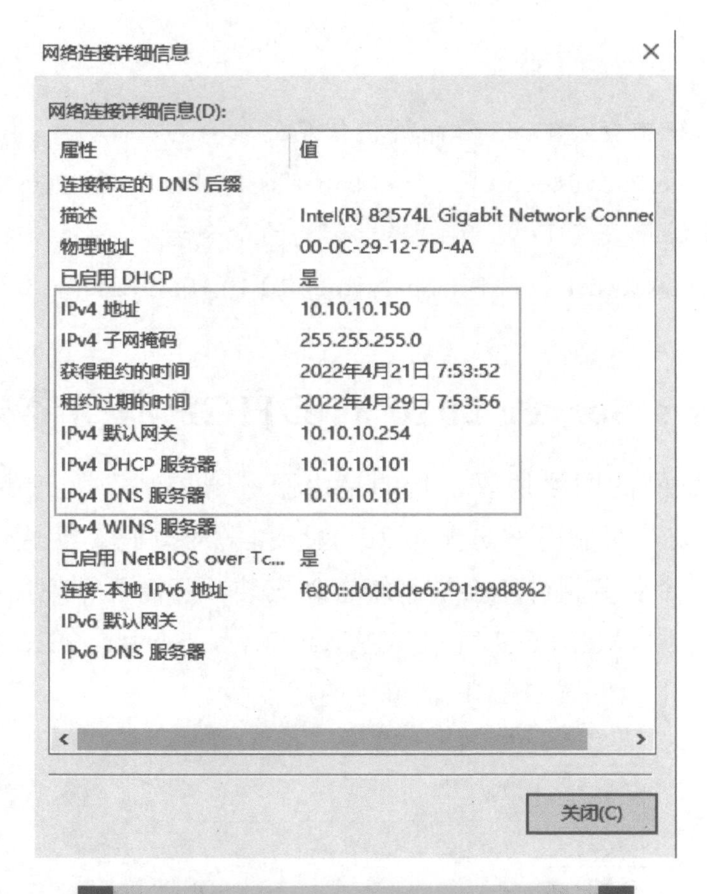

图 6-10　客户端动态获取 IP 地址

6.2.5　Windows Server 2016 的 Web 服务器安装与部署

IIS 是运行 Microsoft Windows 的互联网基本服务，包括 Web 服务器、FTP 服务器、NNTP 服务器和 SMTP 服务器，因此在安装 Web 服务器（IIS）时，同时完成 Web 服务器和 FTP 服务器的安装。IIS 7.0 是当前的新版本，为用户提供了集成的、可靠的、可扩展的、安全的及可管理的内联网、外联网和互联网 Web 服务器解决方案，经过改善的结构可以完全满足全球客户的需求。在 Windows Server 2016 中添加“Web 服务器（IIS）”，在添加角色中，勾选“FTP 服务器”，安装完成之后，正确配置 Web 站点和 FTP 站点就可以使用了。

案例 4 在 windows01 中安装 Web 服务器，新建 Web 站点。配置完成之后，测试站点功能。

根据案例 4 的要求，操作步骤如下。

第 1 步：安装 Web 服务器（IIS）。注意在添加角色中，勾选“FTP 服务器”，为案例 5 作准备。

第 2 步：在磁盘创建目录 web，在 web 目录下创建目录 FTP 和文件 index.html，index.html 文件内容为“欢迎学习 Web 服务器”。

第 3 步：启动 Internet Information Services （IIS）管理器，删除默认站点，创建新站点 www.skills.com，如图 6-11 所示。

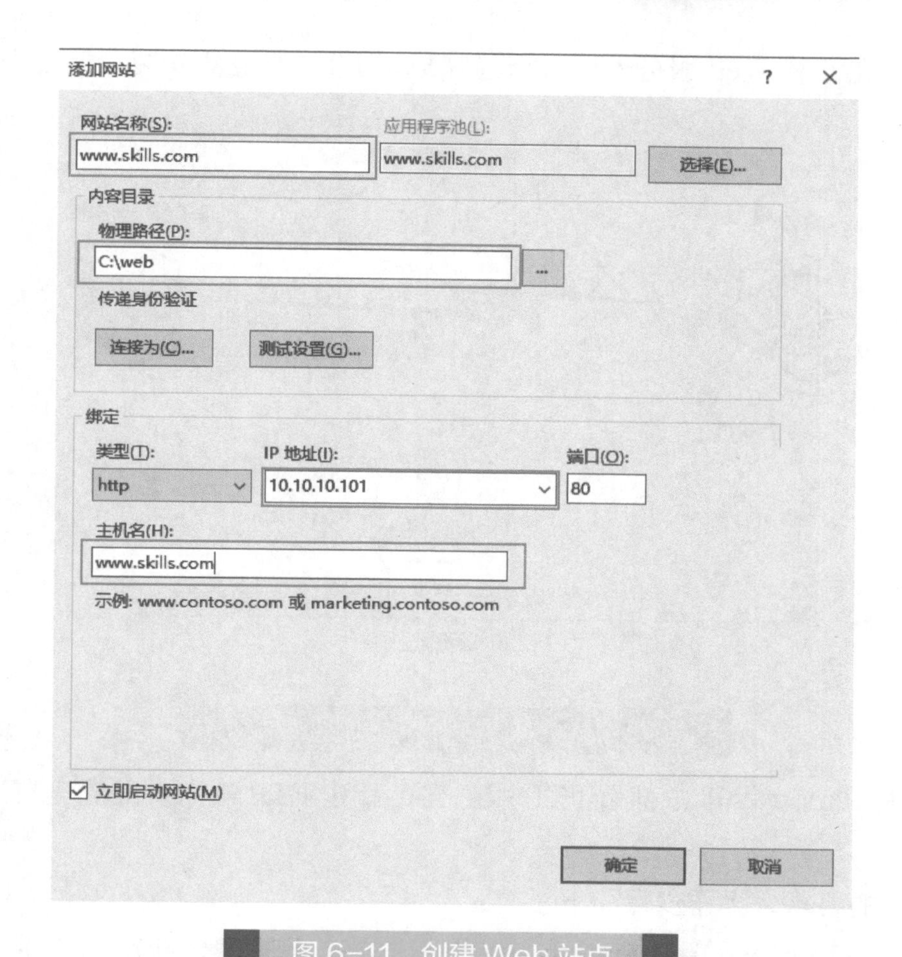

图 6-11　创建 Web 站点

第 4 步：测试 Web 站点。使用 Internet Explorer 查看结果，如图 6-12 所示。

图 6-12　测试 Web 站点

知识拓展

Web 服务器也称作 WWW 服务器（万维网服务器），采用客户端 / 服务器（C/S）工作模式，向用户提供以超文本技术为基础的全图形浏览界面。由于 Web 客户端一般为浏览器，所以其工作模式也常称为 B/S（浏览器 / 服务器）模式。

6.2.6　Windows Server 2016 的 FTP 服务器部署

FTP 服务是 Internet 中最早的服务功能之一，目前仍在广泛使用，它为计算机之间双向文件传输提供了一种有效的手段，其工作原理如图 6-13 所示。FTP 服务器是 Web 服务器内置的功能，在安装 Web 服务器时，已经完成了 FTP 服务器安装。接下来简述 FTP 的部署。

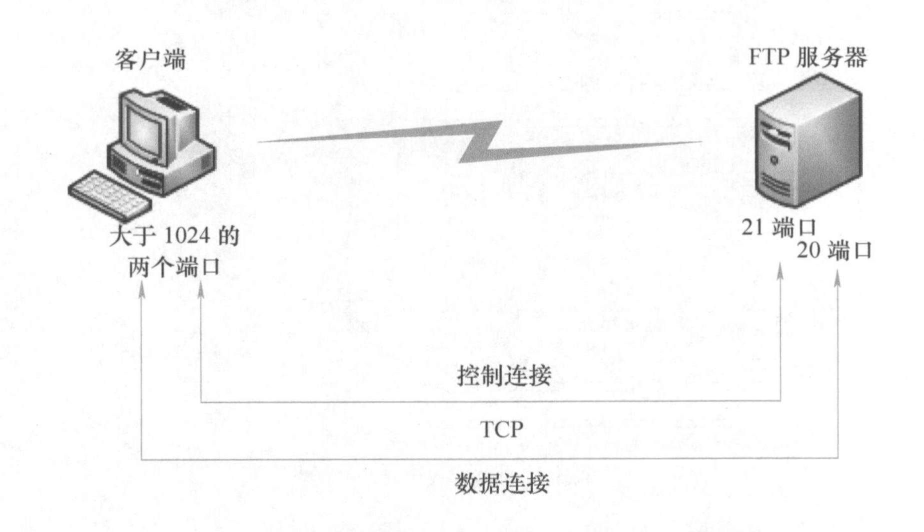

图 6-13　FTP 服务工作原理图

案例 5 在 windows01 中部署 FTP 服务器，新建 FTP 站点。配置完成之后，测试站点 FTP 功能。

根据案例 5 的要求，操作步骤如下。

第 1 步：启动 Internet Information Services（IIS）管理器，新建 FTP 站点。

第 2 步：配置 FTP 站点参数，站点名称为 ftp.skills.com，路径为 C:\Web\FTP，绑定 IP 地址为 10.10.10.101，授权所有用户拥有读写权限，并且可以匿名访问。

第 3 步：打开浏览器，测试 FTP 服务器功能，如图 6-14 所示。

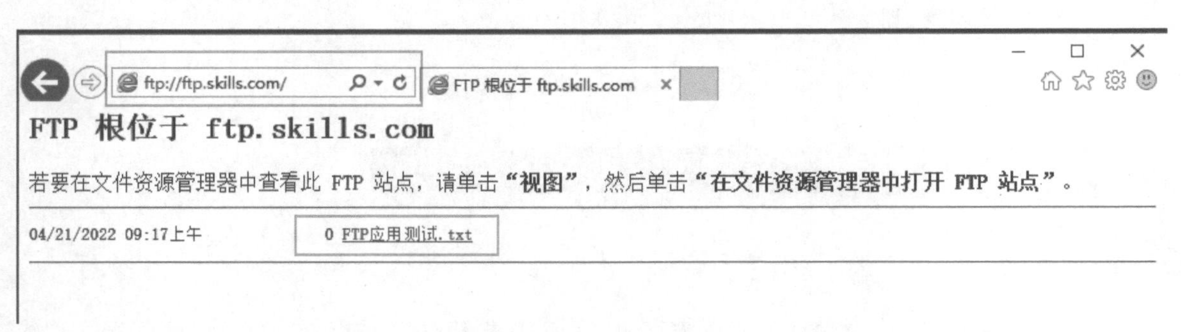

图 6-14　FTP 服务器测试

知识拓展

FTP（File Transfer Protocol，文件传输协议）采用客户端 / 服务器方式，使用 TCP 端口 21，其基本功能为允许用户将本地计算机中的文件上传到远端的计算机中，或将远端计算机中的文件下载到本地计算机中。

6.3 Linux 应用基础

Linux 是一套免费使用和自由传播的类 UNIX 操作系统，是一个基于 POSIX 和 UNIX 的多用户、多任务、支持多线程和多 CPU 的操作系统。它能运行主要的 UNIX 工具软件、应用程序和网络协议，支持 32 位和 64 位硬件。Linux 内核是林纳斯·托瓦兹（Linus Torvalds）就读赫尔辛基大学期间因兴趣而设计的系统，其继承了 UNIX 以网络为核心的设计思想，是一个性能稳定的多用户网络操作系统。当前主流的 Linux 系统有 CentOS、Ubuntu、Deepin（国产）、RedHat、Debian、Gentoo、Kali Linux、Arch Linux、SUSE。本节以 CentOS 7 为例讲解 Linux 基本服务配置。

6.3.1 CentOS 7 安装及基础配置

CentOS 7 是 CentOS 项目发布的开源类服务器操作系统，于 2014 年 7 月 7 日正式发布。CentOS 7 是一个企业级的 Linux 发行版本，它源于 RedHat 免费公开的源代码进行再发行。CentOS 7 内核更新至 3.10.0，支持 Linux 容器，支持 Open VMware Tools 及 3D 图像即装即用，支持 OpenJDK-7 作为默认 JDK，支持内核空间内的 iSCSI 及 FCoE，支持 PTPv2 等功能。基于 VMware Workstation 平台的 CentOS 7 系统安装操作如下。

第 1 步：正确配置 VMware Workstation 虚拟机的参数，主要设置网络适配器为桥接模式，正确选择 ISO 映像文件，具体内容如图 6-15 所示，根据引导完成 CentOS 系统安装。

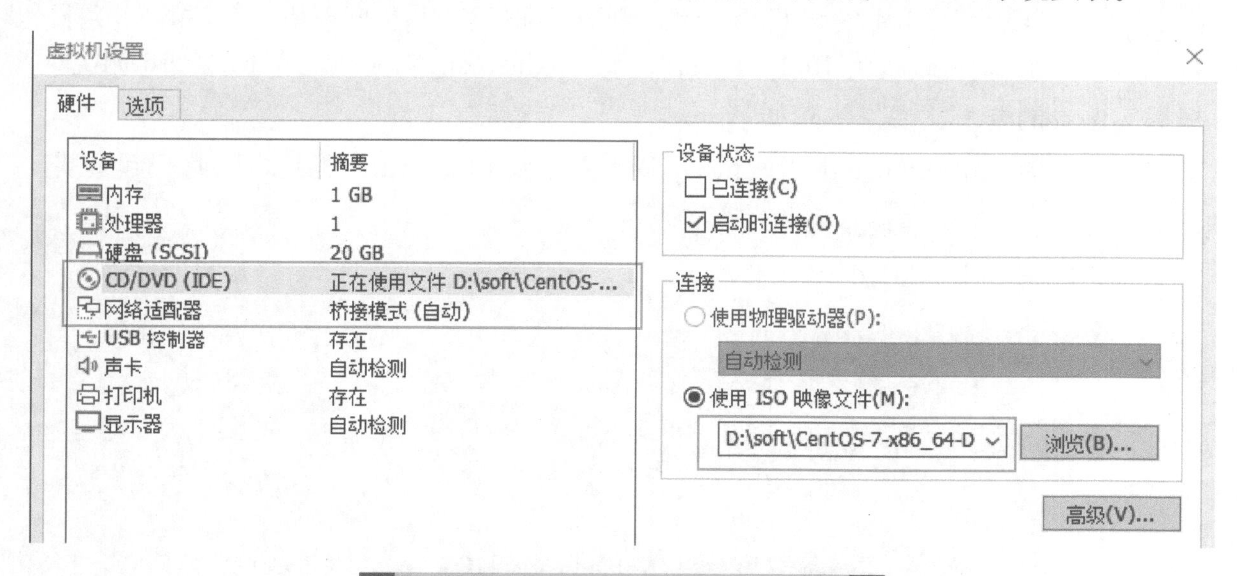

图 6-15 CentOS 虚拟机设置

第 2 步：完成 CentOS 基础配置。基础配置内容包含修改主机名称，配置静态 IP 地址、子网掩码、网关地址、DNS，关闭强制安全认证和防火墙，配置 yum 安装，具体配置内容如下。

```
echo "dns.skills.com">/etc/hostname                        # 修改主机名
cd /etc/sysconfig/network-scripts/
echo "IPADDR=10.10.10.110">>ifcfg-eno16777736             # 添加 IP 地址
```

```
echo "PREFIX=24">>ifcfg-eno16777736                 # 添加子网掩码
echo "GATEWAY=10.10.10.254">>ifcfg-eno16777736      # 添加网关地址
echo "DNS1=10.10.10.110">>ifcfg-eno16777736         # 添加 DNS
sed -i "s|dhcp|static|" ifcfg-eno16777736           #static 替换 dhcp
sed -i "s|T=no|T=yes|" ifcfg-eno16777736            #ONBOOT=no 替换为
                                                      ONBOOT=yes
sed -i "s|=e.*|=disabled|" /etc/selinux/config      # 关闭强制安全认证
cd /etc/yum.repos.d/
sed -i "16s|C.*||" CentOS-Media.repo                # 删除第 16 行 C 开始后的内容
sed -i "17,20d" CentOS-Media.repo                   # 删除 17 ~ 20 行的内容
rm -rf CentOS-Base.repo                             # 强制删除 CentOS-Base.repo
systemctl disable firewalld                         # 关闭防火墙
reboot                                              # 重启启动
```

知识拓展——Linux 常用命令

1）终端命令 echo 的 > 和 >> 区别，前者替换文档内容，后者添加到文件尾部。

2）sed -i[脚本命令] 文件名，是修改文件指定内容的常用命令。

6.3.2 CentOS 7 的 DNS 服务器安装与部署

Linux 系统的常见 DNS 服务器软件有 BIND、NSD、Unbound 等，CentOS 支持 Unbound 创建 DNS 服务器，本节以 Unbound 简述 DNS 服务器的安装与部署。

案例 6 在 CentOS01 中安装 Unbound，创建 DNS 正向和反向解析，创建 DNS 条目包含 www1.skills.com，对应地址为 10.10.10.110，ftp1.skills.com 对应地址为 10.10.10.110。

根据案例 6 的要求，操作步骤如下。

第 1 步：安装 Unbound。由于测试 DNS 需要用到 bind-utils 工具，因此一起安装。

```
#yum install -y bind-utils unbound*
```

第 2 步：配置 unbound.conf 文件。

```
#vim /etc/unbound/unbound.conf
38 interface：0.0.0.0                                   # 去掉 38 行的 # 号
……                                                      ……
177 ccess-control：10.10.10.0/24 allow                  # 去掉 177 行的 # 号，更新
                                                          网段
……                                                      ……
461 local-data："www1.skills.com. IN A 10.10.10.110"    # 在 460 行后插入正向解析
462 local-data：ftp1.skills.com. IN A 10.10.10.110
463 local-data-ptr："10.10.10.110 www1.skills.com"      # 插入正向解析
464 local-data-ptr："10.10.10.110 ft1.skills.com"
```

第 3 步：重启 Unbound 服务，并且设置开机自启动。

```
# systemctl restart unbound
# systemctl enable unbund
```

第 4 步：测试 DNS 正向与反向解析。

```
[root@dns ~]# nslookup
> www1.skills.com                                    # 正向解析
Server:         10.10.10.110
Address:        10.10.10.110#53
Name:    www1.skills.com
Address: 10.10.10.110
> ftp1.skills.com                                    # 正向解析
Server:         10.10.10.110
Address:        10.10.10.110#53
Name:    ftp1.skills.com
Address: 10.10.10.110
> 10.10.10.110                                       # 反向解析
Server:         10.10.10.110
Address:        10.10.10.110#53
110.10.10.10.in-addr.arpa   name = www1.skills.com.
110.10.10.10.in-addr.arpa   name = ft1.skills.com.
>
```

6.3.3 CentOS 7 的 DHCP 服务器安装与部署

CentOS 7 提供了配置 DHCP 服务器的模板，支持详细参数设置，是高效 DHCP 服务器搭建平台。下面，通过简单案例学习 DHCP 服务器安装与部署。

案例 7 在 CentOS 7 平台安装 DHCP 服务器，部署地址范围为 10.10.10.200 ~ 250，网关地址为 10.10.10.254，DNS 服务器地址为 10.10.10.110。

根据案例 7 的要求，操作步骤如下。

第 1 步：安装 DHCP 服务器。

```
#yum install -y dhcp
```

第 2 步：配置 dhcpd.conf。按照案例 7 要求的地址范围、网关地址、DNS 进行配置。

```
#vim /etc/dhcp/dhcpd.conf
  subnet 10.10.10.0 netmask 255.255.255.0{
      range 10.10.10.200 10.10.10.250;                 # 设置地址范围
      option routers 10.10.10.254;                     # 设置网关地址
      option domain-name-servers 10.10.10.110;         # 设置 DNS 地址
  }
```

第 3 步：重启 DHCP 服务器，并且设置开机自启。

```
#systemctl restart dhcpd
#systemctl enable dhcpd
```

第 4 步：利用 windows02 测试 CentOS 7 的 DHCP 服务器是否配置成功。经过重新获取 IP 地址，发现 windows02 正确获得 CentOS 7 分配的 IP 地址，如图 6-16 所示。

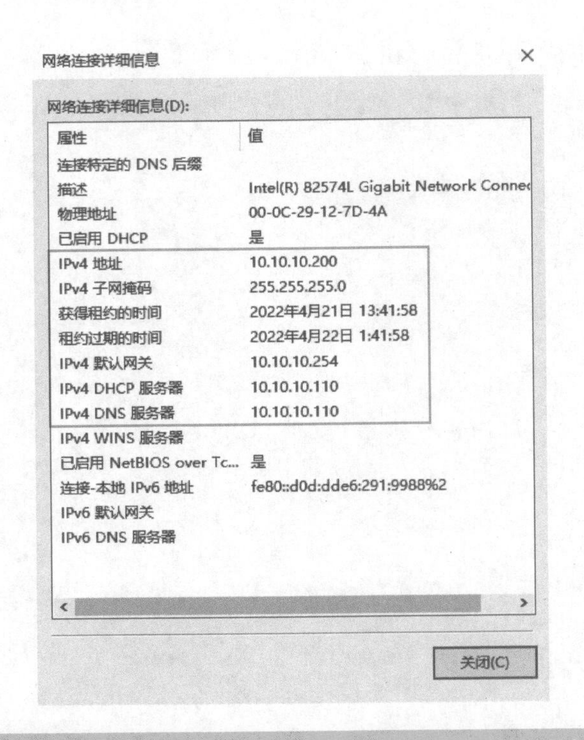

图 6-16　CentOS 7 DHCP 服务器应用测试

6.3.4　CentOS 7 的 Web 服务器安装与部署

Apache HTTP Server（简称 Apache）是 Apache 软件基金会的一个开放源码的 Web 服务器软件。大多数人都是通过访问网站而开始接触互联网，而网站服务就是 Web 服务，一般是指允许用户通过浏览器访问互联网中各种资源的服务。Web 服务是一种被动的访问服务程序，即只有接收到互联网中其他主机发出的请求后才会响应，提供 Web 服务的服务器通过 HTTP（超文本传输协议）或 HTTPS（安全超文本传输协议），把请求的内容传送给用户，如图 6-17 所示。下面，通过简单案例学习 Web 服务器安装与部署。

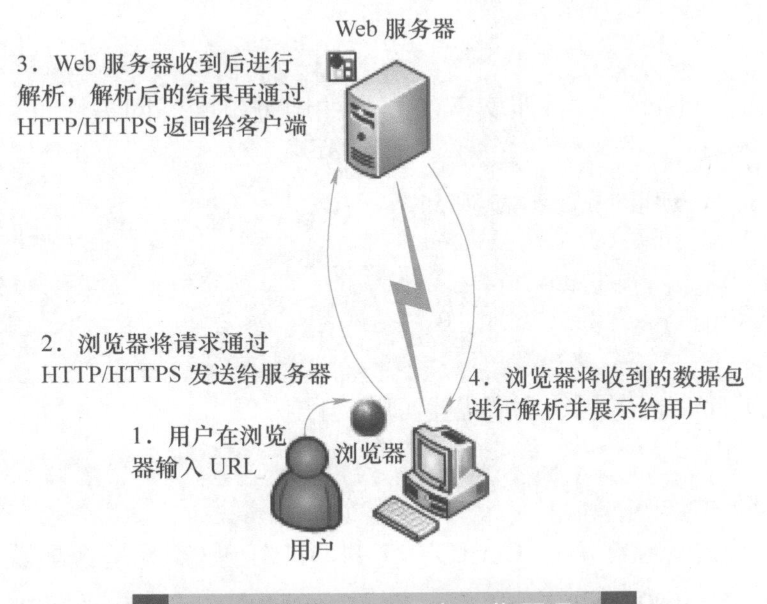

图 6-17　Web 服务工作原理

案例 8 在 CentOS 7 中安装 Web 服务器，完成简单配置，测试 Web 站点。

根据案例 8 的要求，操作步骤如下。

第 1 步：安装 httpd 组件。

```
#yum install -y httpd
```

第 2 步：创建测试网页及其所在目录。

```
# mkdir -p /www                                            # 创建目录
# echo "Welecom skills' s website">>/www/index.html        # 创建文档
```

第 3 步：配置 httpd.conf，只需在 httpd.conf 文档最后添加下列内容即可。

```
<VirtualHost 10.10.10.110:80>                              # 主机地址和端口
        DocumentRoot /www                                  # 设定文件所在位置（路径）
        ServerName www1.skills.com                         # 指定域名
        DirectoryIndex index.html                          # 指定 Web 主页
        <Directory /www>                                   # 指定文件系统的路径
                Require all granted                        # 全部授权
        </Directory>                                       # 文件系统路径结束
</VirtualHost>                                             # 虚拟主机结束
```

第 4 步：重启 httpd 服务，并且设定开机自启。

```
# systemctl restart httpd
# systemctl enable httpd
```

第 5 步：利用 CentOS 7 和 windows02 分别进行 Web 测试。

CentOS 7 测试结果如下：

```
[root@dns ~]# curl www1.skills.com
Welecom skills's website
[root@dns ~]#
```

windows02 测试结果如图 6-18 所示。

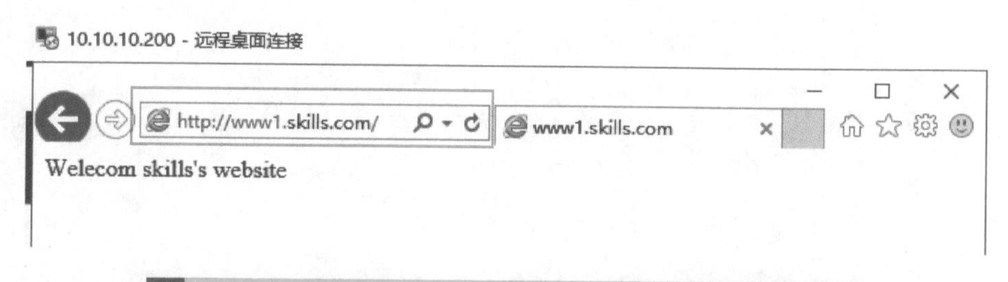

图 6-18　CentOS 7 Web 服务器配置测试

6.3.5　CentOS 的 FTP 服务器安装与部署

vsftpd 是“very secure FTP daemon”的缩写，安全性是它的一个最大特点，其主要运行在类 UNIX 操作系统上，是一个完全免费的、开放源代码的 FTP 服务器软件。vsftpd 具有带宽限制、良好的可伸缩性、可创建虚拟用户、支持 IPv6、速率高等优势。下面，通过简单案例学习 CentOS 下 vsftpd 服务器的搭建。

案例 9 在 CentOS 中安装 FTP 服务器，通过配置实现匿名文件下载功能。

根据案例 9 的要求，操作步骤如下。

第 1 步：安装 vsftpd 组件。为了便于测试，同时安装 FTP。

```
#yum install -y vsftpd ftp
```

第 2 步：创建测试文档。

```
#echo "First Ftp Case." >>/var/ftp/1001.txt
```

第 3 步：重启 vsftpd 组件，并且设置开机自启。

```
#systemctl restart vsftpd
#systemctl enable vsftpd
```

第 4 步：分别在 CentOS 7 和 windows02 测试 FTP 匿名登录之后的功能。

基于 CentOS 7 匿名登录下载：

```
[root@dns ~]# ftp ftp1.skills.com                                  # 以域名登录
Connected to ftp1.skills.com (10.10.10.110).
220 (vsFTPd 3.0.2)
Name (ftp1.skills.com:root): anonymous                             # 输入匿名用户
331 Please specify the password.
Password:                                                          # 密码为系统密码
230 Login successful.
Remote system type is UNIX.
Using binary mode to transfer files.
ftp> dir                                                           # 查看文件
227 Entering Passive Mode (10,10,10,110,116,88).
150 Here comes the directory listing.
-rw-r--r--    1 0     0      16 Apr 21 15:06 1001.txt
drwxr-xr-x    2 0     0       6 Nov 20  2015 pub
226 Directory send OK.
ftp> get 1001.txt                                                  # 下载文件
local: 1001.txt remote: 1001.txt
227 Entering Passive Mode (10,10,10,110,231,161).
150 Opening BINARY mode data connection for 1001.txt (16 bytes).
226 Transfer complete.
16 bytes received in 1.3e-05 secs (1230.77 Kbytes/sec)
ftp> exit                                                          # 退出 ftp
221 Goodbye.
[root@dns ~]# ls                                                   # 查看下载结果
1001.txt  anaconda-ks.cfg
[root@dns ~]#
```

知识拓展

ftp 命令用来设置文件系统相关功能，CentOS 7 ftp 命令的功能是用命令的方式来控制在本地机和远程机之间的文件传送。

基于 windows02 测试 FTP 下载功能，如图 6-19 所示。

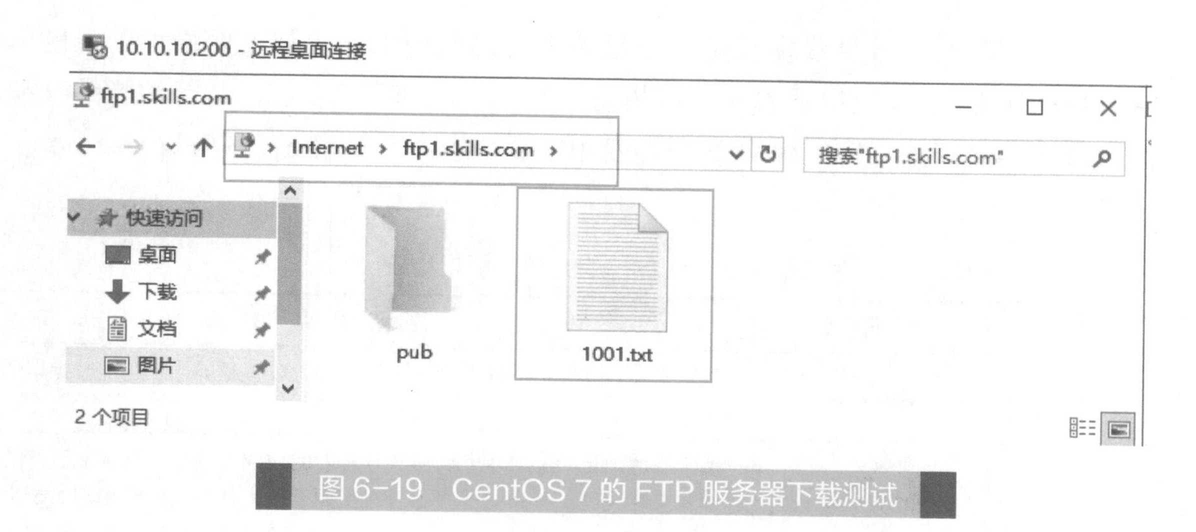

图 6-19 CentOS 7 的 FTP 服务器下载测试

6.4 鸿蒙操作系统概述

华为鸿蒙操作系统（HUAWEI HarmonyOS）于 2019 年 8 月 9 日在东莞举行的华为开发者大会（HDC.2019）上首次发布（见图 6-20），它是一款基于微内核、面向 5G 物联网、面向全场景（移动办公、运动健康、社交通信、媒体娱乐等）的分布式操作系统，它的英文名 HarmonyOS，意为和谐，旨在创造一个超级虚拟终端互联的世界，将人、设备、场景有机地联系在一起，将消费者在全场景生活中接触的多种智能终端实现极速发现、极速连接、硬件互助、资源共享，用合适的设备提供场景体验。

图 6-20 鸿蒙系统发布会

HarmonyOS 是华为公司调配 4000 多名研发人员，耗时近十年的研发成果，是与 Android、iOS 不一样的操作系统，是近年来国产操作系统发展的一个重要里程碑，是中国人自己的操作系统。其性能强于安卓系统，而且华为还为基于安卓生态开发的应用能够平稳迁移到 HarmonyOS 上做好了衔接方案。在传统的单设备系统能力的基础上，HarmonyOS 提出了基于同一套系统能力、适配多种终端形态的分布式理念，能够支持手机、平板、智能穿戴、智慧屏、车机等多种终端设备。并且该系统是面向下一代技术而设计的，能兼容全部安卓应用的所有Web应用。若安卓应用重新编译，在鸿蒙OS上，运行性能提升超过60%。截至2021年10月，HarmonyOS已经发布了3个版本，见表6-6，搭载HarmonyOS的设备已破1.5亿台。

表6-6 HarmonyOS版本历史

版本	发行日	更新说明
HarmonyOS 1.0	2019-8	正式发布，并推出搭载HarmonyOS的荣耀智慧屏，改变全球操作系统格局
HarmonyOS 2.0	2020-9-11	基于开源项目OpenHarmony 2.0开发的面向多种全场景智能设备的商用版本，在关键的分布式能力上进行全面升级，并与国内多家知名家电厂商达成合作，发布搭载HarmonyOS 的新家电产品
HarmonyOS 3.0	2021-10-22	优化了控制中心的界面显示，提升游戏的流畅度，加强安全防护能力及系统稳定性

从技术架构上来说，微内核架构的鸿蒙OS其实更像iOS，但与iOS封闭的生态不同，华为鸿蒙积极构建良好的、开放的应用程序生态系统。华为已于2020年、2021年分两次把HarmonyOS的基础能力全部捐献给开放原子开源基金会OpenHarmony项目。2021年11月17日，HarmonyOS迎来第三批开源，新增开源组件769个，涉及工具、网络、文件数据、UI、框架、动画图形及音视频7大类。2022年1月华为鸿蒙官方宣布，HarmonyOS服务开放平台正式发布，支持原子化服务独立上架。在全球180万开发者的支持下，HMS（Huawei Mobile Service，华为移动服务）生态迎来高速增长：超过9.6万个应用集成HMS Core，AppGallery全球活跃用户达4.9亿，2020年1～8月AppGallery应用分发量达2610亿。不过，在Android和iOS垄断的手机市场，鸿蒙OS想要突围，还有漫漫长路。

习　题

一、单项选择题

1. 下列关于网络操作系统的描述，错误的是（　　）。
   A．网络操作系统具有网络通信和多种网络服务的功能
   B．网络操作系统是一种服务器操作系统
   C．网络操作系统只能运行在环形和星形网络上
   D．网络操作系统使网络计算机能够方便有效地共享网络资源
2. 创建Web站点时默认的文档可以使用（　　）。
   A．web.rar　　B．index.html　　C．default.pdf　　D．home.doc
3. WWW服务使用的协议是（　　）。
   A．FTP　　B．HTTP　　C．SMIP　　D．RARP

4. 下列不属于网络操作系统的是（　　）。

A. Linux　　B. UNIX

C. Windows XP　　D. Windows Server 2012

5. 下列对网络操作系统特点描述正确的是（　　）。

A. 单用户，单任务　　B. 单用户，多任务

C. 多用户，单任务　　D. 多用户，多任务

6. Windows Server 2012 中新建的用户默认属于（　　）用户组。

A. Users　　B. Guests　　C. Backup　　D. Administrators

7. 下列符合 WWW 网址书写规则的是（　　）。

A. http://www.computer.net　　B. http//www.computer.net

C. http:www.computer.com　　D. http:\\www.computer.com

8. 把电子邮件同时发送给多个人，收件人地址之间的分隔符是（　　）。

A. ：　　B. 、　　C. ；　　D. 。

9. 除了可以用 IIS 创建 FTP 服务器外，还可以使用（　　）来创建。

A. DNS　　B. Serv-U　　C. RealMedia　　D. SMTP

10. 网络操作系统主要解决的问题是（　　）。

A. 网络用户使用界面　　B. 网络安全防范

C. 网络设备的连接　　D. 资源共享及资源访问的安全机制

11. 在邮箱地址中，用户名与邮件服务器域名之间的连接符是（　　）。

A. @　　B. #　　C. %　　D. $

12. Windows Server 2016 自带的默认管理员账户是（　　）。

A. Administrator　　B. Guest

C. Everyone　　D. User

13. 在计算机系统中，默认端口号“80”对应的服务是（　　）。

A. 网站服务　　B. 远程登录　　C. 文件共享　　D. 电子邮件

14. Windows Server 2008 服务器中管理用户的模式一种是工作组，另一种是（　　）。

A. 用户　　B. 域　　C. Everyone　　D. User

15. 下列能发布 FTP 站点功能的是（　　）。

A. SMTP　　B. DNS　　C. IIS　　D. POP3

16. 以下不属于网络操作系统基本功能的是（　　）。

A. 文件服务　　B. 数据恢复服务　　C. 打印服务　　D. 通信服务

17. 以下关于网络操作系统的英文单词全拼正确的是（　　）。

A. Net Operate System　　B. Network Operation System

C. NOS　　D. Network Operating System

18. Windows Server 2008 及以上版本操作系统使用的文件系统是（　　）。
A. FAT　　B. FAT32　　C. ext3　　D. NTFS
19. 网络操作系统无法实现的功能是（　　）。
A. 协调用户　　B. 管理文件　　C. 提供网络通信服务　D. 设计网络拓扑
20. 网络操作系统是一种（　　）。
A. 应用软件　　B. 通信软件　　C. 上网工具　　D. 系统软件

二、多项选择题

1. 可以利用 Internet 信息服务来构建的是（　　）。
A. WWW 服务　　B. DNS 服务　　C. FTP 服务　　D. DHCP 服务
E. POP3 服务
2. 以下属于网络操作系统基本特点的是（　　）。
A. 易用性　　B. 并行性　　C. 高效性　　D. 安全性
E. 开源性
3. 下列是 Windows Server 2016 内置账户的有（　　）。
A. guest　　B. root　　C. host　　D. anyone
E. administrator
4. 关于 Linux 命令说法正确的有（　　）。
A. 可使用 ipconfig 命令查看 IP 地址
B. 可使用 mkdir 命令创建文件夹
C. 可使用 useradd 命令添加一个新用户
D. 可使用 rmdir 命令删除非空文件夹
E. 可使用 vi 命令创建并编辑一个新文本文件
5. 标识一个 Web 站点的要素主要是（　　）。
A. 计算机名　　B. IP 地址　　C. TCP 端口　　D. 访问量
E. 主目录

三、判断题

1. 计算机网络可以实现软件共享和数据共享，不能实现硬件共享。（　　）
2. 发送电子邮件时，接收方一定要在线才能发送成功。（　　）
3. DNS 域名解析系统可以实现 IP 地址与域名之间的转换。（　　）
4. Telnet 服务必须在指定的网络操作系统上才能使用。（　　）
5. DHCP 是动态主机配置协议，可以给网络中的计算机自动分配 IP 地址。（　　）
6. 在 Linux 系统中可以使用 ipconfig 命令查看本地 TCP/IP 配置信息。（　　）
7. 在 Windows Server 2016 中，默认情况下 Guest 是禁止的。（　　）
8. UNIX 是一种多用户、多任务的实时操作系统。（　　）

9．客户端和服务器角色有明确界限，客户端为 Client，服务器为 Server，两者角色不可互换。（ ）

10．网络操作系统的用户不同于单机操作系统，只允许设置一个用户，从而保障系统的安全性。（ ）

四、填空题

1．从 ww.ewery.edu.cn 可以判断出该域名属于中国的__________机构。

2．FTP 服务的默认端口号是__________。

3．__________是 Internet 上使用的核心名称解析工具。

4．有一台系统为 Windows Server 2008 的 FTP 服务器，其地址为 192.168.0.2，要让客户端使用“ftp://1192.168.0.2”地址访问该站点的内容，需将站点端口配置为__________。

5．如果有个 Web 网站所使用的 IP 地址为 10.151.10.252，TCP 端口号为 2020，则同局域网用户应该在 Web 浏览器的地址栏输入__________以访问这个 Web 站点。

6．在一台计算机上建立多个 Web 站点的方法有：利用多个 IP 地址、利用多个__________端口和利用多个主机头名称。

7．在 Windows Server 2008 中创建账户名和密码，密码必须用到“大写字母、小写字母、数字、标点符号”中的至少__________种才能完成创建。

8．__________服务能为网络内的客户端计算机自动分配 TCP/IP 配置信息。

9．当将网站布置在 Web 服务器中时，是将网页文件保存在__________位置。

10．Windows Server 2016 网络操作系统提供__________功能是一种连接远程工作站的远程管理工具。

五、简答题

1．什么是网络操作系统？举例说明其主要功能。

2．某单位申请了宽带网络，网络部门技术人员为了共享网络设置局域网，网段为 10.151.1.0/24，网关为 10.151.1.254，DNS 为 114.114.114.114，同时为部门内部的资源共享创建了 FTP 站点和 Web 站点。据此，解决以下问题：

1）设置 Windows Server 2016 服务器的 TCP/IP 参数。

2）写出客户端访问 Web 站点的地址格式。

3）写出客户端访问 FTP 站点的地址格式。

Unit 7

单元 7 局域网组建

导读

局域网覆盖范围一般是方圆几千米之内，大到一个园区的网络，小到一个办公室的网络连接。其具备安装便捷、成本节约、扩展方便等特点使其在各类办公室内运用广泛。局域网自身相对其他网络传输速度更快，性能更稳定，框架简易，并且作为私有网络具有封闭性。通过维护局域网网络安全，能够有效地保护资料安全。组建局域网可以实现文件管理、应用软件共享、打印机共享等功能。

学习目标

知识目标：

✧ 了解局域网的主要特点和基本技术。

✧ 了解局域网参考模型和 IEEE 802 标准。

✧ 了解以太网标准和以太网组网的基本方法。

✧ 理解无线网络的基本知识。

能力目标：

✧ 能够描述 CSMA/CD 介质访问控制方法的工作原理。

✧ 能够利用常用网络命令进行网络诊断。

✧ 能够组建简单的家庭局域网，实现硬件和软件资源的共享。

素养目标：

✧ 了解网络文化，提升网络安全意识，树立网络主权意识。

✧ 积极利用所学的局域网组建知识活学活用，学以致用。

知识梳理

本单元知识梳理，如图 7-1 所示。

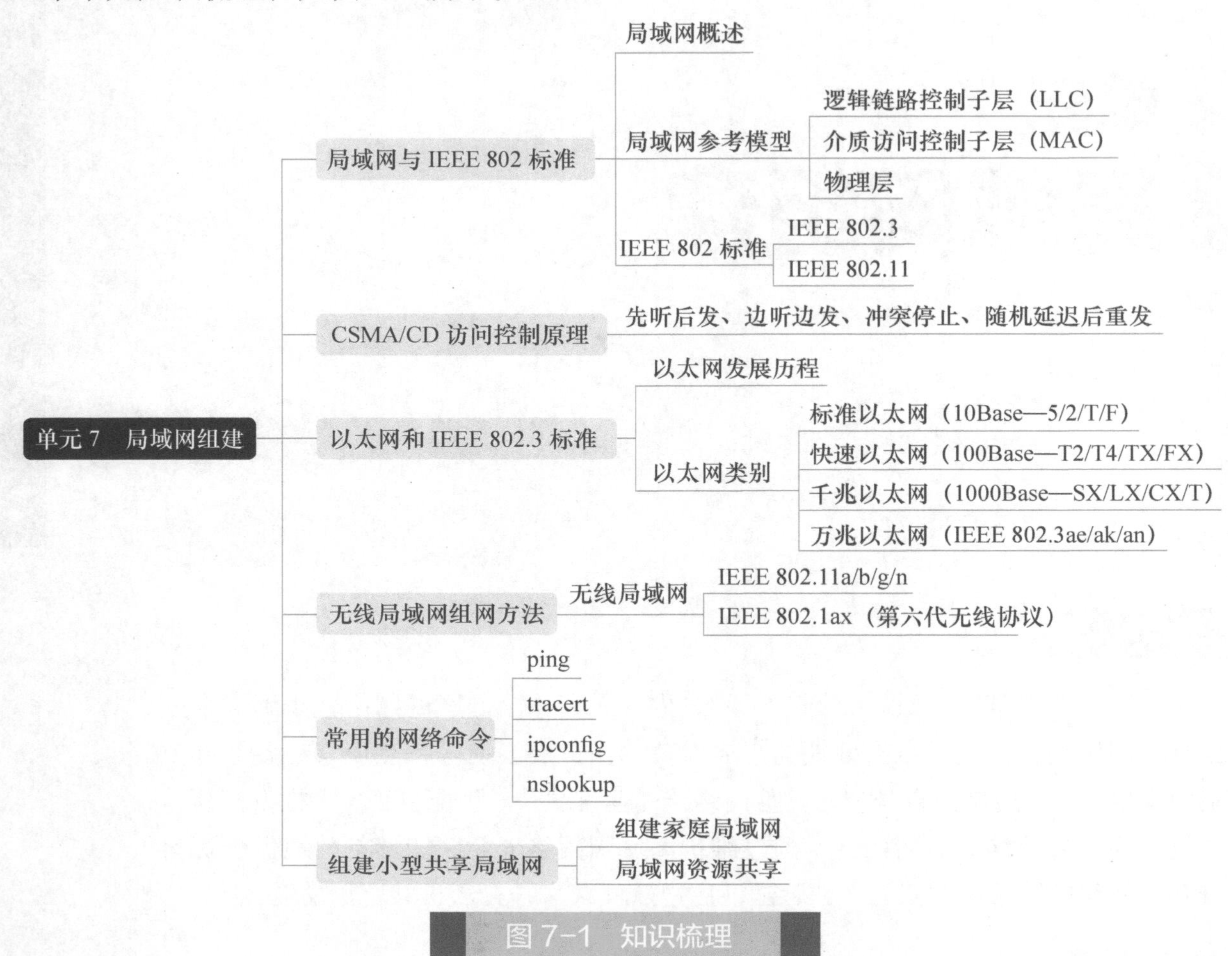

图 7-1　知识梳理

7.1　局域网与 IEEE 802 标准

7.1.1　局域网概述

知识拓展

局域网相对于广域网来说，是在较小范围内，利用通信线路将众多微机及外部设备连接起来，以达到资源共享和信息传递的目的。局域网是计算机领域研究和应用的热点，它在机关、企业的信息管理和服务等方面都有广泛的应用。

1．局域网主要特点

局域网基本特征是：覆盖范围小、数据传输速率高、时延低和误码率低。一般来说，它的特点如下。

（1）覆盖范围小

局域网覆盖的地理范围较小，如一间办公室、一栋大楼、一所学校。其覆盖范围一般不超过 10km。

（2）数据传输速率高、时延低

局域网由于传输距离短，数据传输速率较高，目前局域网的数据传输速率通常在 100Mbit/s 以上，能支持计算机之间高速通信，所以时延较低。

（3）误码率低

局域网因为覆盖范围小，站点数目有限、传输线路短，所以受环境干扰小，误码率低。

（4）以微机为主要联网对象，综合成本低

局域网连接的设备通常是计算机、中小型服务器、终端和外设，其中微机是局域网最重要的联网对象。微机价格低廉，并且由于通信线路短，局域网的综合成本较低。

（5）实用性强，使用广泛

局域网既可以采用如双绞线、光纤、同轴电缆等有线传输介质，也可以采用微波等无线介质。局域网被广泛应用于家庭、办公室、小区、校园和企业，实现数据交换和硬件、软件和数据资源的共享。

（6）一般为一个部门或单位所有

局域网是由一个单位或者部门负责建立、管理和使用，完全受该单位或部门的控制，管理方便。这是局域网与广域网的重要区别之一。广域网分布在不同地区或者不同国家之间，由于受到产权和经济制约，难以被某一组织控制。

2．局域网的关键技术

决定局域网特性的 3 个主要技术是：拓扑结构、传输介质和介质访问控制方法。在这 3 种技术中最为重要的是介质访问控制方法，它对网络的吞吐量、响应时间、传输效率等网络特性起着十分重要的作用。

（1）拓扑结构

局域网在拓扑结构上主要采用星形、环形、总线型 3 种结构。

星形拓扑：星形拓扑结构是目前局域网应用最普遍的拓扑结构。其存在中心节点，各节点通过点到点的链路与中央节点连接。使用集线器作为中央设备是一种具有星形物理连接的总线型拓扑结构；使用交换机作为中央设备，则是真正意义的星形拓扑结构。

环形拓扑：节点通过点对点的链路连接成一个闭合环路。环路中数据单向传输，多个节点共享一条环通路。环形拓扑的管理较为复杂，扩展性差。FDDI 网即环形结构。

总线型拓扑：采用一条公共的数据通路，称为总线。所有的节点连接到总线。总线上同一时间只允许一个节点发送数据，否则计算机之间就会相互干扰，但是总线作为公共传输介质为多个节点共享，就有可能出现同一时刻两个或以上节点利用总线发送信息的情况。因此会出现“冲突”。

如何解决“共享介质”的访问，就必须制定相应的“介质访问”规则，即介质访问控制方法。

(2) 传输介质

局域网常用的传输介质有双绞线、同轴电缆、光纤、无线电波等。早期的传统以太网中使用最多的是同轴电缆。随着技术的发展，双绞线和光纤的应用日益普及，特别是在快速局域网中，双绞线依靠其低成本、高速度和高可靠性等优势获得了广泛使用，引起了人们的普遍关注。光纤主要应用在远距离、高速传输数据的网络环境中，光纤的可靠性很高，具有许多双绞线和同轴电缆无法比拟的优点，随着科学技术的发展，光纤的成本不断降低，今后的应用必将越来越广泛。

(3) 介质访问控制方法

所谓介质访问控制方法，指控制多个节点利用公共传输介质发送和接收数据的规则。介质访问控制方法是局域网最重要的一项基本规则，它对局域网的体系结构和总体性能有决定性的影响。经过多年研究，人们提出了多项介质访问控制方法，但目前最普遍采用以下 3 种：

1) 带有冲突检测的载波监听多路访问（CSMA/CD）方法。

2) 令牌总线（Token Bus）方法。

3) 令牌环（Token Ring）方法。

7.1.2 局域网参考模型

根据 IEEE 802 标准，局域网只涉及 OSI/RM 的物理层和数据链路层两层，并根据局域网的特点，把数据链路层分成逻辑链路控制（Logical Link Control，LLC）和介质访问控制（Medium Access Control，MAC）两个功能子层。

OSI 参考模型和 LAN 参考模型对应关系如图 7-2 所示。

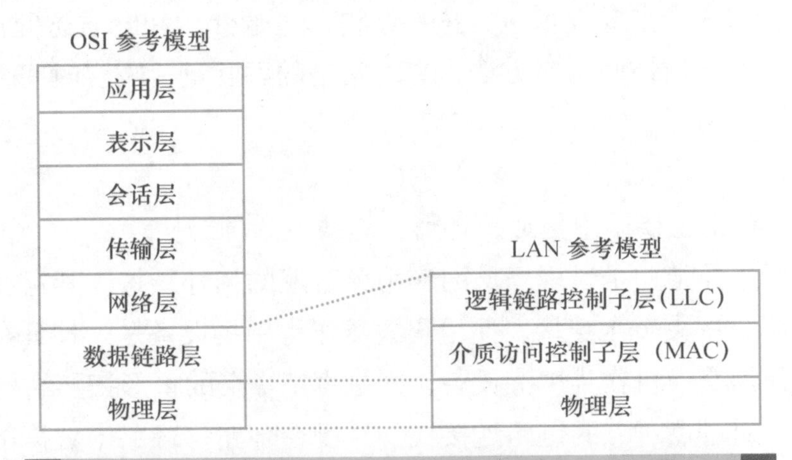

图 7-2 OSI 参考模型和 LAN 参考模型对应关系

局域网各层功能如下。

1) 物理层：主要是实现二进制比特流的透明传输，该层还规定了使用的信号、编码、传输介质、拓扑结构和传输速率。

2) MAC 子层：控制对传输介质的访问，该层描述了介质访问控制方法。

3) LLC 子层：向高层提供逻辑接口，具有发送和接收帧的功能。

7.1.3 IEEE 802 标准

随着局域网的不断普及，不同厂商开发的局域网产品层出不穷。为了使不同厂商开发的网络设备之间具有兼容性和互换性，人们可以灵活地选择网络设备来构建局域网，国际标准化组织开展了局域网的标准化工作。1980 年 2 月，局域网标准化协会，即 IEEE 802 委员会成立。IEEE 802 委员会制定了一系列局域网标准，统称为 IEEE 802 标准，见表 7-1。

表 7-1 IEEE 802 系列标准

标 准	说 明
IEEE 802.1	概述、体系结构、网络管理、网络互联
IEEE 802.2	逻辑链路控制 LLC
IEEE 802.3	CSMA/CD 访问方法、物理层规范
IEEE 802.4	Token Bus 令牌总线
IEEE 802.5	Token Ring 令牌环访问方法、物理层规范
IEEE 802.6	城域网介质访问控制方法和物理层技术规范
IEEE 802.7	宽带技术
IEEE 802.8	光纤技术（光纤分布数据接口 FDDI）
IEEE 802.9	综合业务数字网（ISDN）技术
IEEE 802.10	局域网安全技术
IEEE 802.11 (IEEE 802.11a、IEEE 802.11b、IEEE 802.11g、IEEE 802.11n)	无线局域网访问方法、物理层规范
IEEE 802.12	100VG-AnyLan 快速局域网访问方法、物理层规范

IEEE 802 标准之间的关系如图 7-3 所示。

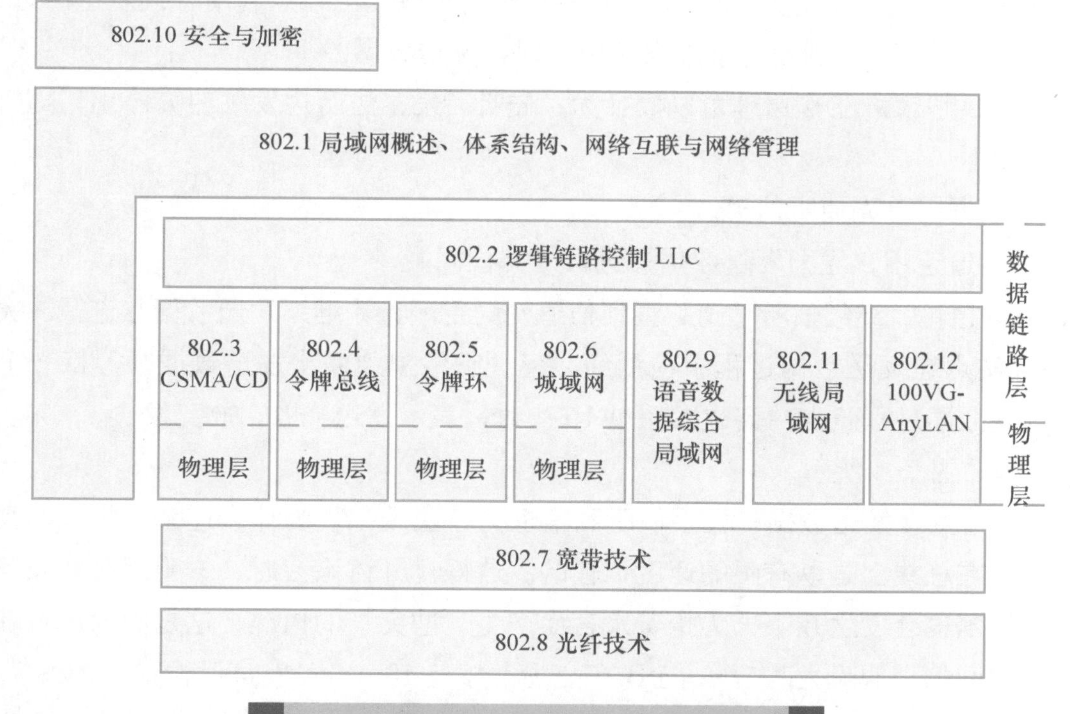

图 7-3 IEEE 802 标准之间的关系

在 IEEE 802 标准中，当属 IEEE 802.3 应用最为广泛。符合 IEEE 802.3 标准的局域网统称为以太网。IEEE 802.3 标准规定了物理层的传输介质和电信号，还有 CSMA/CD 访问方法等内容。

IEEE 802.11 是 IEEE 委员会制定的一个无线局域网标准，主要用于解决局域网中用户与用户终端的无线接入。其描述了无线局域网访问方法、物理层规范。

扫码看视频

7.2 CSMA/CD 访问控制原理

CSMA/CD（载波监听多路访问 / 冲突检测方法）是 IEEE 802.3 协议规定使用的介质访问控制方法。“多路访问”说明这是总线型网络，许多计算机以多路访问的方式连接在一根总线上。“载波监听”就是用电子技术检测总线上是否有其他计算机也在发送。载波监听即检测信道，不管在发送前，还是发送中，每个站点都在不断地检测信道。“冲突检测”是指适配器边发送数据边检测信道上的信号电压的变化，以便判断自己在发送数据时，是否其他站点也在发送。

CSMA/CD 采用最简单的随机接入，但是采用了很好的协议来减少冲突。这好比是一间屋子的人在开讨论会，没有会议主持人控制发言。想发言的人随时可以发言，但是还需要有个协议协调大家的发言。这就是：如果听到有人发言，那么必须等别人说完才能发言，否则就干扰了别人的发言。碰巧有两个或者多个人同时发言，则大家都必须立即停止发言，等听到没人发言时再发言。

CSMA/CD 协议的工作原理与上例类似，总线上同一时间只允许一个节点发送数据，而其他节点都只能接收到该信息，如果出现同一时刻两个或以上节点利用总线发送信息的情况，则所有节点停止发送，等到没有节点发送数据时再发送数据。

CSMA/CD 协议的工作原理可以概括为：先听后发、边听边发、冲突停止，随机延迟后重发。具体如下：

1）发送数据前首先侦听信道。

2）如果信道空闲，立即发送数据并进行冲突检测。

3）如果信道忙，继续侦听信道，直到信道变为空闲，才继续发送数据并进行冲突检测。

4）如果站点在发送数据过程中检测到冲突，它将立刻停止发送数据并等待一个随机长的时间，重复上述过程。当冲突次数超过 16 次时，表示发送失败，放弃发送。

具体流程如图 7-4 所示。

既然每个站点在发送数据前已经侦听到信道为“空闲”，为什么还会发生“冲突”呢？这是因为数据在总线上是以有限的速度传输的。这好比开讨论会时，一听到会场安静，就立即发言，但偶尔也会发生几个人为抢着发言而产生“冲突”的情况。这是因为声音在空气中传播是需要时间的，假设发言者 A 与 B 在会场上相差 10m，A 发言后，过了 5ms 后 B 才听到 A 发言，而 B 早已在听到 A 发言之前发言了，则必然 B 与 A 在某个时间点就会发生“冲突”。站点在总线上产生“冲突”也是类似的，站点发送数据到另一个站点接收，是需要一定的传播时延的，在这个传播时延内如果另一个站点发送数据就会产生“冲突”。

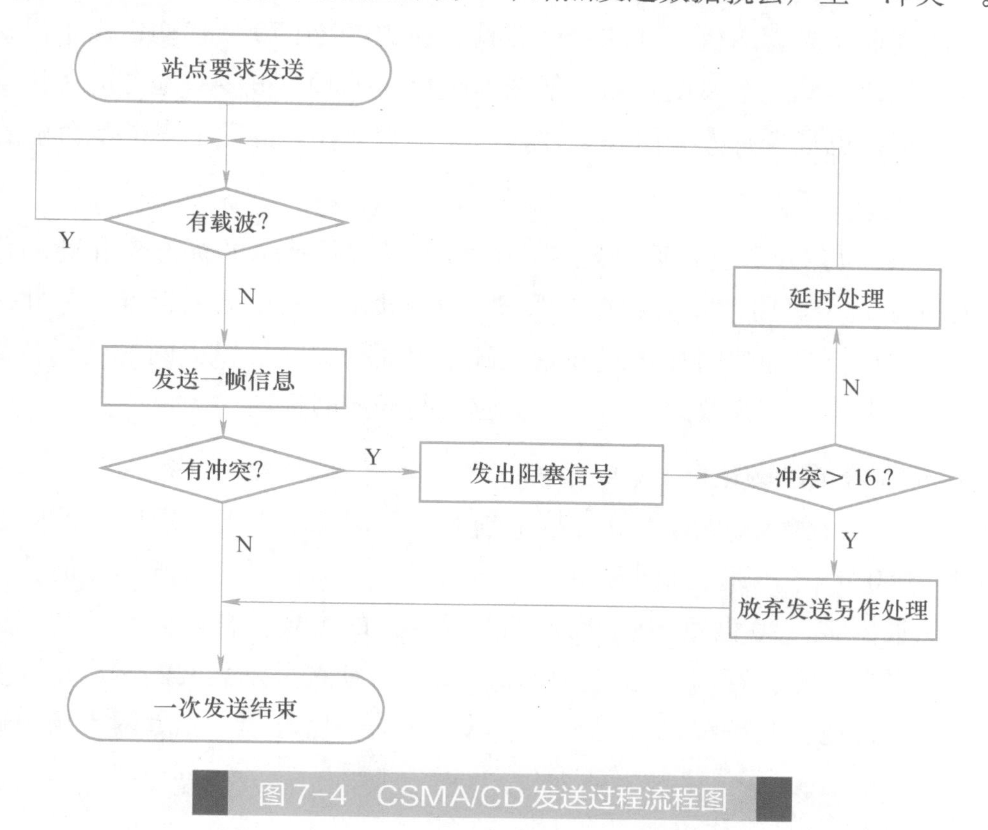

图 7-4 CSMA/CD 发送过程流程图

在使用 CSMA/CD 协议时，一个站点不可能同时进行发送和接收数据，因此使用 CSMA/CD 协议的以太网不可能进行全双工通信，只能进行半双工通信。

7.3 以太网和 IEEE 802.3 标准

以太网（Ethernet）是应用最为广泛的局域网。它指的是由 Xerox（施乐）公司创建并由 Xerox、Intel 和 DEC 公司联合开发的局域网规范，是当今现有局域网采用的最通用的通信协议标准。

传统以太网（10Mbit/s）、快速以太网（100Mbit/s）和千兆（1000Mbit/s）以太网采用的是 CSMA/CD 访问控制法，它们都符合 IEEE 802.3 标准。IEEE 802.3 标准包括物理层的传输介质、电信号和介质访问层协议等内容。

7.3.1 以太网的发展历程

以太网的历史悠久，诞生于 1973 年，自此尽管计算机经历了多次重大变革，但网络技术始终采用以太网。这是因为以太网一直以来都在不断改进、提高性能，来适应计算机领域的快速更迭。在此过程中，以太网逐渐成为世界上应用最广泛的网络技术。

1．以太网的诞生

1973 年，Xerox 公司发明了以太网，把一批高级计算机连接起来，首次实现了计算机之间以及计算机同高速激光打印机之间的数据传输。在 20 世纪 70 年代初，由于昂贵的大型计算机占据主导地位，因此这个发明在当时很令人瞩目。那时，很少有地方能负担得起大型计算机的购买和维护，也很少有人会用大型计算，该发明为计算世界带来了革命性的突破。

2．以太网的标准化

1979 年，Xerox 与 DEC 公司联合起来，致力于以太网技术的标准化和商品化。后来，Intel 公司也加入了这个联盟，联合发布了第一个 10Mbit/s 的以太网标准。从此，一个基于以太网技术的开放计算机通信时代正式开始。施乐公司还放弃了以太网的商标名称，使得以太网标准成为世界上第一个开放的、面向多供应商的局域网标准。

3．以太网传输介质的改进

20 世纪 80 年代，随着联网的计算机越来越多，早期同轴电缆介质固有的问题变得越来越尖锐。20 世纪 80 年代中期，细同轴电缆被引入使用，简化了连接工作，但管理同轴电缆以太网系统仍然很困难。20 世纪 80 年代末期，双绞线的出现使得以太网搭建在更可靠的星形电缆拓扑上，更易搭建、管理，也更易检修。使用双绞线是以太网的一次重大变革，或者说是以太网的一次再造。双绞线以太网扩大了以太网的使用范围，以太网市场也进入腾飞发展时期。

4．以太网速度的提升

早期一些人认为 CSMA/CD 以太网系统的速度极限是 10Mbit/s，但令他们吃惊的是，通过改进，以太网的速度翻了十倍。1995 年，新的以太网标准下的快速以太网系统可以达到 100Mbit/s 的速度。1998 年，以太网再次升级。千兆以太网标准描述了把光纤和双绞线作为传输介质、速率高达每秒 10 亿位的系统。千兆以太网让骨干网络速度更快，从而能够连接到更高性能的服务器。

以太网的发展并没有就此止步，而是继续突破早期设计限制。2003 年发布的 10Gbit/s 以太网标准，定义了一个速度为每秒 100 亿位的光纤系统。2006 年，双绞线 10Gbit/s 标准发布，支持在扩展 6 类双绞线电缆上进行每秒 100 亿位的传输。现在，双绞线以太网接口可以支持 4 种速率：10Mbit/s、100Mbit/s、1000Mbit/s 和 10Gbit/s。

7.3.2 传统以太网标准和组网方法

在 IEEE 802.3 标准中，传统以太网又称为 10Mbit/s 以太网，是最先稳定并得到成功应用的局域网技术。传统以太网的标准包括 10Base−5、10Base−2、10Base−T、10Base−F。

1．10Base−5

10Base−5 以太网被称为“粗缆以太网”，使用直径为 10mm 的粗同轴电缆。一段粗同轴电缆的最大长度为 500m，网络最大长度为 2500m，采用基带传输方法，拓扑结构为总线型。

由于快速以太网技术的广泛应用，10Base−5 已经很少被应用于新建的局域网中。

2．10Base−2

10Base−2 又称为细缆以太网，使用直径为 5mm 的细同轴电缆。一段细同轴电缆的最大长度为 185m，网络最大长度为 925m，采用基带传输方法，拓扑结构为总线型。10Base−2 的组网费用比 10Base−5 低，目前也很少被使用。

3．10Base−T

10Base−T 是使用非屏蔽双绞线连接的以太网，一段屏蔽双绞线的最大长度为 100m，物理连接为星形拓扑结构，逻辑连接为总线型拓扑结构。10Base−T 具有技术简单、价格低廉、可靠性高、易于布线、易于管理和维护等特点，因此比 10Base−5 和 10Base−2 技术有更大的优势。目前，10Base−T 还在应用于 10Mbit/s 的局域网中。

4．10Base−F

10Base−F 是使用多模光纤组建的以太网。由于光纤传输的是光信号不是电信号，因此 10Base−F 具有传输距离远、安全可靠、可避免电击等优点，所以适用于建筑物之间的连接。目前 10Base−F 较少被采用，取而代之的是更高速的光纤以太网。

以上传统以太网标准的参数对比见表 7-2。

表 7-2　传统以太网标准的参数对比

标　准	10Base−5	10Base−2	10Base−T	10Base−F
传输速率	10Mbit/s	10Mbit/s	10Mbit/s	10Mbit/s
传输介质	粗同轴电缆	细同轴电缆	双绞线	多模光纤
一段的最大长度	500m	185m	100m	2500m
网络最大长度（跨距）	2500m	925m	500m	
节点间最小距离	2.5m	0.5m		
一段的最多节点数	100	30	1024	1024
拓扑结构	总线型	总线型	物理连接：星形 逻辑连接：总线型	
传输类型	基带传输	基带传输	基带传输	基带传输
连接器	AUI	BNC	RJ−45	SC 或 STII 连接器
最大网段数	5	5	5	
优点	用于主干网	最便宜的系统	易于维护	最适用于楼宇间
说明	10Base−5： 数字 10 表示传输速率，单位是 Mbit/s； Base 表示传输的类型是基带传输； 数字 5 表示一段的最大长度，单位是 100m。 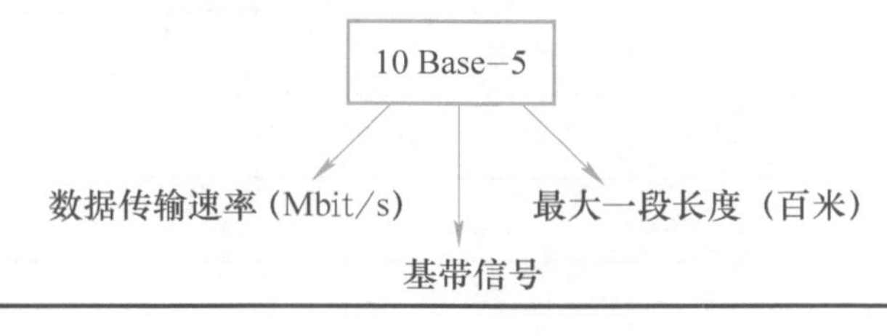 			

7.3.3 高速以太网综述

1．快速以太网

速率达到100Mbit/s的以太网称为快速以太网。快速以太网标准规定了3种标准：100Base-T2、100Base-T4、100Base-TX和100Base-FX。快速以太网具有较高的性能，适合网络节点多或者对网络带宽要求较高的应用环境，并且兼容性强。快速以太网保留了传统以太网的所有特性，最大限度地利用了已有的设备、电缆布线和网络管理技术，只是将每个比特发送的时间由100ns降低为10ns。快速以太网以其高可靠性、易扩展性和低成本等优势成为当今高速局域网的首选技术，但是在桌面视频会议、高清晰图像等应用领域，快速以太网往往显得力不从心，人们不得不寻求更高带宽的局域网。快速以太网标准参数见表7-3。

表7-3 快速以太网标准

标　准	传输介质
100Base-T2	2对3类非屏蔽双绞线
100Base-T4	4对3/4/5类双绞线
100Base-TX	5类双绞线
100Base-FX	光纤

2．千兆以太网

从目前的发展看，千兆以太网是目前更高网络需求的最合适的解决方案。千兆以太网标准包括：1000Base-SX、1000Base-LX、1000Base-CX和1000Base-T。千兆以太网又称为吉比特以太网，传输速率达到1000Mbit/s，采用了与10M以太网相同的帧格式、网络协议，可从现有的传统以太网和快速以太网的基础上平滑地过渡得到，只是将每个比特发送的时间由100ns降低为1ns。它的速度10倍于快速以太网，价格却仅为快速以太网的2～3倍。千兆以太网虽然在数据、语音、视频等实时业务方面还不能提供真正意义上的服务质量保证，但是相对快速以太网，已经有了进一步的突破，应用前景广阔。千兆以太网标准参数见表7-4。

表7-4 千兆以太网标准

标　准	传输介质
1000Base-SX	多模光纤
1000Base-LX	单/多模光纤
1000Base-CX	屏蔽双绞线
1000Base-T	5类非屏蔽双绞线

3. 万兆以太网

万兆以太网又称为 10 吉比特以太网，支持 10Gbit/s 的传输速率。万兆以太网标准包括：IEEE 802.3ae、IEEE 802.3ak 和 IEEE 802.3an。10 吉比特以太网保留了与传统、快速和千兆以太网完全相同的帧格式，使得万兆以太网具有高兼容性，仍能和较低速率的以太网方便地通信。10 吉比特以太网只支持全双工模式，因此不存在冲突问题，所以不使用 CSMA/CD。由于不必进行冲突检测，万兆以太网的传输距离大大提高。在使用单模光纤时，可以达到 40km 的传输距离。万兆以太网标准见表 7-5。

表 7-5 万兆以太网标准

标 准	传输介质
IEEE 802.3ae	光纤
IEEE 802.3ak	同轴电缆
IEEE 802.3an	非屏蔽双绞线

知识拓展——40/100 吉比特以太网

以太网技术发展很快，在万兆以太网（10 吉比特以太网）之后，又制定了 40 吉比特以太网和 100 吉比特以太网。40/100 吉比特以太网仍然保留了以太网的帧格式，只支持全双工的传输方式。100 吉比特以太网传输距离仍然可以达到 40km，使得现在的以太网工作范围从局域网扩大到城域网和广域网，实现端到端的以太网传输。

7.4 无线局域网组网方法

目前主流应用的无线网络分为移动通信技术网（3G、4G、5G）和无线局域网（Wireless Local Area Network，WLAN）两种方式。移动通信技术网（3G、4G、5G）是一种借助移动电话网络接入 Internet 的无线上网方式，只要用户开通了上网业务，用户就可以在任何一个角落上网，是目前真正意义上的一种无线网络。不过，由于移动通信上网资费过高、速率较慢，所以用户群较小。因此，无线网络的应用主要还是以无线局域网为主。

无线局域网是指在距离较小的范围内（如一个园区、一栋楼宇、一间办公室）使用无线传输介质的计算机网络。传统的有线局域网主要以同轴电缆、双绞线、光纤作为主要的传输介质，在一些场合会受到布线的限制。线路容易损坏、网络节点移动不便等问题严重限制了用户的联网。WLAN 技术就是为了弥补有线网络的不足而出现的。

1. 无线局域网的主要硬件设备

1）无线网卡。无线网卡是无线局域网中接收电磁波信号的一个必不可少的部件。目前，无线网卡主要分为以下 3 种类型。

① PCMCIA 无线网卡：仅适用于笔记本式计算机，支持热插拔，能非常方便地实现移

动式无线接入。

② PCI 接口无线网卡：适用于普通的台式计算机，但要占用主机的 PCI 插槽。

③ USB 接口无线网卡：它适用于笔记本式计算机和台式计算机，支持热插拔。

2）无线接入点。

有了无线信号的接收设备，自然还要有无线信号的发射源—— 无线接入点（Wireless Access Point，AP）才能构成一个完整的无线网络环境。AP 是无线信号的发射源，它所起的作用就是给无线网卡提供网络信号。

AP 主要分单纯的 AP 和带路由功能的 AP 两种。前者是最基本的 AP，仅仅提供一个无线信号发射的功能；而路由 AP 如无线路由器，可以实现自动拨号上网功能，并且有相对完善的安全防护功能。

2. 无线局域网标准

无线局域网标准就是 IEEE 802.11 及其相关标准。无线局域网的常见标准有以下几种。

1）IEEE 802.11a，使用 5GHz 频段，最大传输速率约为 54Mbit/s，与 802.11b 不兼容。

2）IEEE 802.11b，使用 2.4GHz 频段，最大传输速率约为 11Mbit/s。IEEE 802.11b 是所有无线局域网标准中最著名，也是普及最广的标准。

3）IEEE 802.11g，使用 2.4GHz 频段，最大传输速率约为 54Mbit/s，可向下兼容 802.11b。

4）IEEE 802.11n，使用 2.4GHz 频段，最大传输速率约为 540Mbit/s，可向下兼容 802.11b/g。此项标准要比 IEEE 802.11b 速率上快 50 倍，而比 IEEE 802.11g 快上 10 倍左右。目前应用最多的是 802.11n 标准。

几种 IEEE 802.11 标准的对比见表 7-6。

表 7-6 几种 IEEE 802.11 标准的对比

标准	频段	最高传输速率
IEEE 802.11a	5GHz	54Mbit/s
IEEE 802.11b	2.4GHz	11Mbit/s
IEEE 802.11g	2.4GHz	54Mbit/s
IEEE 802.11n	2.4GHz	600Mbit/s
IEEE 802.11ac	2.4GHz/5GHz	1730Mbit/s
IEEE 802.11ad	60GHz	7000Mbit/s

知识拓展——IEEE 802.11ax（第六类无线协议）

IEEE 802.11ac 于 2011 年发布，它使用 2.4GHz 或 5GHz 频段，它在传输速度上有了一个大的飞跃，速率可达 1730Mbit/s。IEEE 802.11ad 于 2012 年发布，使用 60GHz 频段，速率可高达 7000Mbit/s。

3. 无线局域网应用

随着无线局域网技术的发展，人们越来越深刻地认识到，无线局域网不仅能够满足移动和特殊应用领域网络的要求，还能覆盖有线网络难以涉及的范围。在大多数情况下，有线局域网用来连接服务器和一些固定的工作站，而移动和不易于布线的节点可以通过无线局域网接入。

（1）作为传统局域网的扩充

随着结构化布线技术的广泛应用，很多建筑物在建设过程中已经预先布好有线传输介质，如光纤、双绞线。但是在某些特殊环境中，例如，不能布线的历史古建筑物、临时性小型办公室、大型展览会等，无线局域网提供了一种更有效的联网方式。

（2）移动节点漫游访问

带有天线的移动数据设备（如笔记本式计算机）通过无线局域网可以实现漫游访问。例如，在大学校园里，用户可以带着他们的笔记本式计算机随意走动，可以从任意地点连接校园无线网。

知识拓展——Wi-Fi

Wi-Fi 在中文里又称为“行动热点”，是 Wi-Fi 联盟制造商的商标作为产品的品牌认证，是一个创建于 IEEE 802.11 标准的无线局域网技术，其最大的优点是传输速度快。在日常生活中，Wi-Fi 一般来自于无线路由器。

7.5 常用的网络命令

Windows 系统发展到今天，相信已经很少有用户还在使用 DOS 了，毕竟那些命令行很难让人接受。但是又不得不承认，迄今为止人们仍然无法摆脱 DOS 命令。尤其是在网络环境中，很多测试性的工作仍然需要借助 DOS 命令才能进行。以下，介绍几种常用的网络命令。

1. ping 命令

1）功能：测试本地主机与另一台主机的连接状态，通过是否能成功发送与接收数据包，用于检测网络连通性、运行是否正常，及推断 TCP/IP 参数是否设置正确。

① 检测网络连通性，如“ping192.168.10.1”。

② 获取计算机的 IP 地址，如“ping www.baidu.com”。

2）语法

用法：ping [-t] [-a] [-n count] [-l size]

① -t：不停地 ping 指定的主机，直到停止。若要停止，按 <Ctrl+C> 组合键。

② -a：将地址解析为 NetBIOS 主机名。

③ -n count：定义发送的测试包的个数。在默认情况下，一般都只发送 4 个数据包，

通过这个命令可以自己定义发送的个数，通过测试多个数据包的返回平均时间、最短时间、最长时间，对衡量网络速度很有帮助。

④ –l size：定义测试包的数据量。在默认情况下，ping 发送的测试包的大小为 32 字节，用户也可以自己定义它的大小，但最大值为 65 527。

案例 1 本机发送 10 个 50 字节的数据包给百度官网，测试网络连接情况。

【具体操作】执行“开始”→“运行”→“cmd”命令，在打开的 DOS 窗口下输入“ping –n 10 –l 50 www.baidu.com”，显示结果如图 7-5 所示。

图 7-5 ping 命令显示结果

【分析】主机向 www.baidu.com 发送 10 个 50 字节的数据包，返回的数据量为 10，0 丢失，数据包往返的平均时间为 23ms，最短时长为 23ms，最长时长为 24ms，可以检测当前主机与 www.baidu.com 主机连通性正常，网络通畅。

2．tracert 命令

1）功能：用于确定 IP 数据包访问目标时所选择的路径，也被称为 Windows 路由跟踪命令。

2）语法：tracert[IP 地址 / 域名]

案例 2 跟踪本机到百度官网所经过的路径。

【具体操作】执行“开始”→“运行”→“cmd”命令，在打开的 DOS 窗口下输入“tracert www.baidu.com”，显示结果如图 7-6 所示。

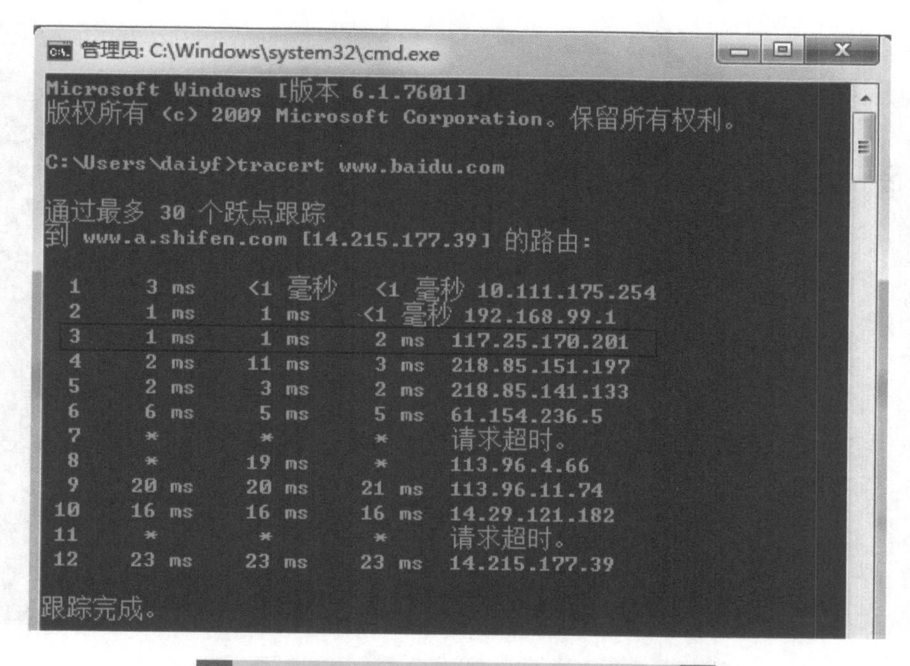

图 7-6　tracert 命令显示结果

【分析】结果显示有 12 行信息，表示本机到百度官网的服务器所经过的 12 个跃点。每行跃点的信息从左到右分别代表了：跃点计数、3 次发送的数据包返回时间及途经路由器或主机的 IP 地址。例如，第 3 个跃点，主机发送 3 次数据包返回的时间分别是 1ms、1ms、2ms，途径了 IP 地址为 117.25.170.201 的路由器。

3. ipconfig 命令

1）功能：用于显示当前主机的 TCP/IP 的配置信息，如本机的 IP 地址、子网掩码、网关、DNS、MAC 地址等。ipconfig 命令还可以进行网络配置信息的重新获取和释放。

2）语法：

用法：ipconfig[all|/renew/release/flushdns/displaydns]

① ipconfig/all：显示当前主机的 TCP/IP 的配置信息，如本机的 IP 地址、子网掩码、网关、DNS、MAC 地址等。

② ipconfig/release：DHCP 客户端手工释放 IP 地址。

③ ipconfig/renew：DHCP 客户端手工向服务器提出刷新请求，请求租用一个 IP 地址。

④ ipconfig/flushdns：刷新 DNS 缓存。

⑤ ipconfig/displaydns：显示 DNS 内容。

案例 3　获取当前主机的 IP 地址和 MAC 地址。

【具体操作】执行“开始”→“运行”→“cmd”命令，在打开的 DOS 窗口下输入 ipconfig/all，显示结果如图 7-7 所示。

【分析】主机通过输入 ipconfig/all，显示当前以太网适配器的物理地址为 48-4D-7E-A8-72-42，该物理地址绑定的 IP 地址为 10.111.175.233，子网掩码为 255.255.255.0，DNS 服务器为 10.111.160.5。

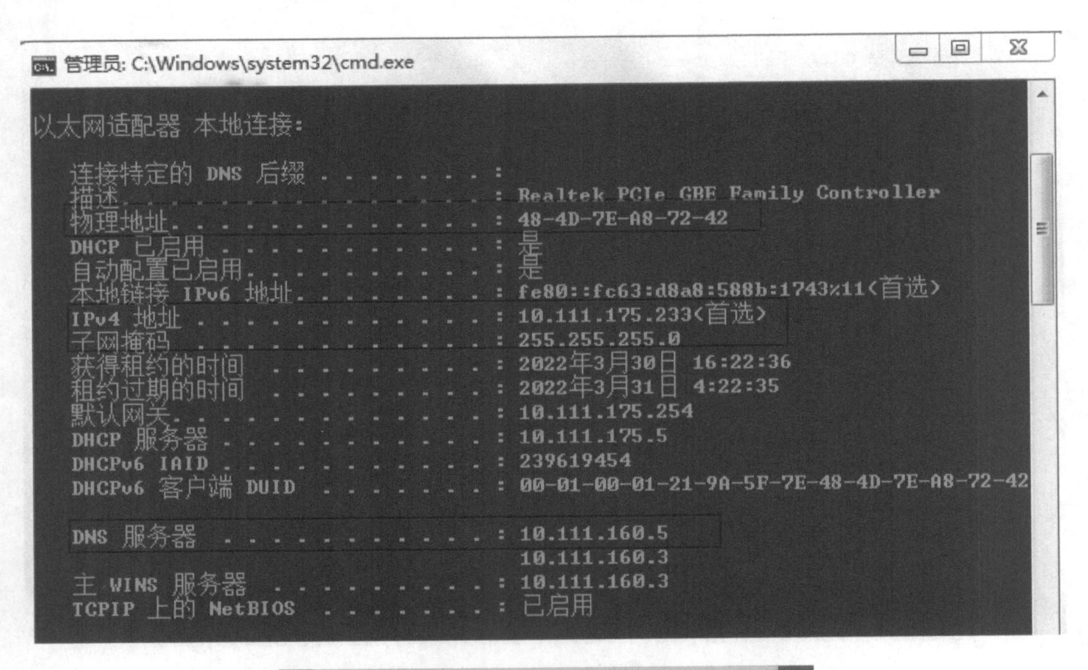

图 7-7 ipconfig 命令显示结果

4．nslookup 命令

1）功能：用于查询 DNS 记录，查看域名解析是否正常，在网络故障时用来诊断网络问题。

2）语法：

用法：nslookup[/ 域名]

① nslookup：解析本地 DNS 服务器的信息。

② nslookup 域名：查询该域名及其所对应的 IP 地址。

案例 4 查询百度域名及其所对应的 IP 地址。

【具体操作】执行“开始”→“运行”→“cmd”命令，在打开的DOS窗口下输入“nslookup www.baidu.com”，如图 7-8 所示。

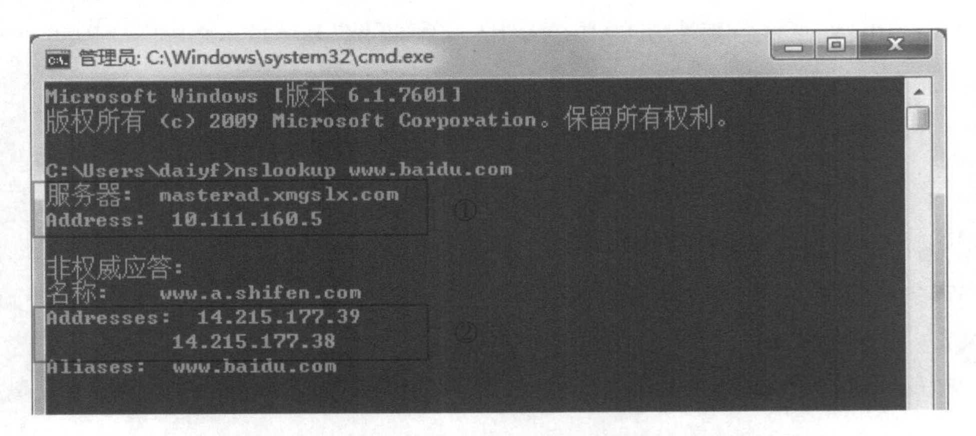

图 7-8 查询百度域名的别名记录

【分析】DOS 窗口下输入“nslookup www.baidu.com”后，显示①本地服务器信息；② Addresses：目标域名，即查询的 www.baidu.com 对应的两个 IP 地址分别是 36.152.44.95 和 36.152.44.96。

7.6 组建小型共享局域网

7.6.1 组建家庭局域网

随着互联网的迅速发展，家庭宽带入网已经成为千家万户必不可少的一项需求。目前，家庭宽带普遍实现了光纤入户。入户光纤一般在弱电箱的位置，家庭装修一般要在一些固定的位置预埋网线。

案例 5 小明同学要搬新家了，全家都很期待。不过家里的网络还没有组建好，小明知道后，主动向爸爸妈妈承担了这项工作，令父母感到十分欣慰。小明决定学习局域网组建的相关知识，为家里搭建畅通无阻的网络。小明先去 ISP 开通了上网的账号和密码，网络已由入户光纤连到家里的弱电箱，并且弱电箱到电视位和书房已经做好了网络布线。目前，小明家里客厅有一台网络电视，书房有一台台式计算机需要联入信号更为稳定的有线网络，手机、平板、笔记本式计算机由于移动性较强，需要联入无线网络。

拓扑图如图 7-9 所示。

图 7-9　小明家网络系统拓扑图

所需设备包括无线路由器、光猫、网线。

具体操作如下。

第 1 步：连接设备。

1）将入户的光纤插入光猫的光纤接口（PON 口）。

2）光猫的 RJ-45 网络口（LAN 口）插入一根网络跳线，跳线一端连接到无线路由器的 WAN 口。

3）将两根网络跳线一端分别连接路由器的两个 LAN 口，另外一端分别连接网络电视机顶盒、台式计算机主机箱的上网口。

设备连线如图 7-10 所示，完成设备之间的连接并连通各设备电源后，即可实现连接有线网络的台式计算机和电视机的上网。接下来，配置无线路由器实现无线网络的运行。

图 7-10 设备连线图

第 2 步：设置无线路由器。

1）重置路由器后，登录无线路由器。通过 PC 或者手机端连接路由器的 Wi-Fi（PC 也可以通过网线与路由器相连），然后打开 IE 浏览器，登录无线路由器的 Web 管理界面，如图 7-11 所示。

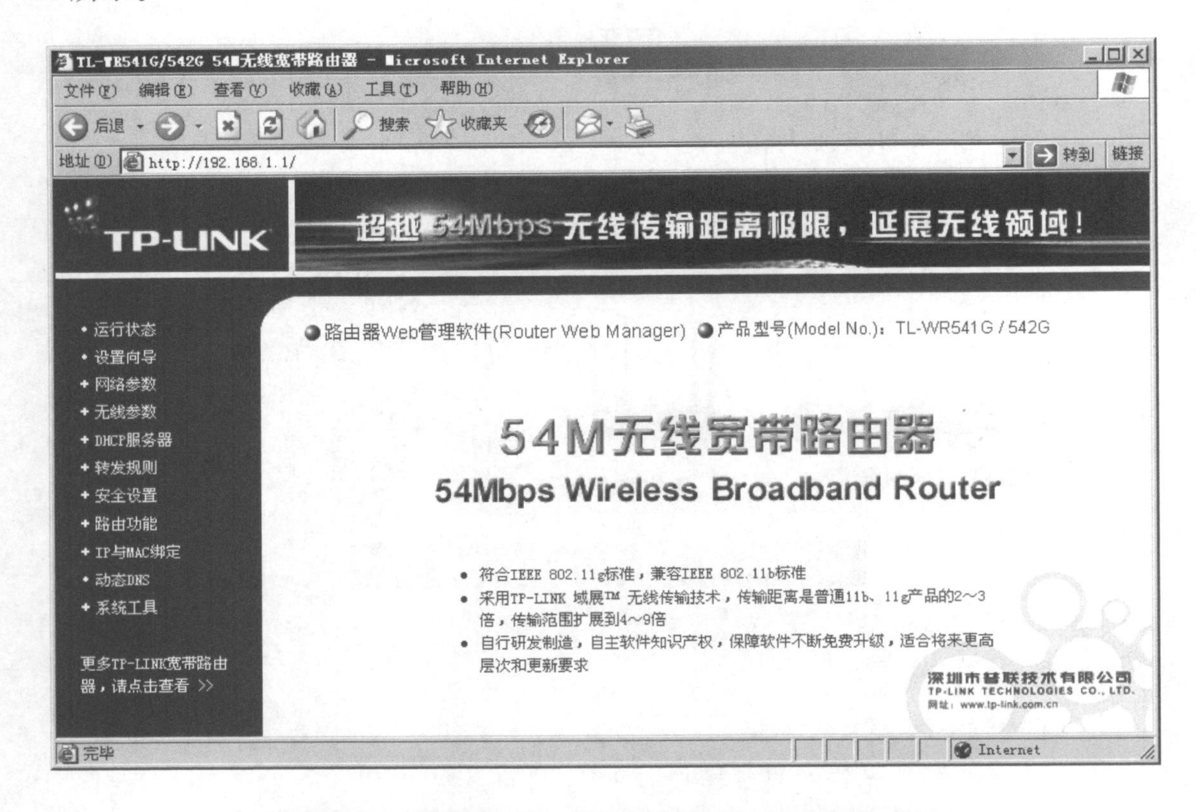

图 7-11 无线路由器的 Web 管理界面示意图

2）设置网络接入方式。选择“设置向导”，然后单击“下一步”按钮进行设置。

① 进入 WAN 口设置界面，选择上网方式为“PPPoE”（宽带拨号），输入上网账号和上网密码，即 ISP 申请的用户名和密码，保存，如图 7-12 所示。

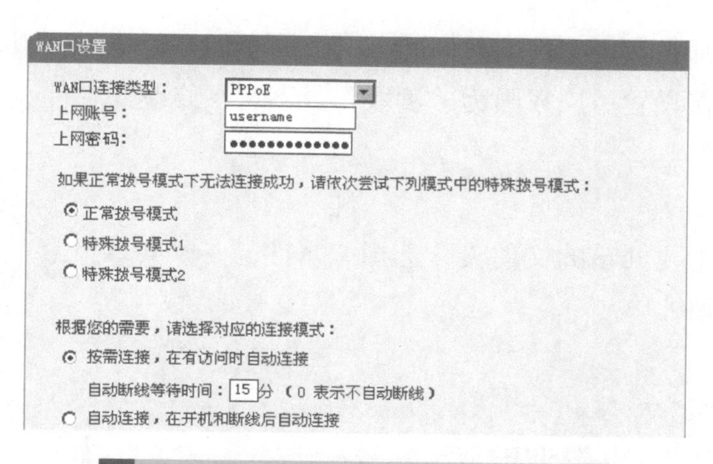

图 7-12 WAN 口设置示意图

② 设置 Wi-Fi 的名称（SSID）和 Wi-Fi 密码，如图 7-13 所示。

图 7-13 设置 Wi-Fi 名称和密码

③ 手机、笔记本式计算机、平板可以通过 Wi-Fi 输入密码连接上网。

小明通过自己的努力，成功组建了家里的网络连接，感受到了知识技能的学以致用，也得到了爸爸妈妈的肯定，感到十分的快乐！

7.6.2 局域网资源共享

1. 局域网文件夹共享

在工作中，人们经常需要共享文件、文件夹。通过设置“文件夹共享”，可以将文件夹共享给同一局域网内的其他用户，其他用户就可以根据共享者设定的权限来访问此文件夹内的文件。

案例 6 计算机操作课上，丽丽老师需要将一个软件共享给正在机房上课的同学们，由于软件较大，丽丽老师打算用文件夹共享的方式让同学们自行访问下载。为防止大家不小心修改了该文件，要求仅设置用户权限为“读取”，不可以修改此文件夹。课代表自告奋勇帮助老师完成这项任务。

具体操作如下。

第 1 步：右键单击要共享的文件夹，选择“属性”→“共享”命令，单击“高级共享”按钮，如图 7-14 所示。

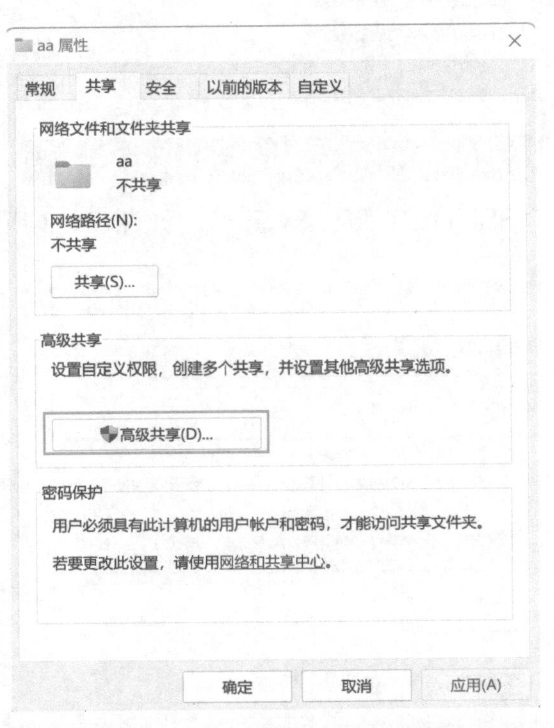

图 7-14　单击“高级共享”按钮

第 2 步：进入“高级共享”设置，设置共享名，如图 7-15 所示，单击“权限”按钮。

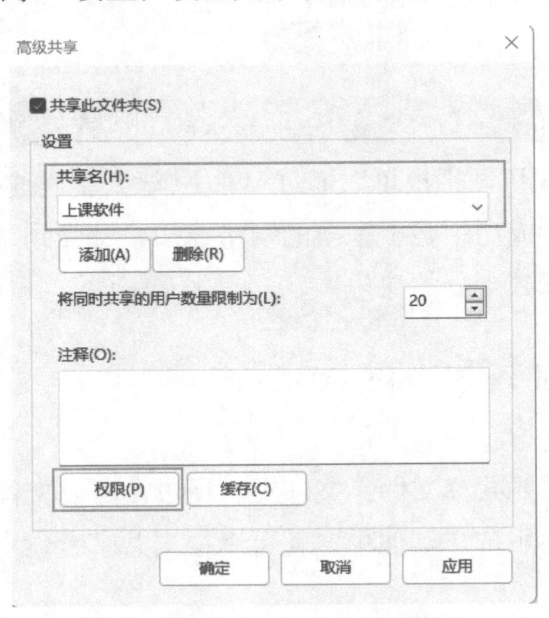

图 7-15　设置共享名

第 3 步：进入“共享权限”设置，选中共享的组或用户名，这里要求分享给所有用户，所以选中“Everyone”即可。在“Everyone”的权限下，将“读取”后的“允许”勾选，如图 7-16 所示，单击“确定”按钮。

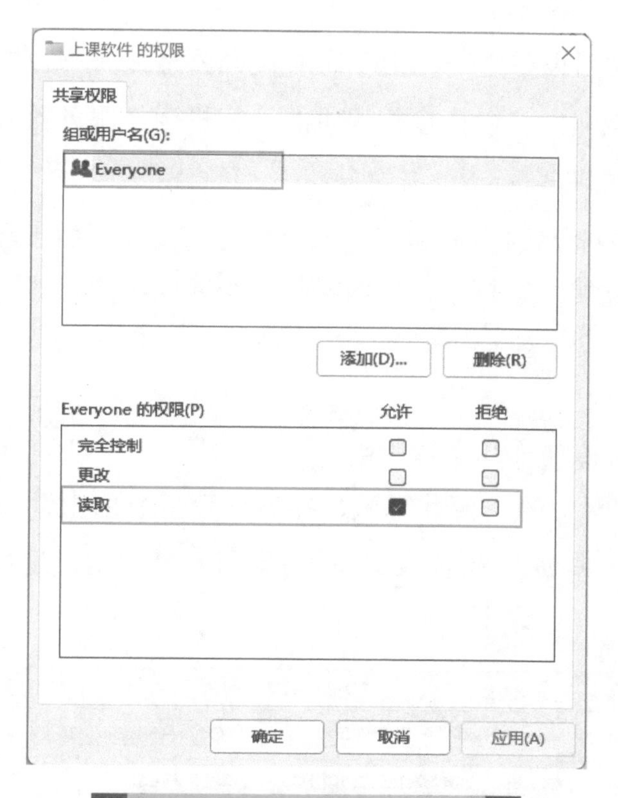

图 7-16　设置共享权限

第 4 步：完成本次文件夹共享，如图 7-17 所示。

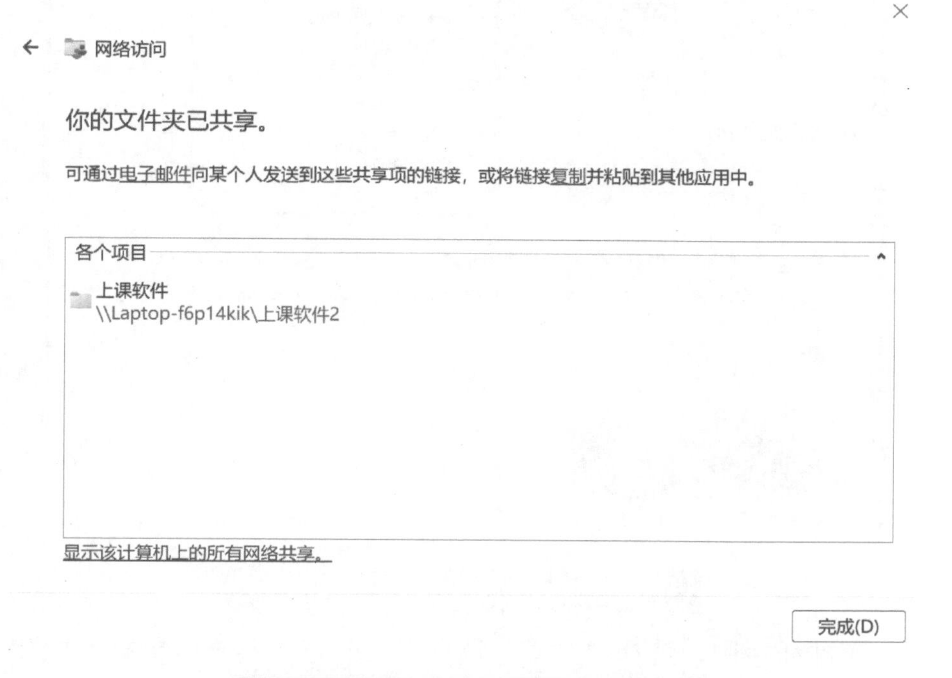

图 7-17　完成文件夹共享

课代表圆满地完成这项“分享上课软件”的任务，得到了同学和老师的一致认可！这是他之前在计算机网络基础书本上学习到的小技能，现在派上了用场，课代表感到很自豪！

2．设置打印机共享

打印机是办公室的常用设备之一，由于有时候办公室只有一台打印机，为了实现打印机的共享使用，通常将局域网内一台连接打印机的计算机当作服务器来使用，让其他计算机连接该打印机，实现打印机共享。

案例 7 小元同学毕业后自主创建了一家小型电商公司。由于经费有限，公司暂时只购置了一台打印机。为了方便大家打印订单等材料，小元同学决定将打印机设置成共享模式，以方便大家使用。

具体操作如下。

第 1 步：先将打印机设置为共享打印机。

1）打印机联入局域网中的一台计算机，在该计算机桌面上，执行“开始”→“控制面板”→“设备和打印机”命令，选择要共享的打印机右键单击，选择“打印机属性”命令，如图 7-18 所示。

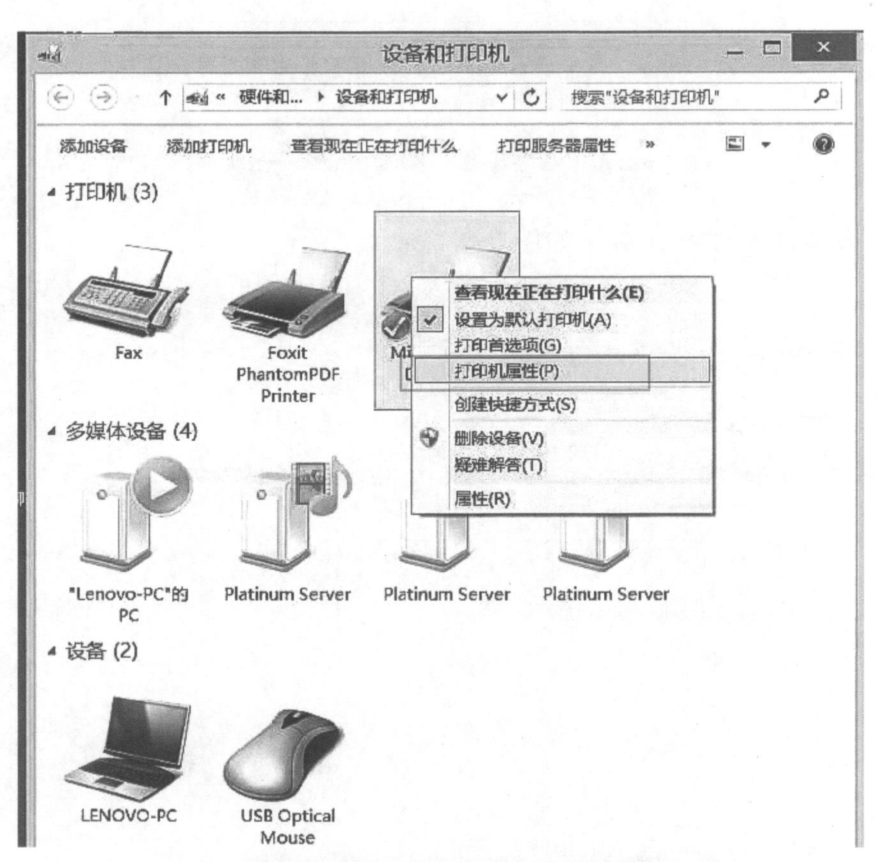

图 7-18　打印机设置共享 1

2）在打印机属性面板中，选择“共享”选项卡，勾选“共享这台打印机”，并设置共享名，如图 7-19 所示。

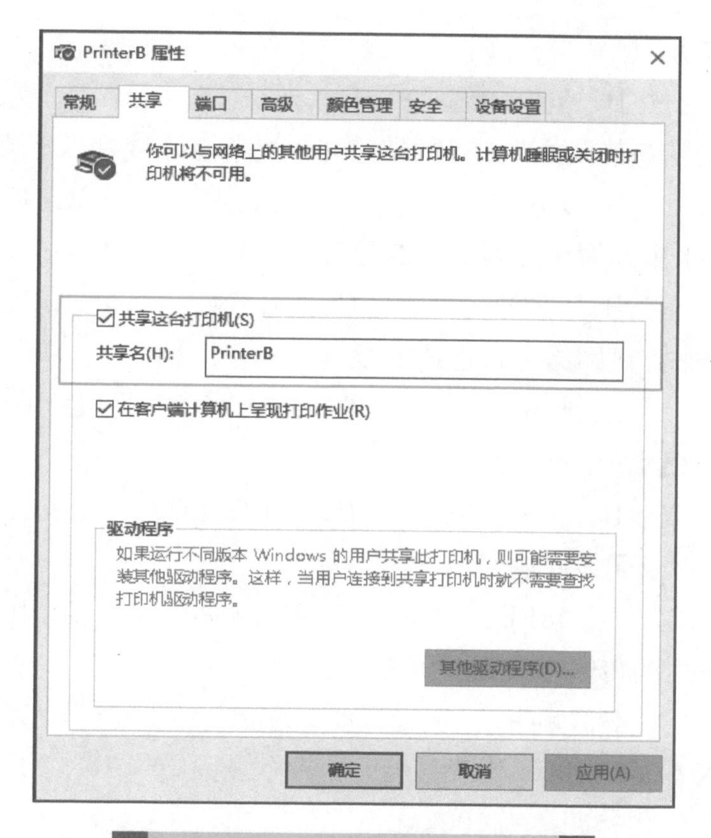

图 7-19 打印机设置共享 2

将打印机设置为共享打印机后，打印机直联的计算机已经可以打印文件，但是办公室里的其他用户的计算机还需要连接该共享打印机才能使用。

第 2 步：其他用户连接共享打印机。

其他用户通过以下两种方法均可连接上共享打印机。

方法 1：使用“网络发现”连接共享打印机：可以通过执行“开始”→“网络”命令，单击“共享服务器”后单击想要连接的网络共享打印机，系统就会自动在用户计算机上安装此打印机。

方法 2：使用“添加打印机向导”连接共享打印机：执行“添加打印机”→“添加网络、无线或 Bluetooth 打印机”命令，根据提示找到打印机，安装即可。

小元同学通过设置打印机共享，在最节约成本的条件下，方便了大家打印订单材料，他感到十分欣慰！

习 题

一、单项选择题

1．在局域网参考模型中，MAC 指的是（　　）。

A．逻辑链路控制子层　　B．介质访问控制子层

C．物理层　　D．数据链路层

2．CSMA/CD 所解决的问题主要是（　　）。

A．冲突　　B．增加带宽　　C．降低延迟　　D．提高吞吐量

3. WLAN 技术使用（　　）介质。

A．双绞线　　B．同轴电缆　　C．光纤　　D．无线电波

4.存在中心节点，各节点通过点到点的链路与中央节点连接是以下哪种拓扑结构（　　）。

A．星形　　B．环形　　C．总线型　　D．树形

5．在以下网络技术中，属于无线网络的是（　　）。

A．ATM　　B．FFDI　　C．VLAN　　D．WSN

6．下列命令能用来测试网络是否连通的是（　　）。

A．ping　　B．router　　C．enable　　D．cmd

7．以下哪个是以太网协议标准？（　　）

A．IEEE 802.2　　B．IEEE 802.4　　C．IEEE 802.3　　D．IEEE 802.5

8．以下哪个标准涉及无线局域网？（　　）

A．IEEE 802.2　　B．IEEE 802.3　　C．IEEE 802.4　　D．IEEE 802.11

9．10M 以太网采用的传输方式是（　　）。

A．微波　　B．频带　　C．宽带　　D．基带

10．100Base−TX 中的“100”代表（　　）。

A．网络的最大传输距离为 100km

B．传输速率为每秒 100MB

C．传输速率为 100Mbit/s

D．网络的联网主机最多为 100 台

11．某单位已经组建了多个 Ethernet 工作网络，如果计划将这些工作网络通过主干网互联，那么下面哪一种是主干网优选的网络技术？（　　）

A．帧中继　　B．ATM　　C．FDDI　　D．千兆以太网

12．在 10Base−T 以太网中，使用双绞线作为传输介质，最大的网段长度是（　　）。

A．2000m　　B．500m　　C．100m　　D．185m

13．以下属于使用光纤作为传输介质的以太网是（　　）。

A．10Base−2　　B．10Base−5　　C．10Base−T　　D．100Base−F

14．10Base−5 采用的是（　　）。

A．粗同轴电缆，星形拓扑结构　　B．粗同轴电缆，总线型拓扑结构

C．细同轴电缆，星形拓扑结构　　D．细同轴电缆，总线型拓扑结构

15．如果要用粗同轴电缆组建以太网，需要购买带（　　）接口的以太网卡。

A．RJ−45　　B．F/O　　C．AUI　　D．BNC

16．以下哪个命令用于查询 DNS 记录？（　　）

A．nslookup　　B．ipconfig　　C．ping　　D．tracert

17．在家庭中，移动终端通过 Wi−Fi 组成的网络是（　　）。

A．综合数字网　　B．无线局域网　　C．综合业务网　　D．无线广域网

18．以下命令又称为路由跟踪命令的是（　　）。

A．ARP　　B．netstat　　C．ping　　D．tracert

19．以下无线局域网的标准速率最快的是（　　）。

A．IEEE 802.11a　　B．IEEE 802.11b

C．IEEE 802.11c　　D．IEEE 802.11g

20．下列不属于家庭网络应用的是（　　）。

A．共享文件　　B．共享访问 Internet

C．共享打印　　D．共享同一个 IP 地址

二、多项选择题

1．以下关于局域网的特点，正确的是（　　）。

A．地理覆盖范围小　　B．误码率低

C．传输时延小　　D．比特率低

E．成本低　　F．一般为一个单位或部门所有

2．以下属于决定局域网特性的三项主要技术的是（　　）。

A．传输介质　　B．拓扑结构　　C．网络协议　　D．介质访问控制方法

3．WLAN 技术不可以使用以下（　　）介质。

A．双绞线　　B．同轴电缆　　C．光纤　　D．无线电波

4．局域网涉及 OSI 参考模型的（　　）。

A．物理层　　B．数据链路层　　C．传输层　　D．网络层

5．无线局城网的标准，包含（　　）。

A．IEEE 802.11a　　B．IEEE 802.11b

C．IEEE 802.11g　　D．IEEE 802.11n

三、判断题

1．MAC 具有帧传输、接收功能，并具有帧顺序控制、流量控制等功能。（　　）

2．CSMA/CD 遵循“先发后听，边听边发，冲突停发，随机重发”的原则。（　　）

3．ipconfig 命令可以查看本机 IP 地址的相关信息。（　　）

4．无线局域网需要传输介质。（　　）

5．在配置“光猫 + 无线路由器”的宽带连接时，光猫与无线路由器的 LAN 口连接。（　　）

6．在 DOS 模式窗口，输入 ipconfig 后按 <Enter> 键，可查询网卡的 MAC 地址。（　　）

7．万兆以太网支持 IEEE 802.3 协议。（　　）

8．10BASE−5 使用 BNC 接口。（　　）

9．无线局域网的主要硬件设备有无线网卡和无线接入点。（　　）

10．可以通过设置文件夹共享实现不同局域网内的文件资源共享。（　　）

四、填空题

1．根据局域网的特点，把数据链路层分成＿＿＿＿＿＿子层和＿＿＿＿＿＿子层。

2．符合 IEEE 802.3 标准的局域网称为＿＿＿＿＿＿。

3．带冲突检测的载波侦听多路访问的英文缩写是＿＿＿＿＿＿。

4．＿＿＿＿＿＿用于查看网卡的 MAC 地址。

5．＿＿＿＿＿＿拓扑结构是目前局域网应用最普遍的拓扑结构。

6．台式计算机想要联入无线局域网，必须具备＿＿＿＿＿＿。

7．10Base-T 使用的传输介质是＿＿＿＿＿＿。

8．ipconfig 命令中关于更新 IP 地址的命令是＿＿＿＿＿＿。

9．想发送 10 个 30 字节的数据包给 www.168.com，则应该在 DOS 模式下输入＿＿＿＿＿＿。

10．＿＿＿＿＿＿子层功能主要是控制对传输介质的访问，该层描述了介质访问控制方法。

五、简答题

1．概述 CSMA/CD 协议（发送）的工作原理。

2．简述 ipconfig 命令及各参数的作用。

Unit 8

单元 8 网络管理与网络安全

导读

“震网病毒”又名 STUXNET 病毒，是一个席卷全球工业界的病毒。该病毒是第一个专门定向攻击现实生活中基础能源设施的“蠕虫”病毒，比如核电站、水坝和国家电网，是全球范围内第一个真正意义上的网络武器。“震网病毒”给网络信息安全敲响了警钟，给物理隔离网络安全带来了新的启示。本单元将从计算机网络安全概述、网络病毒、网络渗透与反渗透、防钓鱼攻击方法以及防渗透攻击常用工具等方面对网络管理与网络安全进行阐述。

学习目标

知识目标：

✧ 了解计算机网络安全的概念以及面临的威胁。

✧ 了解计算机网络病毒的本质及防范措施。

✧ 了解数据加密技术和防火墙技术的原理。

能力目标：

✧ 能够说出黑客入侵的攻击手段及防范措施。

✧ 能够熟练使用常见的网络故障诊断工具及命令。

✧ 能够说出网络钓鱼的形式及防范措施。

✧ 能够使用防渗透攻击常用工具查找系统的漏洞及缺陷。

素养目标：

✧ 引导学生文明上网，遵守相关法律法规，养成良好的上网习惯。

✧ 增强学生信息网络安全意识，形成良好的道德观和科学观。

知识梳理

本单元知识梳理，如图 8-1 所示。

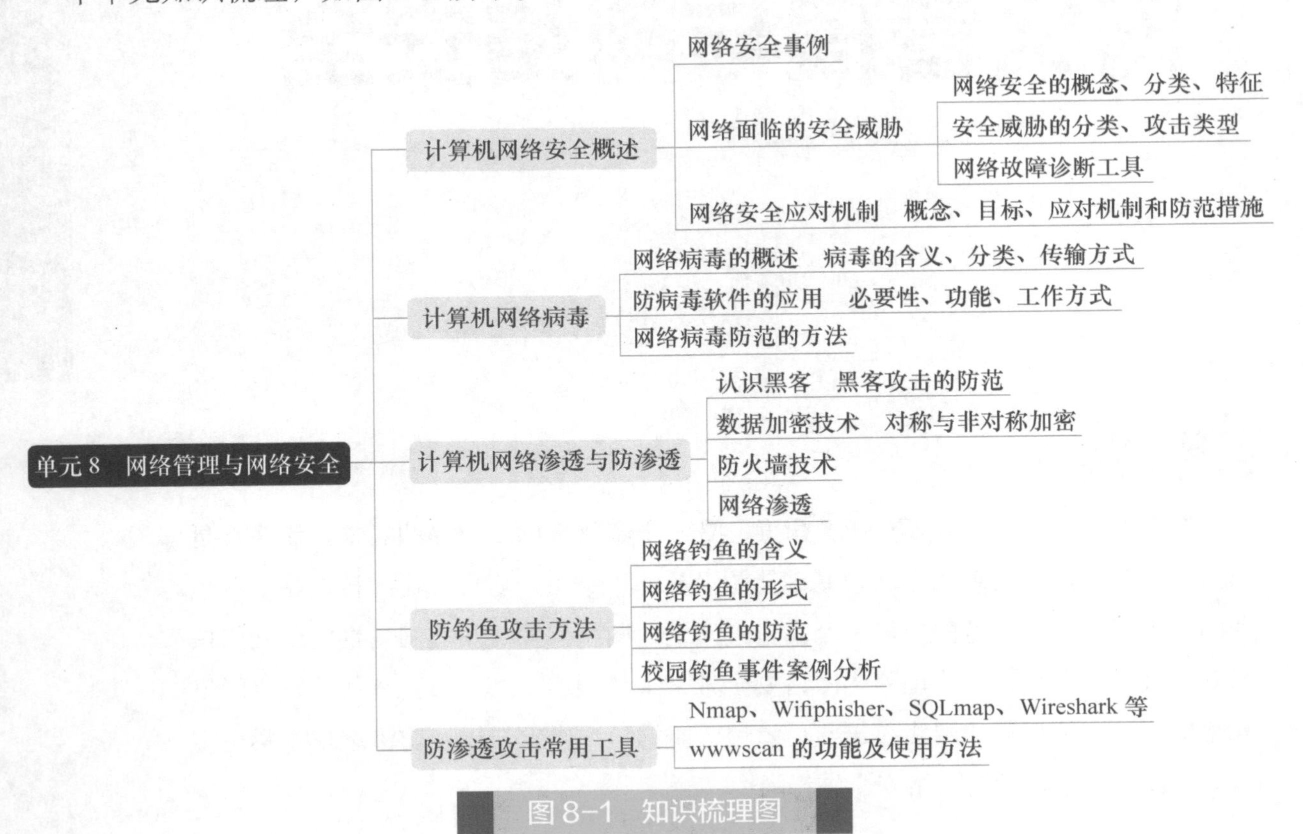

图 8-1　知识梳理图

8.1 计算机网络安全概述

扫码看视频

知识拓展

1949 年，计算机的先驱冯·诺依曼在他的一篇论文“自我繁衍的自动机理论”（Theory of Self-Reproducing Automata）中提出计算机程序能够在内存中进行自我复制，这就为计算机病毒控制设备以及在内存中运行、复制奠定了理论基础，超越时代地将病毒程序的蓝图勾勒出来。

随着计算机网络的普及，计算机网络应用的深度和广度不断发展 —— 企业上网、政府上网、网上学校、网上购物，一个网络化社会的雏形已经展现在人们面前。网络给人们带来极大便利的同时，也带来了一些不容忽视的问题，网络管理与网络安全问题就是其中之一。

8.1.1　计算机网络安全事例

近年来，以云计算、大数据、人工智能、物联网为代表的新兴技术的快速发展，网络安全风险全面泛化，复杂程度也在不断加深。企业在加速数字化转型的同时，网络信息安全风险越来越大。

网络安全问题日趋严峻，各地发生多起重大网络安全事件，既有公民信息遭泄露，也有因为遭遇勒索软件攻击而被迫停工停产事件。下面一起来盘点近年来发生的几起信息网络安全事例。

1．数据泄露事件

（1）疑似超过 2 亿国内个人信息在国外论坛被兜售

2021 年 1 月 5 日，国外安全研究团队发现多个帖子正在出售与我国公民有关的个人数据，经分析可能来自多个社交媒体。本次发现的几个帖子中与我国公民有关的记录总数超过 2 亿，其中还发现了大量某县的公民数据。

其中一个帖子，威胁者公布了某县 999 名公民的户口登记样本数据，作为黑客攻击的证据，并表示共有 730 万我国公民的数据可供出售，包括身份证、性别、姓名、出生日期、手机号、地址和邮编等信息。

（2）全国首例适用《民法典》的个人信息保护案宣判

2021 年 1 月 8 日，杭州互联网法院公开审理并宣判全国首例适用《民法典》的个人信息保护案。被告孙某未经他人许可，在互联网上公然非法买卖、提供个人信息 4 万余条，导致相关人员信息长期面临受侵害的风险，孙某被判处赔偿违法所得 34 000 元，并公开道歉。

（3）某市 30 人贩卖 6 亿条个人信息获利 800 余万元

2021 年 1 月 24 日，某市警方侦破一起公安部督办的侵犯公民个人信息案，涉及 10 多个省市，抓获犯罪嫌疑人 30 名。该团伙采用境外聊天工具和区块链虚拟货币收付款，共贩卖个人信息 6 亿余条，违法所得 800 余万元。

（4）央视曝光 APP 偷听隐私语音，语音发出后录音还在继续

2021 年 1 月 31 日，央视节目中专家用“APP 偷听测试程序”发送一个 2s 的语音，当手松开后，录音仍在继续，并生成一条 120s 的语音，证实了当测试程序置于前台运行时，偷听是可以实现的。此外，经过对比实验发现在测试程序退至后台或在手机锁屏时，录音依然可持续一段时间。

2．网络攻击事件

（1）多个行业感染 INCASEFORMAT 病毒

2021 年 1 月 13 日，国内多家安全厂商检测到蠕虫病毒 INCASEFORMAT 在国内大范围爆发，涉及政府、医疗、教育、运营商等，且被感染主机多为财务管理相关应用系统，感染主机表现为所有非系统分区文件均被删除，对用户造成了不可挽回的损失。

（2）针对农村信用社和城市商业银行的短信钓鱼攻击

自2021年春节起，全国多地连续发生通过群发短信的方式，以手机银行失效或过期等为由，诱骗客户点击钓鱼网站链接而盗取资金的安全事件。经有关公司检测，发现大批钓鱼网站在2月9日后被注册并陆续投入使用，钓鱼网站域名为农村信用社、城市商业银行等金融机构的客服电话号码＋字母，或与金融机构网站相似域名的形式，多为境外域名注册并托管。

（3）澳门卫生局计算机系统遭恶意攻击

澳门特别行政区政府卫生局计算机系统曾遭到恶意网络攻击，影响相关系统的正常运行。经与澳门电讯有限公司紧急抢修后，所有计算机系统均已恢复正常。该卫生局表示，发现问题时已实时启动应变方案并立即进行系统抢修。

（4）某市首例破坏医院计算机信息系统案

某市公安局成功侦破一起黑客类网络攻击犯罪案件，抓获犯罪嫌疑人1名，查获作案用计算机1台、手机1部、硬盘1个。该案是某市公安局侦破的首例破坏医院计算机信息系统案。

2021年5月15日，某市某医院负责人报案称，自2021年3月起，该院网络系统持续出现故障，导诊台、诊室系统等网络设备无法正常联网，医院诊疗秩序受到破坏。经院方网络工程师初步排查，医院网络系统重要文件疑似被人为更改，诊疗系统全面瘫痪。

经审查，犯罪嫌疑人白某某系该院前网络系统管理员，因对院方不满萌生报复心理，遂利用自学网络知识，非法入侵医院内网服务器，远程进行破坏性操作。犯罪嫌疑人白某某对其破坏计算机系统的犯罪事实供认不讳。

知识拓展——《刑法》第二百八十六条相关条款

【破坏计算机信息系统罪】违反国家规定，对计算机信息系统功能进行删除、修改、增加、干扰，造成计算机信息系统不能正常运行，后果严重的，处五年以下有期徒刑或者拘役；后果特别严重的，处五年以上有期徒刑。故意制作、传播计算机病毒等破坏性程序，影响计算机系统正常运行，后果严重的，依照第一款的规定处罚。

8.1.2　计算机网络面临的安全威胁

1. 网络安全的概念及分类

网络安全是指网络系统的硬件、软件以及系统中的数据受到应有的保护，不会因为偶然或恶意攻击而遭到破坏、更改和泄露，系统能连续、可靠、正常地运行，网络服务不中断。

由于不同的环境和应用，网络安全产生了不同的类型。主要有以下几种。

（1）系统安全

运行系统安全即保证信息处理和传输系统的安全。它侧重于保证系统正常运行，避免因为系统的损坏而对系统存储、处理和传输的信息造成破坏和损失。

（2）网络的安全

网络上系统信息的安全包括用户密码鉴别、用户存取权限控制、数据存取权限、方式控制、安全审计、计算机病毒防治以及数据加密等。

（3）信息传播安全

网络上信息传播安全即信息传播后果的安全，如信息过滤。它侧重于防止和控制由非法、有害的信息进行传播所产生的后果，避免公用网络上自由传输的信息失控。

（4）信息内容安全

网络上信息内容的安全侧重于保护信息的保密性、真实性和完整性，避免攻击者利用系统的安全漏洞进行窃听、冒充、诈骗等有损合法用户的行为，其本质是保护用户的利益和隐私。

2．网络安全的特征

网络安全要求提供信息数据的保密性、真实性、认证和数据完整性，其具有以下 5 个方面的特征：

1）保密性：信息不泄露给非法授权用户、实体或过程，或供其利用的特性。

2）完整性：信息在存储或传输过程中保持不被修改、不被破坏、不被插入、不延迟、不乱序和不丢失的特性，这是最基本的安全特征。

3）可用性：保证信息确实能为授权使用者所用，即保证合法用户在需要时可以使用所需信息。

4）可控性：信息和信息系统时刻处于合法所有者或使用者的有效掌握与控制之下。

5）可审查性：在出现安全问题时可提供依据与手段。

3．网络安全威胁的分类

网络安全威胁是指某个人、物、事件或概念对某一资源的机密性、完整性、可用性或合法性所造成的危害，某种攻击主要是某种威胁的具体实现。网络安全威胁主要可分为以下两类。

（1）偶然发生的威胁，如天灾、故障、误操作等

自然灾害和事故包括硬件故障、电源故障、软件错误、火灾、风暴和工业事故等，它们的共同特点是具有突发性，减小损失的最好办法就是备份和冗余设置。

（2）故意的威胁，是第三者恶意的行为

人为的破坏主要来自黑客，可以分为以下 3 类。

1）基本的安全威胁，包括信息泄露或丢失、破坏数据完整性、拒绝服务攻击和非授权访问。

2）主要的可实现的威胁，它又分为渗入威胁和植入威胁，渗入威胁如假冒、旁路控制、授权侵犯，植入威胁如特洛伊木马。

3）潜在威胁，如窃听、通信量分析、人员疏忽、媒体清理。

典型的网络安全威胁见表 8-1。

表 8-1　典型的网络安全威胁

威　胁	描　述
授权侵犯	为某一特定的授权使用一个系统的人却将该系统用作其他未授权的目的
旁路控制	攻击者发掘系统的缺陷或安全脆弱性
拒绝服务	对信息或其他资源合法的访问被无条件地拒绝，或推迟与时间密切相关的操作
窃听	信息从被监视的通信过程中泄露出去
电磁 / 射频截获	信息从电子或机电设备所发出的无线射频或其他电磁场辐射中被提取出来
非法使用	资源被某个未授权的人或者以未授权的方式使用
人员疏忽	一个有授权的人为了金钱、利益或由于粗心将信息泄露给一个未授权的人
信息泄露	信息被泄露或暴露给某个未授权的实体
完整性破坏	通过对数据进行未授权的创建、修改或破坏，使数据的一致性受到损害
截获 / 修改	某一通信数据项在传输过程中被改变、删除或替代
假冒	一个实体（人或系统）伪装成另一个不同的实体
媒体清理	信息被从废弃的或打印过的媒体中获得
物理入侵	一个入侵者通过绕过物理控制而获得对系统的访问
重放	出于非法的目的而重新发送所截获的合法通信数据项的复制
否认	参与某次通信交换的一方，事后错误地否认曾经发生过此次交换
资源耗尽	某一资源（如访问端口）被故意超负荷地使用，导致其他用户的服务被中断
服务欺骗	某一伪装系统或系统部件欺骗合法的用户，或系统自愿地放弃敏感信息
窃取	某一个安全相关的物品被盗，如令牌或身份卡
通信量分析	通过对通信量的观察（有、无、数量、方向、频率）而造成信息被泄露给未授权的实体
陷门	将某一特征设立于系统中，允许安全策略被违反
特洛伊木马	含有察觉不出或无害程序段的软件，当它被运行时，会损害用户的安全

4．攻击类型

1）中断：指系统资源遭到破坏或变得不能使用，这是对可用性的攻击。例如，对一些硬件进行破坏、切断通信线路或禁用文件管理系统。

2）截获：指未授权的实体得到了资源的访问权，这是对保密性的攻击，未授权实体可能是一个人、一个程序或一台计算机。例如，为了捕获网络数据的窃听行为，以及在不授权的情况下复制文件或程序的行为。

3）修改：指未授权的实体不仅得到了访问权，而且还篡改了数据资源，这是对完整性的攻击。例如，在数据文件中改变数值、改动程序使其按不同的方式运行、修改在网络中传送的消息内容等。

4）捏造：指未授权的实体向系统中插入伪造的对象，这是对真实性的攻击。例如，向网络中插入欺骗性的消息，或者在文件中插入额外的记录。

5．网络故障诊断工具

网络故障诊断排除的过程一般是：重现故障、分析故障现象、定位故障范围、隔离故障和排除故障。

“ping”不通服务器，可能是以下几种情况：IP 地址不在同一网段或子网掩码不同；物理链路不正常。对物理链路问题，需要检查网卡与网线的接触问题、网线与交换机的接触问题、交换机与服务器的连接问题。

常用的网络故障测试有以下 6 个命令。

1）ping：是一个 TCP/IP 测试工具，使用该命令的主要作用就是判断计算机网络是否处于正常的连通状态。

2）ipconfig：配合使用 /all 参数查看网络配置详细情况。

3）NETSTAT：使用 NETSTAT 命令可以显示与 IP、TCP、UDP 和 ICMP 相关的统计信息以及当前的连接情况。NETSTAT 命令运行后如图 8-2 所示。

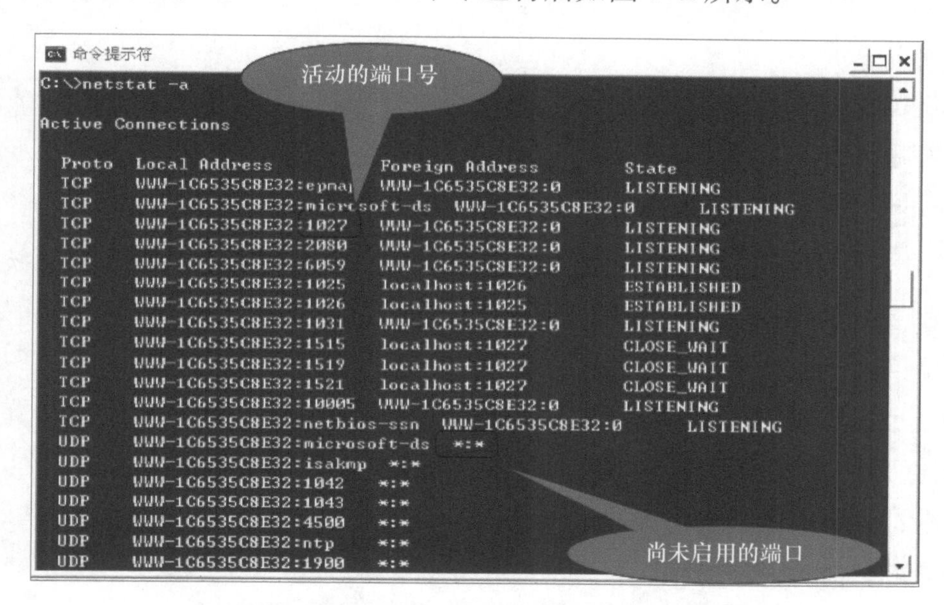

图 8-2 NETSTAT 命令运行图

4）NBTSTAT：解决 NetBIOS 名称解析问题的有用工具。

5）TRACERT：用来显示数据包到达目标主机所经过的路径，并显示到达每个节点的时间。

6）PATHPING：路由跟踪工具，在一段时间内将多个回响请求报文发送至源和目标之间的各个路由器，然后根据各个路由器返回的数据包计算结果。

8.1.3 网络安全应对机制

1．网络管理的概念

网络管理：是指用软件手段对网络上的通信设备及传输系统进行有效的监视、控制、诊断和测试所采用的技术和方法。包括以下 3 个方面的内容。

1）网络服务提供：指向用户提供新的服务类型、增加网络设备、提高网络性能。

2）网络维护：指网络性能监控、故障报警、故障诊断、故障隔离与恢复。

3）网络处理：指网络线路及设备利用率，数据的采集、分析，以及提高网络利用率的各种控制。

2．网络管理的目标

网络管理的目标是确保计算机网络的持续正常运行，并在计算机网络运行出现异常时能及时响应和排除故障，最大限度地增加网络的可用时间，提高网络设备的利用率、网络性能、服务质量和安全性，简化多厂商混合网络环境下的管理和控制网络运行的成本，并提供网络的长期规划。网络管理的目标主要包括以下几个方面。

1）减少停机时间，改进响应时间，提高设备利用率。

2）减少运行费用，提高效率。

3）减少或消除网络瓶颈。

4）适应新技术。

5）使网络更容易使用。

6）确保网络安全。

3．应对机制

计算机网络安全措施主要包括保护网络安全、保护应用服务安全和保护系统安全 3 个方面，各个方面都要结合考虑安全防护的物理安全、防火墙、信息安全、Web 安全、媒体安全等。

（1）保护网络安全

网络安全是为保护各方网络端系统之间通信过程的安全性。保证机密性、完整性、认证性和访问控制性是网络安全的重要因素。保护网络安全的主要措施如下：

1）全面规划网络平台的安全策略。

2）制定网络安全的管理措施。

3）使用防火墙。

4）尽可能记录网络上的一切活动。

5）注意对网络设备的物理保护。

6）检验网络平台系统的脆弱性。

7）建立可靠的识别和鉴别机制。

（2）保护应用安全

保护应用安全主要是针对特定应用（如 Web 服务器、网络支付专用软件系统）所建立的安全防护措施，它独立于网络的其他安全防护措施。虽然有些防护措施可能是网络安全业务的一种替代或重叠，如 Web 浏览器和 Web 服务器在应用层上对网络支付结算信息包的加密，都通过 IP 层加密，但是许多应用还有自己的特定安全要求。

（3）保护系统安全

保护系统安全是指从整体电子商务系统或网络支付系统的角度进行安全防护，它与网络系统硬件平台、操作系统、各种应用软件等互相关联。涉及网络支付结算的系统安全包含下述一些措施。

1）在安装的软件中，如浏览器软件、电子钱包软件、支付网关软件等，检查和确认未知的安全漏洞。

2）技术与管理相结合，使系统具有最小穿透风险性。如通过诸多认证才允许连通，对所有接入数据必须进行审计，对系统用户进行严格安全管理。

3）建立详细的安全审计日志，以便检测并跟踪入侵攻击等。

4. 个人网络安全的防范措施

1）减少感染病毒的机率：不从不可靠的渠道下载软件，不随意打开来历不明的电子邮件，将会减少网络与病毒接触的机会。在安装软件时，进行病毒扫描也非常重要。

2）安装杀毒软件：是防治病毒的有力措施，除此之外，计算机病毒更新很快，还应该及时对杀毒软件的病毒库进行升级。

3）安装最新的系统补丁：病毒往往利用操作系统的漏洞进行传染，因此，及时下载并安装系统补丁，将有助于切断病毒传播的途经。

4）打开防火墙：防火墙的作用包括控制进出网络的信息和流量包，提供流量的日记和审计、提供 VPN 功能等。

8.2 计算机网络病毒

计算机病毒（Computer Virus）是一段人为编制的具有破坏性的特殊程序代码或指令，通过感染计算机文件进行传播，以破坏或篡改用户数据，影响信息系统正常运行。

良性的病毒只是恶作剧性质，破坏不大，但是恶性病毒会使软件系统崩溃以及硬件损坏，比如木马病毒会使计算机用户网上银行账号、交易账号被盗，造成严重的经济损失，因此，《计算机软件保护条例》规定，制造和传播计算机病毒属于违法犯罪行为。

8.2.1 网络病毒的概述

1. 计算机网络病毒的含义

计算机网络病毒是指通过网络途径传播的计算机病毒，属第二代计算机病毒，是恶意代码中的一大类，包括利用 ActiveX 技术和 Java 技术制造的网页病毒等。

传统的病毒主要攻击单机，传播途径只有磁介质；而网络病毒的主要扩散方式是电子邮件通信和文件下载，会造成网络拥堵甚至瘫痪，直接危害到网络系统，被病毒感染过的系统容易造成泄密。

计算机病毒具有传播性、隐蔽性、感染性、潜伏性、可激发性、表现性和破坏性。计算机病毒的生命周期：开发期→传染期→潜伏期→发作期→发现期→消化期→消亡期。

2．网络病毒的分类

根据不同的角度，计算机网络病毒有不同的分类方式。

1）从网络病毒功能区分，可以分为木马病毒和蠕虫病毒。木马病毒是一种后门程序，它会潜伏在操作系统中窃取用户资料，比如QQ、网上银行账号和密码、游戏账号密码等。蠕虫病毒相对来说要先进一点，它的传播途径很广，可以利用操作系统和程序的漏洞主动发起攻击，每种蠕虫都有一个能够扫描到计算机漏洞的模块，一旦发现漏洞后立即传播出去。由于蠕虫的这一特点，它的危害性也更大，它可以在感染了一台计算机后通过网络感染这个网络内的所有计算机，一旦计算机被感染后，蠕虫会发送大量数据包，所以被感染的网络速度就会变慢，导致CPU、内存占用过高而产生或濒临死机状态。

2）从网络病毒传播途径区分，可以分为漏洞型病毒、邮件型病毒两种。相比较而言，邮件型病毒更容易清除，它是由电子邮件进行传播的，病毒会隐藏在附件中，伪造虚假信息欺骗用户打开或下载该附件，有的邮件病毒也可以通过浏览器的漏洞来进行传播，这样，用户即使只是浏览了邮件内容，并没有查看附件，同样也会让病毒乘虚而入。而漏洞型病毒应用最广泛的就是Windows操作系统。Windows操作系统的漏洞非常多，微软公司会定期发布安全补丁，即便用户没有运行非法软件或者点击不安全链接，漏洞型病毒也会利用操作系统或软件的漏洞攻击用户的计算机，例如2004年风靡全球的冲击波和震荡波病毒就是漏洞型病毒的一种，它们导致全世界网络计算机的瘫痪，造成了巨大的经济损失。

3．网络病毒的传输方式

计算机网络病毒有自己的传输模式和传输路径。计算机网络的本质功能就是资源共享和数据通信，这意味着计算机网络病毒的传播非常容易，通常在数据交换的环境就可以进行病毒传播。其主要有以下3种传输方式。

1）通过移动存储设备进行病毒传播：如U盘、CD、软盘、移动硬盘等都可以是传播病毒的路径，而且因为它们经常被移动和使用，所以更容易受到计算机病毒的青睐，成为计算机病毒的携带者。

2）通过网络来传播：这里指的网络形式较多，比如网页、电子邮件、QQ、BBS等都可以是计算机病毒进行网络传播的途径，特别是近年来，随着网络技术的发展和互联网的广泛应用，计算机病毒的传播速度越来越快，范围也在逐步扩大。

3）利用计算机系统和应用软件的弱点传播：近年来，越来越多的计算机病毒利用应用系统和软件应用的不足传播出去，因此这种途径也被划分在计算机病毒基本传播方式中。

8.2.2 网络防病毒软件的应用

1．网络防病毒软件应用的必要性

随着计算机网络技术的不断发展，计算机病毒也变得越来越复杂和高级，新一代的计算机病毒充分利用某些常用操作系统与应用软件的低防护性的弱点不断肆虐。随着互联网在全球的普及，将含病毒文件附加在邮件中的情况不断增多，使得病毒的扩散速度急剧提高，受感染的范围也越来越广。

原先常见的计算机病毒的破坏性无非就是格式化硬盘、删除系统与用户文件、破坏数据库等，传播途径也无非是互相复制遭受病毒感染的软件、使用携带病毒的盗版光盘等，如感染磁盘系统区的引导型病毒和感染可执行文件的文件型病毒。而计算机网络病毒除了具有普通病毒的这些特性外，还具有远端窃取用户数据、远端控制对方计算机等破坏特性，比如特洛伊木马病毒以及消耗计算机网络的运行资源，进而拖垮网络服务器的蠕虫病毒。

对此，为了有效防止网络病毒对计算机软硬件及其数据造成损坏，在计算机上安装网络防病毒软件是极其必要的。

2. 网络防病毒软件的功能

目前，用于网络的防病毒软件很多，这些防病毒软件可以同时用来检查服务器和工作站的病毒，其中，大多数网络防病毒软件是运行在文件服务器上。由于局域网中的文件服务器往往不止一个，因此为了便于检查服务器上的病毒，通常可以将多个文件服务器组织在一个域中，网络管理员只需在域中的主服务器上设置扫描方式与扫描选项，就可以检查域中多个文件服务器或工作站是否带有病毒。

网络防病毒软件的基本功能是：对文件服务器和工作站进行病毒扫描，发现病毒后立即报警并隔离被病毒感染的文件，由网络管理员负责清除计算机病毒。

3. 网络防病毒软件的工作方式

网络防病毒软件一般提供以下 3 种扫描方式。

1）实时扫描。实时扫描是指当对一个文件进行“转入”（checked in）、“转出”（checked out）、存储和检索操作时，不间断地对其进行扫描，以检测其中是否存在病毒和其他恶意代码。

2）预置扫描。该扫描方式可以预先选择日期和时间来扫描文件服务器。预置的扫描频率可以是每天一次、每周一次或每月一次，扫描时间最好选择在网络工作不太繁忙的时候。定期、自动地扫描服务器能够有效提高防毒管理的效率，使网络管理员更加灵活地采取防毒策略。

3）人工扫描。人工扫描方式可以要求网络防病毒软件在任何时候扫描文件服务器上指定的驱动器盘符、目录和文件，扫描的时间长短取决于要扫描的文件和硬盘资源的容量大小。

8.2.3 网络病毒防范的方法

基于网络的多层次病毒防护策略是保障信息安全、确保网络安全运行的重要手段。从计算机网络系统的各组成环节来看，多层防御的网络防毒体系应该由用户桌面、服务器、Internet 网关和防火墙组成。

桌面系统、远程控制和计算机是主要的病毒感染源，安装单机版的防杀毒软件。工作站的防病毒系统应能很好地融合于整个计算机系统，便于统一更新和自动运行。

群共享文件和电子邮件是网络中重要的通信联络线，群共享文件的核心是在网络内共享文件，一个被病毒感染的文档很容易经由网络内的共享文件而迅速传播，因此对服务器的保护是非常必要的。所以，对于查杀以Internet为载体的病毒的一个行之有效的方法就是在Internet网关安装病毒扫描器，保护企业网络不受电子邮件传播病毒的威胁。

为防火墙设计的病毒扫描器能扫描多种Internet数据流，在网关和防火墙处检查病毒，可以扫描所有接收到的数据帧，并将它们重组起来临时存放，以便进行病毒扫描。网络版杀毒软件的特点在于它由服务器端和节点端两部分组成，既能监控、消灭单机病毒，也能够在网络上阻断病毒的蔓延。

8.3 计算机网络渗透与防渗透

没有网络安全，就没有国家安全。网络已经成为继陆海空天之外的第五类疆域，不仅涉及安全，还涉及法制、文化、国防、发展等内容。反对网络霸权主义，反对网络恐怖主义，反对网络自由主义等现象，建立和平、安全、开放、合作的网络空间是数字化时代面临的重大历史任务。

8.3.1 认识黑客

黑客（Hacker）是指在未经许可的情况下通过技术手段登录到他人的网络服务器甚至是连接在网络上的单机，并对网络进行一些未经授权的操作。

1．黑客入侵的攻击手段

在Internet中，为了防止黑客入侵自己的计算机，就必须先了解黑客入侵目标计算机常用的攻击手段，主要有以下几种。

1）非授权访问：如有意避开系统访问控制机制、擅自扩大权限越权访问等。

2）信息泄露或丢失：指敏感数据在有意或无意中被泄露出去或丢失。

3）破坏数据完整性：以非法手段对数据进行删除、修改、插入或重发某些重要信息，以取得有益于攻击者的响应。

4）拒绝服务攻击：不断对网络服务系统进行干扰，使系统响应减慢甚至瘫痪，影响正常用户的使用。

5）利用网络传播病毒：通过网络传播计算机病毒，其破坏性大大高于单机系统，而且用户很难防范。

2．黑客攻击的防范

防范黑客入侵手段，不仅仅是技术问题，关键是要制订严密、完整而又行之有效的安全策略。安全策略是指在一个特定的环境里，为保证提供一定级别的安全保护所必须遵守的规则，主要包括以下 3 个方面的手段。

1）法律手段：安全的基石是社会法律法规，即通过建立与信息安全相关的法律法规，使非法分子摄于法律，不敢轻举妄动。

2）技术手段：先进的安全技术是信息安全的根本保障，用户对自身面临的威胁进行风险评估，决定其需要的安全服务种类，选择相应的安全机制，然后集成先进的安全技术，针对网络、操作系统、应用系统、数据库、信息共享授权等提出具体的安全保护措施。

3）管理手段：各网络使用机构应建立相应的信息安全管理办法，加强内部管理，建立审计和跟踪体系，提高整体信息安全意识。

知识拓展——网络安全法律法规体系建设

2020 年，我国网络安全法律法规体系建设进一步完善，多项网络安全法律法规面向社会公众发布。国家互联网信息办公室等 12 个部门联合制定和发布《网络安全审查办法》，以确保关键信息基础设施供应链安全，维护国家安全。

8.3.2 数据加密技术

在计算机网络安全的基础上，各种电子商务交易的安全服务都是通过信息网络安全技术来实现的，最常用的就是数据加密技术。加密技术是电子商务采取的基本安全措施，交易双方可根据需要在信息交换的阶段使用。数据加密技术分为两类，即对称加密和非对称加密。

1. 对称加密

对称加密又称“私钥加密”，即信息的发送方和接收方用同一个密钥去加密和解密数据。它的最大优势是加 / 解密速度快，适合于对大数据量进行加密，但密钥管理困难。如果进行通信的双方能够确保专用密钥在密钥交换阶段未曾泄露，那么机密性和报文完整性就可以通过这种加密方法加密机密信息，随报文一起发送报文摘要或报文散列值来实现。

2. 非对称加密

非对称加密又称“公钥加密”，使用一对密钥来分别完成加密和解密操作，其中一个公开发布（即“公钥”），另一个由用户自己秘密保存（即“私钥”）。信息交换的过程是：甲方生成一对密钥并将其中的一把作为“公钥”向其他交易方公开，得到该“公钥”的乙方使用该密钥对信息进行加密后再发送给甲方，甲方再用自己保存的“私钥”对加密信息进行解密。

8.3.3 防火墙技术

防火墙本义是指古代人们房屋之间修建的那道墙，这道墙可以防止火灾发生的时候蔓延到别的房屋。而这里所说的防火墙当然不是指物理上的防火墙，而是指隔离内部网络与外界网络之间的一道防御系统，其实原理是一样的，也就是防止灾难扩散。防火墙是一个或一组系统，能够增强机构内部网络的安全性，只允许经过授权的数据通过，并且本身必须能够免于渗透。

1. 防火墙的概念

防火墙（Firewall）是设置在被保护网络和外部网络之间的一道屏障，以防止发生不可预测的、潜在的侵入，是一系列软件、硬件等部件的组合；在逻辑上，防火墙是一个分离器，一个限制器，一个分析器，它有效地监控着内部网络和Internet之间的任何活动，保证了内部网络的安全。

在互联网上，防火墙是一种非常有效的网络安全模型，通过它可以隔离风险区域（即Internet或有一定风险的网络）与安全区域（局域网）的连接，同时不会妨碍人们对风险区域的访问，所以它一般连接在核心交换机与外网之间。通过防火墙的连接方式就可以看出，防火墙在内部网络与外网之间起到一个把关的作用，如图8-3所示。

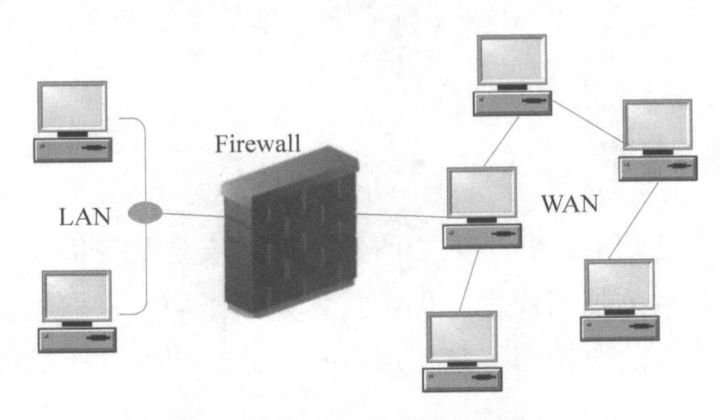

图8-3 防火墙的连接方式

2. 防火墙的基本功能

防火墙技术是通过有机结合各种用于安全管理与筛选的软件和硬件设备，帮助计算机网络于其内、外网之间构建一道相对隔绝的保护屏障，以保护用户资料与信息安全性的一种技术，其基本功能见表8-2。

表8-2 防火墙的基本功能

功能	说明
保护端口信息	保护并隐藏用户计算机在Internet上的端口信息，使得黑客无法扫描到计算机端口，从而无法进入计算机发起攻击
过滤后门程序	过滤掉木马程序等后门程序
保护个人资料	保护计算机中的个人资料不被泄露，当有不明程序企图改动或复制资料时，防火墙会加以阻止，并提醒计算机用户
提供安全状况报告	提供计算机的安全状况报告，以便及时调整安全防范措施

3．防火墙的类型

防火墙总体上分为数据包过滤、应用级网关、代理服务器和状态检测技术等类型。

1）数据包过滤：是在网络层对数据包进行选择，依据是系统内设置的过滤逻辑，被称为访问控制列表。

2）应用级网关：是在网络应用层上建立协议过滤和转发功能，针对特定的网络应用服务协议使用指定的数据过滤逻辑，并在过滤的同时，对数据包进行必要的分析、登记和统计，最终形成报告。

3）代理服务器：也称链路级网关或 TCP 通道，是将所有跨越防火墙的网络通信链路分为两段。

4）状态检测技术：是一种基于连接的状态检测机制，在防火墙的核心部分建立状态连接表，维护连接，将进出网络的数据当成一个个事件来处理。

8.3.4　网络渗透

网络渗透是攻击者常用的一种攻击手段，也是一种综合的高级攻击技术，同时网络渗透也是安全工作者所研究的一个课题，在他们口中通常被称为"渗透测试（Penetration Test）"。

无论是网络渗透（Network Penetration）还是渗透测试（Penetration Test），实际上所指的都是同一内容，也就是研究如何一步一步攻击入侵某个大型网络主机服务器群组。只不过从实施的角度上看，前者是攻击者的恶意行为，而后者则是安全工作者模拟入侵攻击测试，进而寻找最佳安全防护方案的正当手段。

随着网络技术的发展，在政府、电力、金融、教育、能源、通信、制造等行业的企业网络应用日趋普遍，规模也日渐扩大。在各个公司企业网络中，网络结构越来越复杂，各种网络维护工作也极为重要，一旦网络出现问题，将会影响公司或企业的正常运作，并给公司或企业带来极大的损失。

在各种网络维护工作中，网络安全维护更是重中之重，各种网络安全事件频频发生，诸见于各大报纸头条和网络新闻，大型企业的网络也逃不过被攻击的命运。网络安全维护工作保障着网络的正常运行，避免因攻击者入侵带来的巨大损失。

为了保障网络的安全，网络管理员往往严格地规划网络的结构，区分内部与外部网络并进行网络隔离，设置网络防火墙，安装杀毒软件，做好各种安全保护措施。然而绝对的安全是不存在的，潜在的危险和漏洞总是相对存在的。面对越来越多的网络攻击事件，网络管理员们采取了积极主动的应对措施，大大提高了网络的安全性。

8.4　防钓鱼攻击方法

在传统的利用系统漏洞和软件漏洞进行入侵攻击的可能性越来越小的前提下，网络钓鱼

（Password Harvesting Fishing）已经逐渐成为黑客们趋之若鹜的攻击手段，同时无论网络相关的客户端软件还是大型的Web网站都开始发觉网络钓鱼已经成为了一个严峻的问题，并积极进行防御。

8.4.1 网络钓鱼的含义

网络钓鱼属于社会工程学攻击方式之一，简单的描述是通过伪造信息获得受害者的信任并且响应。由于网络信息是呈爆炸性增长的，人们面对各种各样的信息往往难以辨认真伪，依托网络环境进行钓鱼攻击是一种非常可行的攻击手段。

8.4.2 网络钓鱼的形式

网络钓鱼从攻击角度上分为以下两种。

1) 通过伪造具有“概率可信度”的信息欺骗受害者，这里提到了“概率可信度”这个名词，从逻辑上说就是有一定的概率使人信任并且响应，从原理上说，攻击者使用“概率可信度”的信息进行攻击，这类信息在概率内正好吻合了受害者的信任度，受害者就可能直接信任这类信息并且响应。

2）通过“身份欺骗”信息进行攻击，攻击者必须掌握一定的信息，利用人与人之间的信任关系，通过伪造身份，使用这类信任关系伪造信息，最终使受害者信任并且响应。这些个人信息对黑客们具有非常大的吸引力，因为这些信息使得他们可以假冒受害者进行欺诈性金融交易，从而获得经济利益，受害者经常遭受显著的经济损失或全部个人信息被窃取并用于犯罪的目的。图 8-4 展示了网络钓鱼的工作原理，用户在访问某银行网页时被网络钓鱼服务器欺骗的过程。

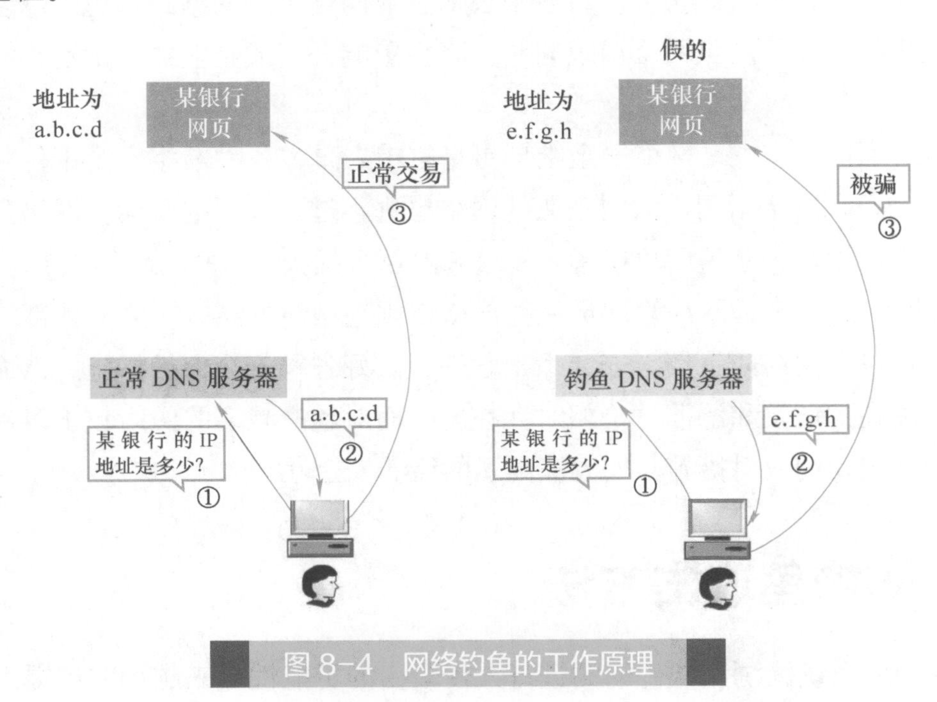

图 8-4 网络钓鱼的工作原理

除了使用 Web 攻击技术进行钓鱼之外，攻击者还可以使用网络协议漏洞进行钓鱼，比如大家已知的 ARP 攻击、DNS 劫持、DHCP 劫持漏洞等。总之，网络攻击技术层出不穷，但防御手段也会随着攻击技术不断更新，只有保持积极防御的态度才能做到最大化的防御。

8.4.3 网络钓鱼的防范

网络钓鱼的防范可以分为以下两个方面。

1）从钓鱼攻击利用的资源方面进行限制，一般网络钓鱼攻击所利用的资源是可控的，比如 Web 漏洞是 Web 服务提供商可以直接修补的，邮件服务商可以使用域名反向解析邮件发送服务器提醒用户是否收到匿名邮件，利用 IM 软件传播的钓鱼 URL 链接是 IM 服务提供商可以封杀的。

2）从网络使用者、发布者的行为习惯方面进行防范，比如浏览器漏洞，大家就必须打上补丁防御攻击者直接使用客户端软件漏洞发起的钓鱼攻击，各个安全软件厂商也可以提供修补客户端软件漏洞的功能，同时各大网站有义务保护所有用户的隐私，有义务提醒所有的用户防止钓鱼，提高用户的安全意识，积极防御钓鱼攻击。

8.4.4 校园高发网络钓鱼事件案例分析

网上诈骗案件种类繁多，且呈日趋频发的态势，“网络钓鱼”诈骗更是经常发生，他们发送欺诈性电子邮件，通过设立假冒银行网站来窃取用户银行账号、密码。为提高大家对“网络钓鱼”诈骗的自我防范意识，特给出一个案例为大家详细分析。

案例 2021 年 1 月 26 日晚 20 时，学生张某收到一条来自 +8613145858XXX 的短信，称某银行的 E 令急需进行升级，让其到 bo–cocg.com 进行 E 令升级。张某遂在此网站按照步骤一步一步操作，跟平时登录某银行的网站程序都是一样的，到最后一步时显示倒计时状态，显示让被害人重新输入，被害人连续输入 3 次后，以为是网络问题停止了操作，第二天，被害人重新登录自己收藏的某银行网站，发现卡内 9952 元人民币被盗走。

【分析】在上述案例中，不法分子设立假冒银行网站，当用户输入错误网址后，就会被引入这个假冒网站，一旦用户输入账号、密码，这些信息就有可能被犯罪分子窃取，账户里的存款可能被冒领。

除了设立假冒银行网站之外，不法分子还会通过发送大量含有木马病毒的电子邮件，邮件多以中奖、顾问、对账等内容引诱用户在邮件中填入金融账号和密码，以虚假信息引诱用户中圈套，一旦用户使用这种“中毒”的计算机登录网上银行，其账号和密码也可能被不法分子窃取，造成资金损失。

知识拓展——警惕"网络钓鱼"诈骗

【破解方法】一是尽量从官方网站入口登录，不要从来路不明的链接入口登录；二是注意常用网站的域名，不法分子设计的诈骗网站网址与正规网站网址极其相似，往往只有一个字母的差异，不仔细辨别很难发现，当用户登录虚假网站进行资金操作时，其财务信息将泄露。

8.5 防渗透攻击常用工具

任何事物都有两面性，黑客不但可以进行恶意的攻击破坏，同样也可以利用自己的技术去找到系统的漏洞、缺陷等，然后通知相关企业进行系统修复以便获得更好的防护。但无论是出于何种目的，对于黑客们而言，工具和脚本的使用必不可少，有一款非常趁手的工具，做起事情来可以达到事半功倍的效果，正所谓"工欲善其事，必先利其器"。

常用的防渗透测试工具有很多，比如 Nmap、Wifiphisher、SQLmap、wwwscan、Wireshark 等。下面以 wwwscan 为例，介绍其使用方法及功能。wwwscan 是一个简单好用的网站目录扫描程序，即根据已有字典（cgi.list）与目标网站进行比对，从而得到目标网站目录。wwwscan 软件可使用的参数如图 8-5 所示。

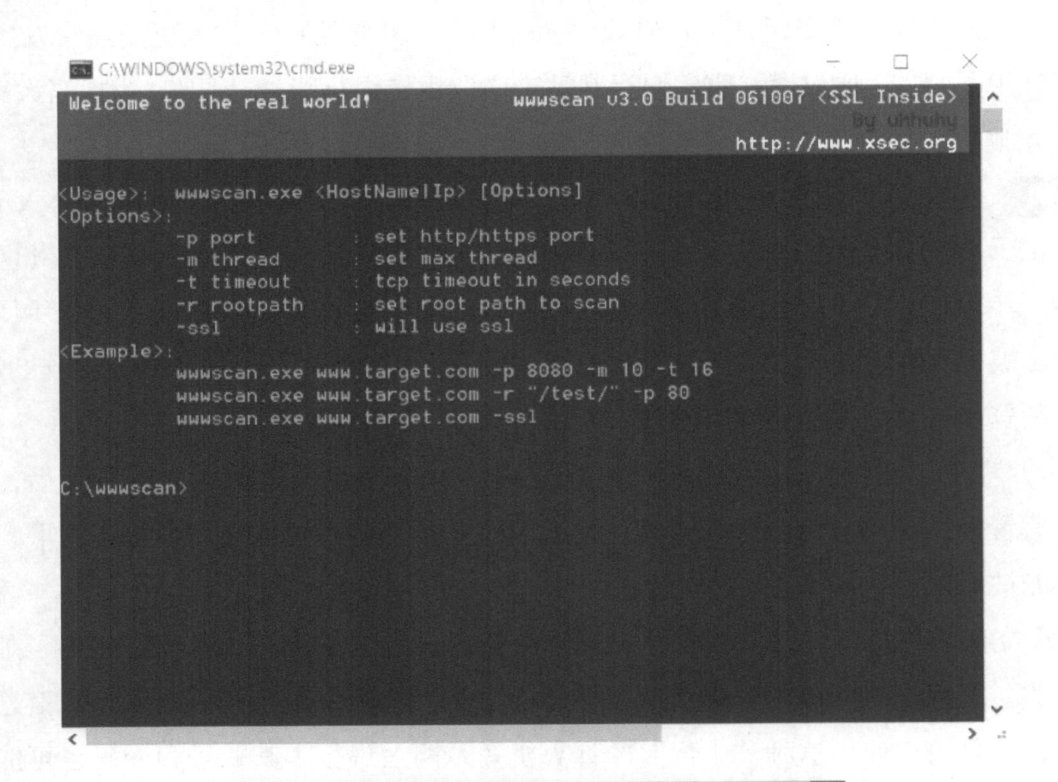

图 8-5 wwwscan 软件可使用的参数

-p 表示设置 Web 端口（默认为 80 端口）。

-m 表示设置最大的线程数。

-t 表示设置超时时间。

-r 表示设置扫描的起始目录。

-ssl 表示是否使用 ssl 进行联机。

wwwscan 的使用步骤如下。

第 1 步：直接在 URL 文本里面输入需要扫描的网站，不带 http 前缀，只输入网址即可，如果是要一次扫描多个网站，直接在文本里面输入多个网址，一行输入一个，如图 8-6 所示。

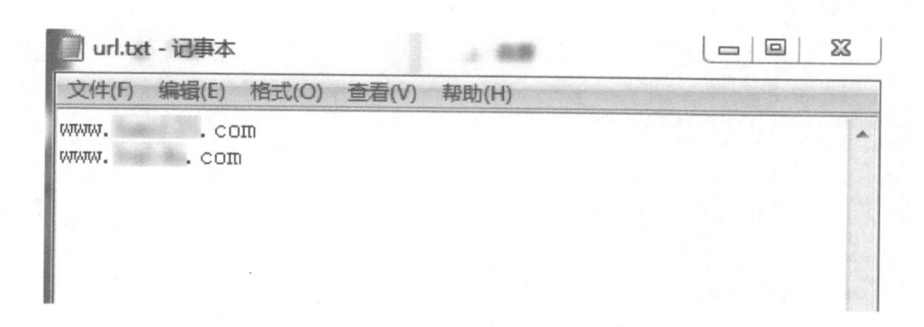

图 8-6 URL 文本里面输入被扫描的网站

第 2 步：输入网址后，运行 wwwscan 程序，开始扫描，如图 8-7 所示。

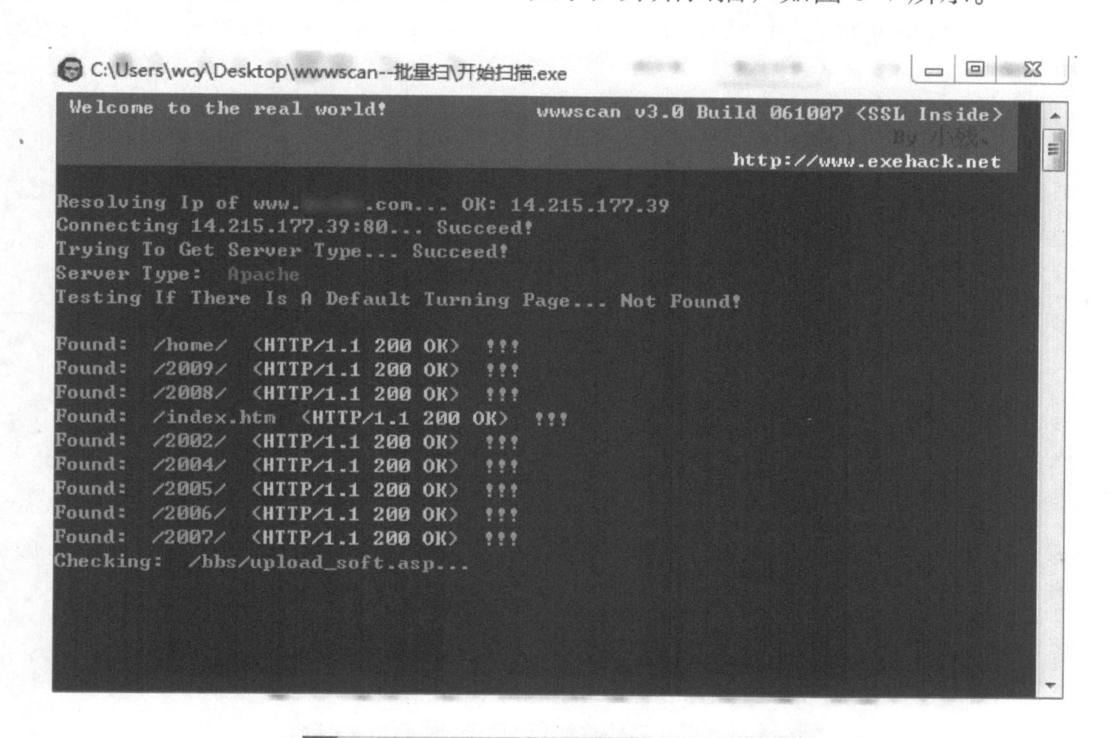

图 8-7 wwwscan 扫描过程

第 3 步：扫描完成后会自动创建一个 URL，直接打开即可查看扫描到的内容，如图 8-8 所示。

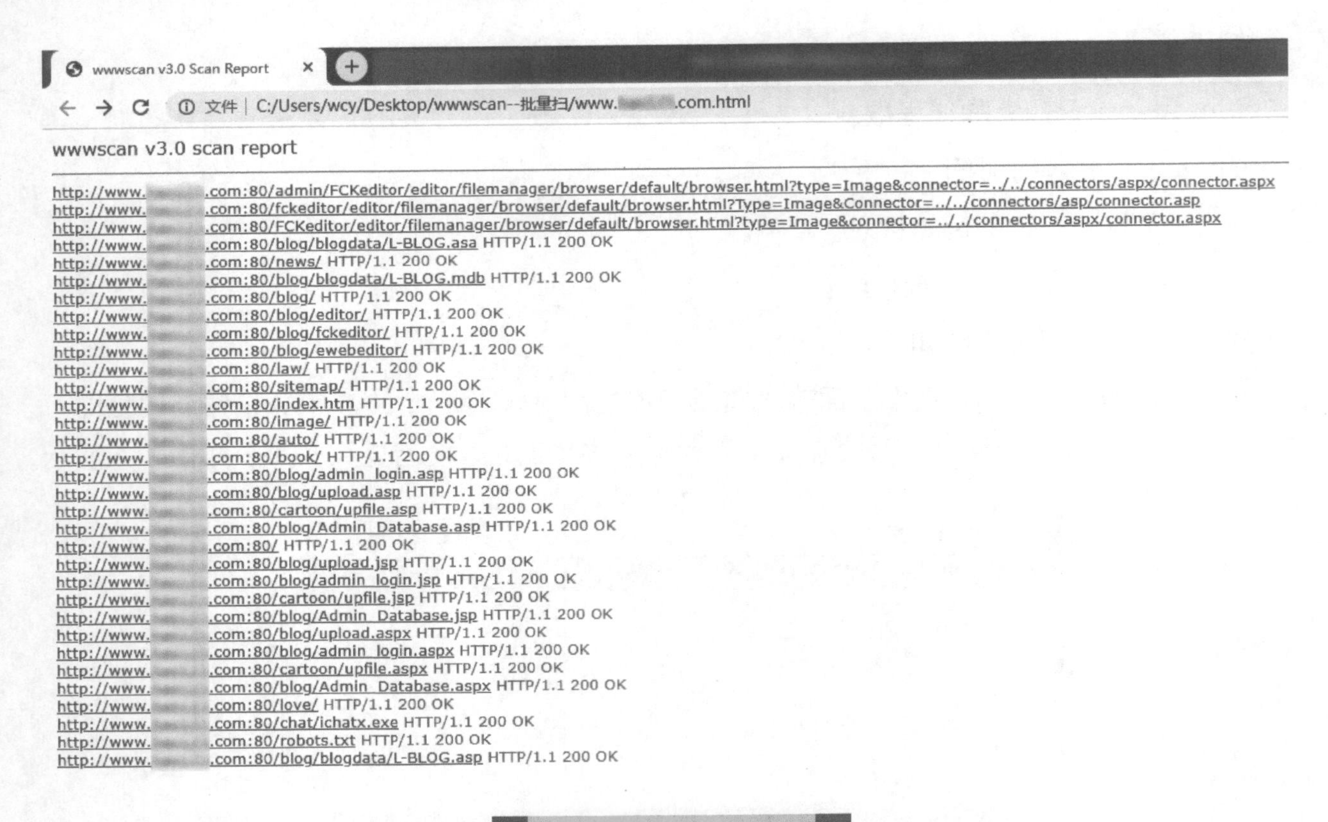

图 8-8　扫描结果

若要使用 wwwscan 更强的功能，可以带上参数，例如，在 CMD 窗口中切换到 wwwscan 文件目录下，在提示符处输入“wwwscan www.×××.com -p 8080 -m 10 -t 16”，如图 8-9 所示。

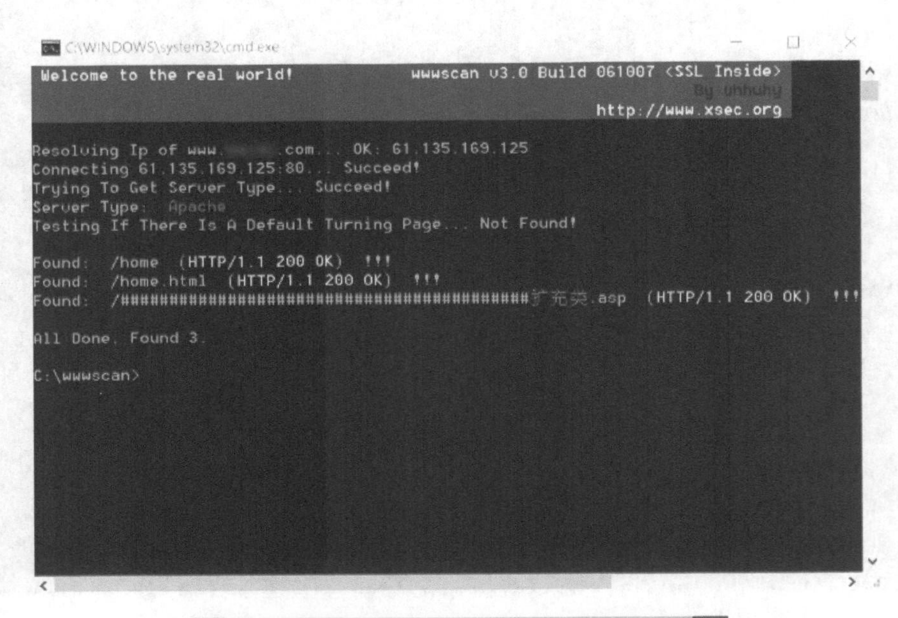

图 8-9　wwwscan 带参数扫描

在日常学习、工作和生活中，不能被工具所束缚，而是要敢于尝试做一些工具做不到的事情，作为一名网络安全管理人员，要学会从各个角度分析信息系统可能出现漏洞的原因，正所谓“知己知彼，百战百胜”。

习 题

一、单项选择题

1. 计算机网络安全是指利用计算机网络管理控制和技术措施，保证在网络环境中数据的（ ）、完整性、网络服务可用性以及可审查性受到保护。

A. 机密性 B. 抗攻击性 C. 网络服务管理性 D. 控制安全性

2. 网络安全的实质和关键是保护网络的（ ）安全。

A. 系统 B. 软件 C. 信息 D. 网站

3. 在短时间内向网络中的某台服务器发送大量无效连接请求，导致合法用户暂时无法访问服务器的攻击行为是破坏了（ ）。

A. 机密性 B. 完整性 C. 可用性 D. 可控性

4. 如果访问者有意避开系统的访问控制机制，则这名访问者对网络设备及资源进行非正常使用属于（ ）。

A. 破坏数据完整性 B. 非授权访问

C. 信息泄露 D. 拒绝服务攻击

5. 下列说法不正确的是（ ）。

A. 黑客多数是利用计算机进行犯罪活动，例如窃取国家机密

B. 计算机黑客是指那些制造计算机病毒的人

C. 安装防火墙是预防病毒的措施之一

D. 黑客攻击网络的主要手段之一是寻找系统漏洞

6. 在黑客攻击技术中，（ ）是黑客发现获得主机信息的一种最佳途径。

A. 网络监听 B. 缓冲区溢出 C. 端口扫描 D. 密码破解

7. 通常所说的“计算机病毒”是指（ ）。

A. 细菌感染 B. 生物病毒感染

C. 被损坏的程序 D. 特制的具有破坏性的程序

8. 以下软件，不是防病毒软件的是（ ）。

A. WinRAR B. 360 安全卫士 C. 金山毒霸 D. 诺顿

9. 对于已感染了病毒的 U 盘，最彻底的清除病毒的方法是（ ）。

A. 用酒精将 U 盘消毒 B. 放在高压锅里煮

C. 将感染病毒的程序删除 D. 对 U 盘进行格式化

10. 计算机病毒造成的危害是（ ）。

A. 使磁盘发霉 B. 破坏计算机系统

C. 使计算机内存芯片损坏 D. 使计算机系统突然掉电

11. 计算机病毒的危害性表现在（ ）。

A. 能造成计算机器件永久性失效 B. 影响程序的执行，破坏用户数据与程序

C. 不影响计算机的运行速度 D. 不影响计算机的运算结果，不必采取措施

12．以下措施不能防止计算机病毒的是（　　）。

A．保持计算机清洁

B．先用杀毒软件将从别人机器上复制的文件清查病毒

C．不用来历不明的 U 盘

D．经常关注防病毒软件的版本升级情况，并尽量取得最高版本的防毒软件

13．杀病毒软件的作用是（　　）。

A．检查计算机是否染有病毒，消除已感染的任何病毒

B．杜绝病毒对计算机的侵害

C．查出计算机已感染的任何病毒，消除其中的一部分

D．检查计算机是否染有病毒，消除已感染的部分病毒

14．安装防火墙的主要目的是（　　）。

A．提高网络的运行效率　　B．防止计算机数据丢失

C．对网络信息进行加密　　D．保护内网不被非法入侵

15．严格的密码策略不应当包含的要素是（　　）。

A．满足一定的长度，比如 8 位以上　B．同时包含数字，字母和特殊字符

C．系统强制要求定期更改密码　　D．用户可以设置空密码

16．计算机网络安全不包括（　　）。

A．实体安全　　B．操作安全　　C．系统安全　　D．信息安全

17．某人设计了一个程序，侵入别人的计算机并窃取了大量的机密数据，该案例中信息安全威胁来自（　　）。

A．计算机病毒　B．系统漏洞　　C．操作失误　　D．黑客攻击

18．以下关于计算机病毒的说法中，正确的是（　　）。

A．用杀毒软件杀毒后的计算机内存中肯定没有病毒

B．没有病毒活动的计算机不必杀毒

C．最新的杀毒软件，也不一定能清除计算机内的病毒

D．良性病毒对计算机没有损害

19．下列不属于保护网络安全的措施的是（　　）。

A．加密技术　　B．防火墙　　C．设定用户权限　D．清除临时文件

20．感觉到 Windows 运行速度明显减慢，打开任务管理器后发现 CPU 的使用率达到了 100%，最有可能受到了哪一种攻击？（　　）。

A．特洛伊木马　B．拒绝服务　　C．欺骗　　D．中间人攻击

二、多项选择题

1．网络中存在的威胁主要有（　　）。

A．黑客攻击　　B．木马　　C．病毒　　D．流氓软件

2．对网络安全构成威胁的主要因素有（　　）。

A．网络攻击　　B．系统漏洞

C．网络内部安全隐患　　D．计算机病毒

E．用户未安装防火墙

3．下列行为中会危害网络安全的是（　　）。

A．推送非法网站　　B．黑客非法攻击

C．更新 QQ 空间　　D．传播计算机病毒

E．数据窃听与拦截

4．下列关于网络防火墙功能的描述中，正确的有（　　）。

A．提高网速　　B．网络安全的屏蔽

C．隔离 Internet 和内部网络　　D．能阻止来自内部的威胁

E．抵御网络攻击

5．ipconfig/all 命令可以查看到的信息有（　　）。

A．主机名　　B．IP 地址　　C．MAC 地址　　D．DNS 地址

E．网关地址

三、判断题

1．计算机病毒在本质上是一种非授权可执行程序。（　　）

2．计算机安装了杀毒软件以后就可以抵御所有的恶意攻击。（　　）

3．网上的“黑客”是匿名上网的人。（　　）

4．防火墙是设置在内部网络和外部网络之间的一道屏障。（　　）

5．不随意打开电子邮件，计算机系统就不会感染病毒。（　　）

6．ping 命令使用 ICMP 回送请求与回送回答报文来测试两主机间的连通性。（　　）

7．网络管理就是指网络的安全检测和控制。（　　）

8．在“本地连接”图标上显示一个黄色的“！”号，则表示网线没有与网卡连接好。（　　）

9．网络用户密码可以让其他人知道，因为这样做不会对网络安全造成危害。（　　）

10．假冒身份攻击、非法用户进入网络系统属于破坏数据完整性。（　　）

四、填空题

1．通常很难发现计算机病毒的存在，是因为计算机病毒具有__________性。

2．网络管理的目标是最大限度地增加网络的可用时间，提高网络设备的利用率，改善网络性能、服务质量和__________。

3．更改信息和拒绝用户使用资源的攻击称为__________。

4．网络安全的基本因素包括完整性、__________、可用性、可靠性、可控制性、可审查性等。

5．为了防止局域网外部用户对内部网络的非法访问，可采用的技术是＿＿＿＿＿＿。

6．网络故障的排除有＿＿＿＿＿＿和逻辑故障。

7．＿＿＿＿＿＿的目的是确保网络资源不被非法使用，防止网络资源由于入侵者攻击而遭到破坏。

8．人们在网上进行交易、转账的资金金额较大时，都需要输入手机短信验证码，其主要目的是＿＿＿＿＿＿。

9．在设置密码时，长度越长、使用的字符种类越多，密码强度越＿＿＿＿＿＿。

10．黑客利用 IP 地址进行攻击的方法属于＿＿＿＿＿＿。

五、简答题

1．什么是计算机病毒，病毒的主要特征有哪些？

2．从保护个人的信息安全角度考虑，有哪些措施可以减少个人信息的泄露？

参 考 文 献

[1] 周舸．计算机网络技术基础 [M]．5 版．北京：人民邮电出版社，2018.

[2] 连丹．信息技术导论 [M]．北京：清华大学出版社，2021.

[3] 张中荃．接入网技术 [M]．北京：人民邮电出版社，2017.

[4] 谢希仁．计算机网络 [M]． 7 版．北京：电子工业出版社，2021.

[5] 吴功宜．计算机网络 [M]． 4 版．北京：清华大学出版社，2017.

[6] 陈国升．计算机网络技术单元过关测验与综合模拟 [M]．北京：电子工业出版社，2019.

[7] 刘丽双，叶文涛．计算机网络技术复习指导 [M]．镇江：江苏大学出版社，2020.

[8] 刘佩贤，张玉英．计算机网络 [M]．北京：人民邮电出版社，2015.

[9] 戴有炜．Windows Server 2016 网络管理与架站 [M]．北京：清华大学出版社，2018.

[10] 王协瑞．计算机网络技术 [M]． 4 版．北京：高等教育出版社，2018.

[11] 段标，陈华．计算机网络基础 [M]． 6 版．北京：电子工业出版社，2021.

[12] 宋一兵．计算机网络基础与应用 [M]． 3 版．北京：人民邮电出版社，2019.